U0900813

重庆市示范性高职院校优质核心课程系列教材

建设委员会成员名单

主 任 委 员　宋正富

副主任委员　彭光辉　陈电容

委　　　员　（按姓名汉语拼音排序）

陈电容　勾纯静　郭　健　胡　敏　胡相云　贾庭华

李玲玲　罗合春　罗　红　彭光辉　宋正富　谭明权

田春美　万刘静　王恩东　吴晓林　武兴菲　熊　竹

徐安书　杨明霞　杨忠良　查　杰　张　兵　张其昌

张先淑　张玉礼

重庆市示范性高职院校优质核心课程系列教材

工业菌种制备技术

徐安书　编著
刘　炜　主审

化学工业出版社
·北京·

《工业菌种制备技术》教材的编写围绕工业微生物菌种制备岗位中所需实际工作任务设计课程教学目标；依据完成工作任务的知识、能力、素质要求以及国家发酵工岗位技能等级标准选取课程内容，制订课程标准；同时关注学生今后的可持续发展。本书重点介绍了工业上常用的细菌、放线菌、霉菌和酵母菌四大类微生物，包括微生物形态构造、培养基制备、消毒灭菌、菌种选育、菌种分离筛选和纯培养、菌种的保藏、菌种的扩大培养等，并根据生产实际和能力培养需要，设计了23个实训项目。通过学习，学生不仅能够树立工程思想观念，而且还能具有工业微生物菌种制备技术的操作能力，为进一步学习后续的发酵技术专业课程打下基础。

本教材适合高职高专生物制药技术、中药制药技术、生化制药技术、食品生物技术、生物化工技术等专业的教学使用，也可以作为相关技术人员的参考书。

图书在版编目（CIP）数据

工业菌种制备技术/徐安书编著. —北京：化学工业出版社，2015.12（2025.8重印）

ISBN 978-7-122-19087-1

Ⅰ.①工… Ⅱ.①徐… Ⅲ.①工业微生物学-菌种-制备-教材 Ⅳ.①Q939.97

中国版本图书馆CIP数据核字（2016）第000039号

责任编辑：迟 蕾 李植峰　　文字编辑：赵爱萍

责任校对：边 涛　　装帧设计：张 辉

出版发行：化学工业出版社（北京市东城区青年湖南街13号 邮政编码100011）

印　　装：北京科印技术咨询服务有限公司数码印刷分部

787mm×1092mm 1/16 印张16¼ 字数412千字 2025年8月北京第1版第2次印刷

购书咨询：010-64518888　　售后服务：010-64518899

网　　址：http://www.cip.com.cn

凡购买本书，如有缺损质量问题，本社销售中心负责调换。

定　　价：48.00元

版权所有 违者必究

序

随着高等职业教育“工学结合，校企合作”人才培养模式的不断发展，示范院校示范专业的课程建设进入到全新的阶段，特别是在《教育部关于推进高等职业教育改革创新 引领职业教育科学发展的若干意见》（教职成［2011］12号）的正式出台，标志着我国高等职业教育以课程为核心的改革与建设成为高等职业院校当务之急。重庆工贸职业技术学院经过十年的改革探索和三年的示范性建设，在课程改革和教材建设上取得了一些成就，纳入示范建设的3门食品工艺与检测专业优质核心课程的物化成果之一——教材，现均已结稿付梓，即将与同行和同学们见面交流。

本系列教材力求以职业能力培养为主线，以工作过程为导向，以典型工作任务和生产项目为载体，立足行业岗位要求，参照相关的职业资格标准和行业企业技术标准，遵循高职学生成长规律、高职教育规律和行业生产规律进行开发建设。教材建设过程中广泛吸纳了行业、企业专家的智慧，按照任务驱动、项目导向教学模式的要求，在内容选取上注重了学生可持续发展能力和创新能力培养，教材具有典型的工学结合特征。

本套以工学结合为主要特征的系列化教材的正式出版，是学院不断深化教学改革，持续开展工作过程系统化课程开发的结果，更是重庆市示范性高职院校建设的一项重要成果。本套教材是我们多年来按食品生产流程开展教学活动的一次理性升华，也是借鉴国外职教经验的一次探索尝试，凝聚了各位编审人员的大量心血与智慧，希望该系列教材的出版能为推动全国高职高专食品工艺与检测专业建设起到引领和示范作用。当然，系列教材涉及的工作领域较多，编者对现代教育理念的理解不一，难免存在各种各样的问题，希望得到专家的斧正和同行的指点，以便我们改进。

本系列教材的正式出版得到了全国生物技术职业教育教学委员会副主任陈电容教授等职教专家的悉心指导，以及娃哈哈集团重庆饮料有限公司刘炜、重庆涪陵榨菜集团张玉礼等专家和技术人员的大力支持，在此一并表示感谢！

宋正富

2014年10月

前言

FOREWORD

本教材内容选取是经过企业生产岗位调研、专兼职教师编写讲义、企业专家审稿、教育专家审稿、直至现在正式出版，历经 2 年建设而成，具有工学特色突出、岗位针对性强等特点，是高职生物制药技术、食品生物技术、生物化工工艺等专业优质核心课程教材。

本教材以“课程与岗位融合、课堂与车间融合、学生与菌种工融合、就业与创业需求融合”为指导思想，通过对食品和制药企业发酵产品生产过程中菌种制备岗位工作任务和职业能力调查与分析，确立岗位素质和能力，围绕企业菌种工岗位中所需实际工作任务设计课程教学目标和内容，制订教材标准，同时关注学生今后的可持续发展。本教材内容包括绪论、基础知识篇和综合实训篇，基础知识篇包括微生物形态构造、微生物培养技术、消毒与灭菌技术、菌种选育、菌种分离和纯培养、菌种保藏管理及菌种扩大培养共七个章节的内容；综合实训篇共 23 个综合实训项目。每一章都有知识目标和能力目标、知识链接、课堂互动、案例分析、思考题等，各教学项目的实施都以与企业工作岗位相适应的工作任务为载体，在学生完成工作任务的过程中达到规定的知识目标和能力目标。

《工业菌种制备技术》可作为高职高专生物化工工艺专业和制药技术类专业、食品生物技术专业及相关专业学生的教学用书，也可供从事相关领域的工作人员参考阅读。

由于编者水平有限，书中存在疏漏之处在所难免，恳请各位专家、读者提出宝贵意见。

徐安书

2015 年 2 月

目录

CONTENTS

第二篇 综合实训篇

绪　论

【知识目标】

了解工业微生物菌种的类型及特点，了解工业微生物的应用。

一、工业微生物概述

微生物是指人类用肉眼无法观察，必须借助光学显微镜或电子显微镜才能观察到的微小生物的总称。它包括形体微小的单细胞低等生物，个体结构简单的多细胞低等生物、没有细胞结构的低等生物等，微生物必须用微米甚至纳米作为计量大小的单位。

微生物虽然个体微小，但在自然界生态平衡和物质循环中起着重要的作用，在解决人类的粮食、能源、健康、资源和环境保护等问题中正显露出越来越重要且不可替代的独特作用。如利用微生物可降解自然界中的废弃物，为人们提供美味的发酵食品、治疗疾病的药品，为化学工业提供原料。微生物种类繁多，迄今为止已经发现的微生物仅占总数的10%左右，大部分微生物还有待于发掘利用。

微生物种类虽然繁多，但概括起来在工业上应用最广泛、最常用的微生物有细菌、放线菌、霉菌和酵母菌四大种类。

二、工业微生物的应用

微生物在工业中正起着越来越重要的作用。工业微生物学是微生物学的一个重要分支，是微生物学在工业生产中的应用。它从工业生产需要出发来研究微生物的生命及其代谢途径，以及人为控制微生物代谢的规律性，获得人们需要的发酵产品。

微生物工业是从自然发酵酿酒、制醋等传统厌氧发酵技术发展起来的，我国传统的发酵工业，如酿酒、制醋、制酱等有着悠久的历史。20世纪60年代以来，以抗生素的研制和生产为标志，我国开始逐渐形成了新型的微生物发酵工业，如有机酸、氨基酸、酶制剂、维生素、激素和单细胞蛋白等的发酵生产。微生物现已广泛应用于食品、医药、皮革、纺织、石油、化工、冶金以及三废处理等方面。

利用微生物生产各种发酵产物具有以下优点。

① 微生物工业的原料大多是淀粉、纤维素等可再生的生物资源和二氧化碳（能进行光合作用的光自养菌和藻类利用二氧化碳为原料）等，这些原料来源广、产量大而且价格低廉。

② 微生物发酵和转化通常都在常温常压和中性pH值范围内进行，反应条件温和，能

量利用率高，生物转化反应的专一性好，产品的转化率高。

③ 微生物的多样性和代谢途径的多样性，使得微生物发酵工业为人类提供了许多产品。

④ 由于微生物易变异，可以采用各种方法改变微生物的遗传物质，调节和控制代谢途径，不断提高目标产物的生产水平，获得新的发酵产品。

⑤ 微生物发酵过程产生的污染物比较少，容易处理。

三、发酵工业对微生物菌种的要求

微生物广泛分布于土壤、水和空气等自然界中，资源非常丰富。目前认为，人类研究的微生物不足总数的10%。从自然界中分离出来的菌株有的可直接利用，有的则需要进行人工诱变，得到的突变体才能被利用。特别是随着育种新技术的更新，不断满足新产品和原料转换对新菌种的需求。作为大规模生产的微生物工业用菌种，应尽可能满足下列要求。

① 菌种能在廉价原料制成的培养基上迅速生长和大量合成目的产物。

② 菌种能在要求不高、易控制的培养条件（糖浓度、温度、pH值、溶解氧、渗透压等）下迅速生长和发酵，以缩短发酵周期。在天气炎热地区应选择耐高温菌种。

③ 根据代谢调控要求选择高产菌株，如营养缺陷型菌株或调节突变型菌株。

④ 菌种抗噬菌体能力强，以防止感染噬菌体而造成“倒罐”现象的发生。

⑤ 菌种遗传性状稳定，不易变异退化，可保证发酵生产和产品质量的稳定性。

⑥ 生长迅速，发酵周期短。

⑦ 在发酵过程中产生的泡沫要少，这对提高装料系数、提高单产量、降低成本有重要意义。

⑧ 对需要添加的前体物质有耐受能力，并且不能将这些前体作为一般碳源使用。

⑨ 不是病原菌，而且在系统发育上与病原菌无关，不产生任何有害的生物活性物质。

具备以上条件的微生物才能保证发酵产品的质量和产量。

四、工业微生物常用菌种介绍

微生物在工业上的用途很广，包括化工、医药、食品、水产、国防、纺织、石油勘探及石油化工等方面。微生物代谢产物据统计已超过一千三百多种，而大规模工业生产总计不超过一百多种；微生物的酶有近千种，而已在工业上利用的不过四五十种。微生物资源不仅十分丰富，而且可挖掘潜力很大。不是所有的微生物都能用于发酵工业，目前工业上能利用的微生物菌种只有区区数百种。工业上常用的微生物见表0-1。

表 0-1 工业上常用的微生物

微生物类别	微生物名称	产物	用途
细菌	短杆菌	味精、谷氨酸	食用、医药
	枯草杆菌	淀粉酶	酒精发酵、啤酒酿造、葡萄糖制造、糊精制造、糖浆制造、纺织品退浆、铜版纸加工、洗衣业、香料加工(除去淀粉)
	枯草杆菌	蛋白酶	皮革脱毛柔化、胶卷回收银、丝绸脱胶、酱油速酿、水解蛋白、饲料、明胶制造、洗衣业
	梭状杆菌	丙酮丁醇	工业有机溶剂
	巨大芽孢杆菌	葡萄糖异构酶	由葡萄糖制造果糖
	大肠杆菌	酰胺酶	制造新型青霉素
	短杆菌	肌苷酸	医药、食用
	节杆菌	强的松	医药
	蜡状芽孢杆菌	青霉素酶	青霉素的检定、抵抗青霉素敏感症

续表

微生物类别	微生物名称	产物	用途
酵母菌	酒精酵母	酒精	工业、医药
	酵母	甘油	医药、军工
	假丝酵母	石油及蛋白	制造低凝固点石油及酵母菌体蛋白等
	假丝酵母	环烷酸	工业
	啤酒酵母	细胞色素丙	医药
	啤酒酵母	辅酶甲	医药
	啤酒酵母	酵母片	医药
	啤酒酵母	凝血质	医药
	类酵母	脂肪酶	医药、纺织脱蜡、洗衣业
	阿氏假囊酵母	核黄素	医药
	脆壁酵母	乳糖酶	食品工业
霉菌	黑曲霉	柠檬酸	工业、食用、医药
	黑曲霉	柚苷酶	柑橘罐头脱除苦味
	黑曲霉	酸性蛋白酶	啤酒防浊剂、消化剂、饲料
	黑曲霉	单宁酶	分解单宁、制造没食子酸、酶的精制
	黑曲霉	糖化酶	酒精发酵工业
	栖土曲霉	蛋白酶	皮革脱毛柔化、胶卷回收银、丝绸脱胶、酱油速酿、水解蛋白、饲料、明胶制造、洗衣业
	根霉	根霉糖化酶	葡萄糖制造、酒精厂糖化用
	根霉	甾体激素	医药
	土曲霉	甲叉丁二酸	工业
	赤霉菌	赤霉素	农业、植物生长刺激素
	梨头霉	甾体激素	医药
	青霉菌	青霉素	医药
	青霉菌	葡萄糖氧化酶	蛋白除去葡萄糖、脱氧、食品罐头贮存、医药
	灰黄霉菌	灰黄霉素	医药
	木霉菌	纤维素酶	淀粉和食品加工、饲料
	黄曲霉菌	淀粉酶	医药、工业
	红曲霉	红曲霉糖化酶	葡萄糖制造、酒精厂糖化用

续表

微生物类别	微生物名称	产物	用途
放线菌	各类放线菌	链霉素	医药
		氯霉素	医药
		土霉素	医药
		金霉素	医药
		红霉素	医药
		新生霉素	医药
		卡那霉素	医药
	小单孢菌	庆大霉素	医药
	灰色放线菌	蛋白酶	皮革脱毛柔化、胶卷回收银、丝绸脱胶、酱油速酿、水解蛋白、饲料、明胶制造、洗衣业
	球孢放线菌	甾体激素	医药

第一篇　基础知识篇

第一章 工业微生物形态构造

【知识目标】

了解细菌、放线菌、酵母菌、霉菌等主要工业微生物的大小和形态，掌握其结构、功能、繁殖和群体特征及观察方法。掌握普通光学显微镜的结构和使用原理。

【能力目标】

能够选择适当的方法进行微生物形态、结构的观察。正确使用光学显微镜观察微生物的结构和形态。能够全面、正确地描述微生物的形态结构，观察并报告北京棒杆菌、灰色链霉菌、市售酵母、产黄青霉的形态结构。

第一节 细菌

细菌是一类细胞细短（直径约 0.5μm，长度 0.5～5μm）、结构简单，胞壁坚韧，多以二分裂方式繁殖和水生性较强的原核生物。1000 倍以上显微镜才能看到其形状。

一、细菌的形态构造

1. 基本外形

球状——球菌；杆状——杆菌；螺旋状——螺旋菌。

(1) 球菌　球形或近球形，根据空间排列方式不同又分为单球菌、双球菌、链球菌、四联球菌、八叠球菌、葡萄球菌。不同的排列方式是由于细胞分裂方向及分裂后情况不同造成的。这些细胞分裂产生的新细胞所保持的一定空间排列方式有以下几种情形（图 1-1）。

单球菌——尿素微球菌［图 1-1(1)］。

双球菌——肺炎双球菌［图 1-1(2)］。

链球菌——溶血性链球菌［图 1-1(3)］。

四联球菌——四联微球菌［图 1-1(4)］。

八叠球菌——尿素八叠球菌［图 1-1(5)］。

葡萄球菌——金黄色葡萄球菌［图 1-1(6)］。

(2) 杆菌　杆状或圆柱形，径长比不同，短粗或细长。是细菌中种类最多的。图 1-1 中

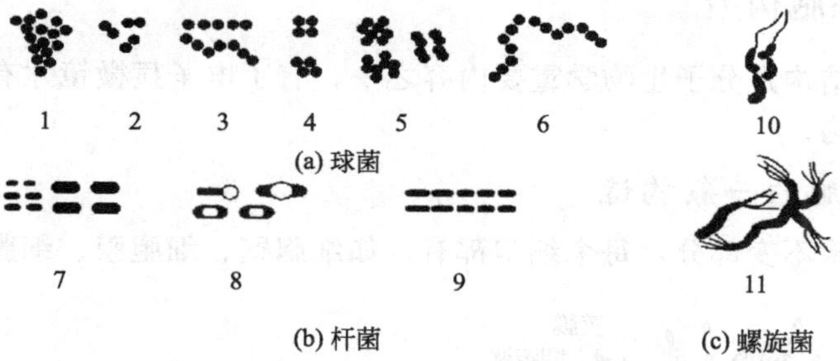

图 1-1　细菌的各种形态

(b) 的 7 为长杆菌和短杆菌，8 为枯草芽孢杆菌，9 为溶纤维梭菌。

(3) 螺旋菌　细胞呈弯曲杆状的细菌统称为螺旋菌。一般分散存在。根据其长度、螺旋数目和螺距等差别，分为弧菌（菌体只有一个弯曲，形似 C 字）和螺旋菌（螺旋状，超过 1 圈）。

外形上与螺旋体的区别：螺旋体无鞭毛。弧菌：偏端单生鞭毛或丛生鞭毛［图 1-1(10)］。

螺旋菌：两端都有鞭毛［图 1-1(11)］。

细菌形态不是一成不变的，受环境条件影响（如温度、培养基浓度及组成、菌龄等）。

异常形态：一般，幼龄，生长条件适宜，形状正常、整齐。老龄，不正常，异常形态。

畸形：由于理化因素刺激，阻碍细胞发育引起。

衰颓形：由于培养时间长，细胞衰老，营养缺乏，或排泄物积累过多引起。

2. 细菌染色法

由于细菌细胞既小又透明，故一般先要经过染色（图 1-2）才能作显微镜观察。

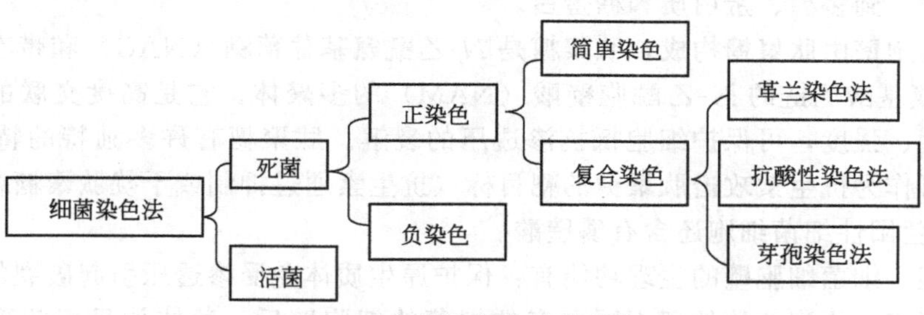

图 1-2　细菌染色法及其分类

3. 细菌的大小

(1) 细菌大小的度量单位：以微米（μm）为单位。

(2) 细菌大小的表示

① 球菌　一般以直径来表示，球菌直径 $0.5 \sim 1\mu m$。

② 杆菌和螺旋菌则以长和宽来表示。如 $1\mu m \times 2.5\mu m$，杆菌直径 $0.5 \sim 1\mu m$，长为直径的 1 至几倍；螺旋菌直径 $0.3 \sim 1\mu m$，长 $1 \sim 50\mu m$。

(3) 细菌大小的测定：在显微镜下使用显微测微尺测定。

细菌大小也不是一成不变的。

(4) 细菌的重量：每个细菌细胞重量 $10^{-13} \sim 10^{-12}$ g，大约 10^9 个 *E. coli* 细胞才达 1mg 重。

二、细菌的细胞构造

研究细菌细胞结构是分子生物学重要内容之一，有了电子显微镜才有可能。其结构分为基本结构和特殊结构。

（一）细菌细胞的一般构造

基本结构是细胞不变部分，每个细胞都有，如细胞壁、细胞膜、细胞核（图 1-3）。

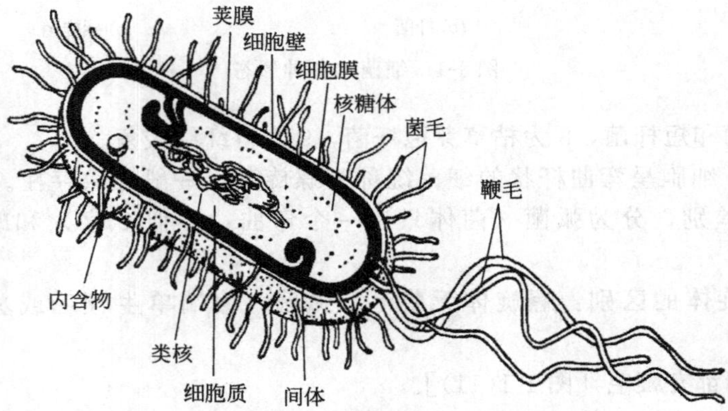

图 1-3 细菌细胞结构示意图

1. 细胞壁

（1）概念 细胞壁是细胞质膜外面具有一定硬度和韧性的壁套，使细胞保持一定形状，保障其在不同渗透压条件下生长，即使在不良环境中也能防止胞溶作用。

真细菌的细胞壁由肽聚糖构成，而古细菌细胞壁组成物质极为多样，从类似肽聚糖的物质、假肽聚糖，到多糖、蛋白质和糖蛋白。

真细菌细胞壁由肽聚糖构成，肽聚糖是 *N*-乙酰氨基葡萄糖（NAG）和带有交替排列的 D-型或 L-型氨基酸侧链的 *N*-乙酰胞壁酸（NAM）的多聚体。它是高度交联的分子，使得细胞具有刚性、强度，可保护细胞抵抗渗透压的裂解。肽聚糖有许多独特的特性，如 D-型氨基酸，它可作为抗生素攻击肽聚糖的靶目标（抗生素通过抑制或干扰肽聚糖合成而使细胞壁缺损）。革兰阳性细菌细胞还含有磷壁酸。

（2）功能 细菌细胞壁的生理功能有：保护原生质体免受渗透压引起破裂的作用；维持细菌的细胞形态（用溶菌酶处理不同形态的细菌的细胞壁后，菌体均呈现圆形得到证明）；细胞壁是多孔结构的分子筛，阻挡某些分子进入和保留蛋白质在周质空间（革兰阴性菌细胞壁和细胞质之间的区域）；细胞壁为鞭毛提供支点，使鞭毛运动。

（3）革兰染色 革兰染色是 1884 年汉斯·克里斯蒂安·革兰（Hans Christian Gram）发明的染色反应。真细菌常常分成两类。对染色步骤反应的差别是由于两类细菌的细胞外膜结构。革兰阳性细菌有单一的膜称作细胞膜（或原生质膜），周围被厚的肽聚糖层包围（20～80nm）。革兰阴性细菌只有一薄层肽聚糖（1～3nm），但是在肽聚糖层外边仍有另一层外膜，作为另外的屏障（图 1-4）。

革兰染色步骤如下：固定过的细胞用暗染色例如结晶紫染色，接着加碘液媒染，细菌细胞壁内由于染色形成结晶紫与碘的复合物。随后加酒精从薄的细胞壁中洗出结晶紫与碘暗染色的复合物，但是结晶紫-碘复合物不能从厚的细胞壁中洗出。最后，用较浅的石炭酸复红复染。加石炭酸复红染色，使脱色的细胞呈粉红色，但在暗染色的细胞中没有看到粉红色，仍保持第

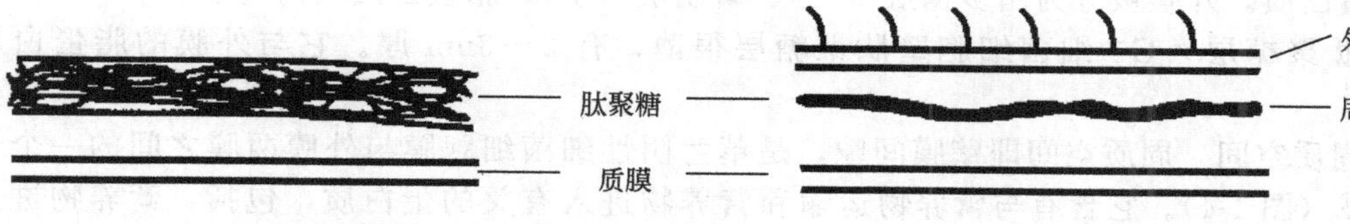

图 1-4　细胞表面结构

一次的染色结果。保持原来染色（厚的细胞壁）的细胞称作革兰阳性，在光学显微镜下呈现蓝紫色。脱色的细胞（薄的细胞壁和外膜）称作革兰阴性，染成粉红色或淡紫色（表 1-1）。

表 1-1　革兰染色程序和结果

步　骤	方　法	结　果	
		阳性(G^+)	阴性(G^-)
初　染	结晶紫 30s	紫　色	紫　色
媒染剂	碘液 30s	仍为紫色	仍为紫色
脱　色	95%乙醇 10～20s	保持紫色	脱去紫色
复　染	番红(或复红)30～60s	仍显紫色	红　色

（4）化学组成与超微结构

① 革兰阳性细菌　革兰阳性细菌细胞壁具有较厚（30～40nm）而致密的肽聚糖层，多达 20 层，占细胞壁成分的 60%～90%，它同细胞膜的外层紧密相连（图 1-5）。

有的革兰阳性细菌细胞壁中含有磷壁酸，也即胞壁质。

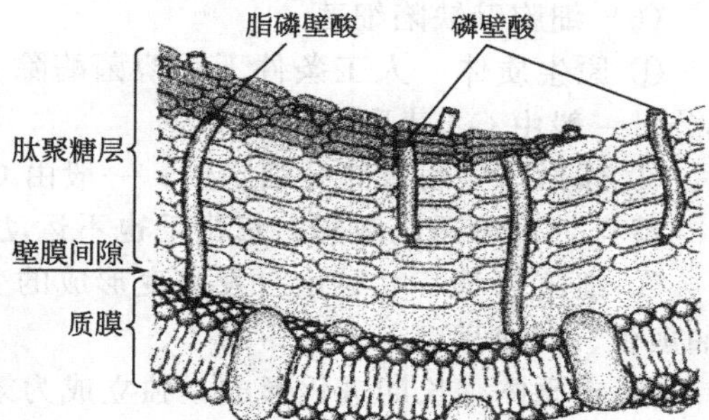

图 1-5　G^+ 细菌细胞壁结构

② 革兰阴性细菌

a. 外膜　革兰阴性细菌特殊的是外膜上含有许多独特的结构（图 1-6），如把外膜与肽聚糖层连接起来的布朗（Braun's）脂蛋白，使营养物被动运输通过膜的［膜］孔蛋白和起保护细胞作用的脂多糖（LPS）。脂多糖也称为内毒素，对哺乳动物有高度毒性。

G^- 细菌细胞壁外膜的基本成分是脂多糖（lipopolysaccharide，LPS），此外还有磷脂、

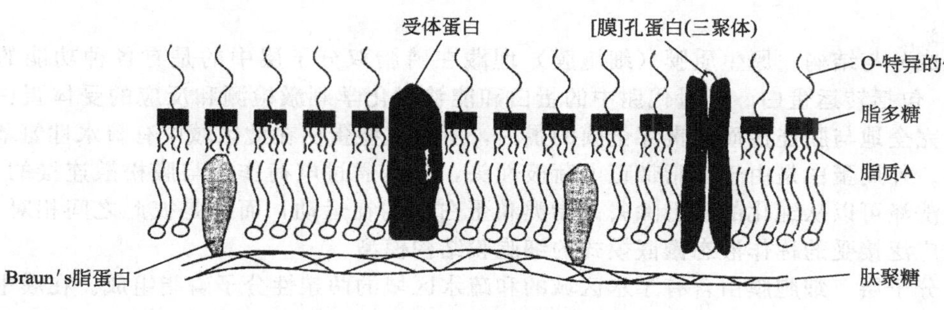

图 1-6　革兰阴性细菌外膜结构模式图

多糖和蛋白质。外膜被分为脂多糖层（外）、磷脂层（中）、脂蛋白层（内）。

b. 肽聚糖层　G^- 细菌细胞壁肽聚糖层很薄，有 2～3nm 厚。它与外膜的脂蛋白层相连。

c. 周质空间　周质空间即壁膜间隙，是革兰阴性细菌细胞膜与外膜两膜之间的一个透明的区域（图 1-4）。它含有与营养物运输和营养物进入有关的蛋白质，包括：营养物进入细胞相关的蛋白；营养物运输的酶，如蛋白（水解）酶；细胞防御有毒化合物的蛋白，如破坏青霉素的 β-内酰胺酶。以上这些酶，革兰阳性细菌常将其分泌到胞外周围；革兰阴性细菌则依靠它的外膜，保持这些酶与菌体的紧密结合。

（5）G^+ 菌与 G^- 菌的细胞壁的特征比较（表 1-2）。

表 1-2　两类细胞壁的特征比较

特　征	G^+ 细菌	G^- 细菌
肽聚糖	层厚	层薄
类脂	极少	脂多糖
外膜	缺	有
壁质间隙	很薄	较厚
细胞状态	僵硬	僵硬或柔韧
酸消化的效果	原生质体	原生质球
对染料和抗生素的敏感性	很敏感	中度敏感

（6）细胞壁缺陷细菌

① 原生质体　人工条件下用溶菌酶除去细胞壁或用青霉素抑制细胞壁合成后所留下的部分。一般由 G^+ 菌形成。

② 球形体　残留部分细胞壁，一般由 G^- 细菌形成。有一定抗性。

特点：对渗透压敏感；长鞭毛也不运动；对噬菌体不敏感；细胞不能分裂等。

③ 细菌 L 型　一种由自发突变形成的变异型，无完整细胞壁，在固体培养基表面形成“油煎蛋”状小菌落。

④ 支原体　长期进化形成，独立成为柔膜菌纲，柔膜菌目。

2. 细胞膜与中间体

（1）概念　细胞质膜简称质膜，是围绕细胞质外的双层膜结构，使细胞具有选择吸收性能，控制物质的吸收与排放，也是许多生化反应的重要部位。

原生质膜是一个磷脂双分子层，其中埋藏着与物质运输、能量代谢和信号接收有关的整合蛋白。另外，有通过电荷相互作用，疏松附着于膜的外周蛋白。膜中的脂类和蛋白质互相相对运动。

（2）成分与结构　原生质膜（细胞膜）埋藏在磷脂双分子层中的是有各种功能的蛋白（图 1-7），包括转运蛋白、能量代谢中的蛋白和能够对化学刺激检测和反应的受体蛋白。整合蛋白是完全地与膜连接而且贯穿全膜的蛋白，所以这些蛋白在此区域中有疏水性氨基酸埋藏在脂中。外周蛋白是由于磷脂带正电荷极性头，只是通过电荷作用与膜松散连接的一类，用盐溶液洗涤可以从纯化的膜上除去。脂类和蛋白质均在运动，而且是彼此之间相对运动。这就是被广泛接受的称作液态镶嵌模式的细胞膜结构模型。

脂双分子层　细胞膜由含有亲水区域的和疏水区域的两亲性分子磷脂组成。在膜中磷脂以双分子层排列，极性头部亲水区指向膜的外表面，而其疏水区脂肪酸的尾部指向膜的内

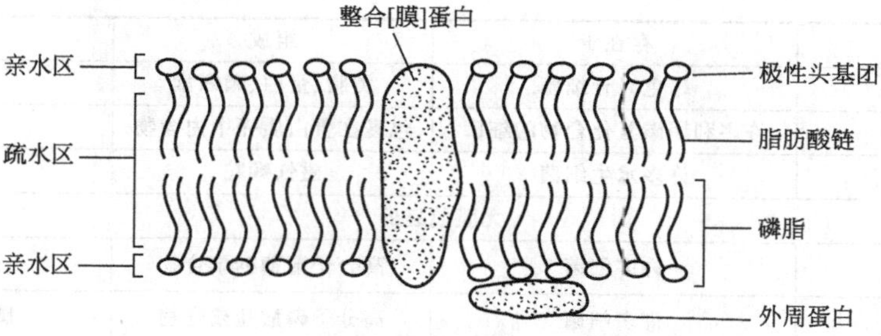

图 1-7　质膜结构模式图

层。结果，膜对于大分子或电荷高的分子成为一个选择渗透屏障，它们不易通过磷脂双分子的疏水性内层。

（3）功能　细胞质膜的生理功能有：①维持渗透压的梯度和溶质的转移；②细胞质膜是半渗透膜，具有选择性的渗透作用，能阻止高分子通过，并选择性地逆浓度梯度吸收某些低分子进入细胞；③由于膜有极性，膜上有各种与渗透有关的酶，还可使两种结构相类似的糖进入细胞的比例不同，吸收某些分子，排出某些分子；④细胞质膜上有合成细胞壁和形成横膈膜组分的酶，故在膜的外表面合成细胞壁；⑤膜内陷形成的中间体（相当于高等植物的粒线体）含有细胞色素，参与呼吸作用；⑥中间体与染色体的分离和细胞分裂有关，还为DNA 提供附着点。

细胞质膜上有琥珀酸脱氢酶、NADH 脱氢酶、细胞色素氧化酶、电子传递系统、氧化磷酸化酶及腺苷三磷酸酶（ATPase）。在细胞质膜上进行物质代谢和能量代谢。

细胞质膜上有鞭毛基粒，鞭毛由此长出，即为鞭毛提供附着点。

（4）内膜结构

① 间体　是从质膜向内伸展的细胞质中主要单位膜结构，常常同核质相联系，位于细胞分裂处。间体的功能：可能参与呼吸作用、同 DNA 的复制和细胞的分裂有关。

② 载色体　也称为色素体，是光合细菌进行光合作用的部位，由单层的与细胞膜相连的内膜所围绕，主要化学成分是蛋白质和脂类。它们含有菌绿素、胡萝卜素等色素以及光合磷酸化所需的酶系和电子传递体。在绿硫菌科和红硫菌科中存在。

③ 羧酶体　又称为多角体，是自养细菌所特有的内膜结构，可能是固定 CO_2 的场所。

④ 类囊体　由单位膜组成，含有叶绿素、胡萝卜素等光合色素和有关酶类，在蓝细菌中为其进行光合作用的场所。

3. 细胞质及其内含物

（1）概念　细胞质：是指除核以外，质膜以内的原生质。

（2）细胞质的主要成分　细菌细胞质是含水的、含有细胞功能所需的各种分子、RNA 和蛋白质的混合物（表 1-3）。对所有的细菌都是一样的，细胞质中的主要结构是核糖体。

表 1-3　细菌细胞质中的内含物

内含物	存在于	组成	功能
非单位膜被包裹的			
聚 β-羟丁酸	许多细菌	主要是 PHB	贮备碳和能源
硫滴	H_2S 氧化细菌和紫硫光合细菌	液状硫	能源
气泡	许多水生细菌	螺纹蛋白膜	浮力
羧基化体	自养细菌	CO_2 固定酶	固定 CO_2 的部位

续表

内含物	存在于	组成	功能
绿色体	绿色光合细菌	类脂、蛋白、菌绿素	捕光中心
碳氢内含物	许多利用碳氢化合物的细菌	包裹在蛋白质壳中内含物	能源
磁石体	许多水生细菌	磁铁颗粒	趋磁性
无膜包裹的			
多聚葡糖苷	许多细菌	高分子葡萄糖聚合物	碳源和能源
多聚磷酸盐	许多细菌	高分子磷酸盐聚合物	磷酸盐贮藏物
藻青素	许多蓝细菌	精氨酸和天冬氨酸的多肽	氮源
藻胆蛋白体	许多蓝细菌	捕光色素和蛋白质	捕捉光能

(3) 核糖体　由一个小的亚基和一个大的亚基组成，核糖体的亚基是由蛋白质和 RNA 组成的复合物，是细胞中合成蛋白质的场所。原核细胞中的核糖体，尽管在形状上和功能上与真核细胞相似，但是组建核糖体亚基的蛋白质和 RNA 性质上有差别。古细菌的核糖体与真细菌的核糖体（70S）同样大小，但是对于白喉毒素和某些抗生素的敏感性却不同，而与真核生物的核糖体相似。业已证明抗生素对人类是非常有用的，因为抑制细菌蛋白质合成的抗生素，对真核生物蛋白质合成无效果，这样就有了选择毒性。

(4) 内含体　某些细菌含有与特殊功能相联系的结构，称为内含体。它常常在光学显微镜下观察到。这些颗粒常是贮存物，可以与膜结合，例如聚 β-羟丁酸（PHB）盐颗粒；细胞质中发现的分散颗粒如多聚磷酸盐颗粒（也称为异染粒）。某些细菌中也能看到脂肪滴。一个有趣的内含体是在蓝细菌（蓝绿藻）和生活在水环境中的其他光合细菌内发现的气泡，在细胞内四周排列的由蛋白质构成的气泡提供浮力，使得细菌漂浮靠近水的表面。详情见表 1-3。

4. 原核和质粒

(1) 原核　细菌的 DNA 在细胞质中为单个环状染色体，有些时候称为拟核。

细菌的 DNA 位于细胞质中，由一个染色体构成，不同种的细菌之间染色体大小不同（大肠杆菌染色体有 4×10^6 碱基对长）。DNA 是环状、致密超螺旋，而且与真核细胞中发现的组蛋白相类似的蛋白质结合。虽然染色体没有核膜包围，但在电子显微镜中常可看到细胞内分离的核区，称为拟核。

古细菌的染色体和真细菌的染色体类似，是一个单个环状的 DNA 分子，不包含在核膜内，而 DNA 分子大小通常小于大肠杆菌的 DNA。

(2) 质粒　常在细菌中发现小的、染色体外的环状 DNA 片段，称作质粒。

某些细菌还含有染色体外的小分子 DNA 称作质粒。其上携带的基因对细菌正常生活并非必需，但在某些情况下对细胞有利，如抗生素抗性质粒。

质粒常以不同大小的环状双螺旋存在，它可以独立进行复制，也可整合到染色体上。

（二）细菌细胞的特殊构造

特殊结构是细胞可变部分，不是每个细胞都有，如鞭毛、荚膜、芽孢等。

1. 糖被

糖被为包被于某些细菌细胞壁外的一层厚度不定的透明胶状物质。糖被的有无、厚薄除与菌种的遗传性相关外，还与环境尤其是营养条件密切相关。糖被按其有无固定层次、层次厚薄又可细分为荚膜（即大荚膜）、微荚膜、黏液层和菌胶团等数种。

糖被的功能：①保护作用，如保护细胞免受干旱损伤，保护细胞免受吞噬等；②贮藏养料，以备营养缺乏时重新利用；③作为渗透屏障和离子交换系统，以保护细菌免受金属离子的毒害；④表面附着作用，引起龋齿的唾液链球菌分泌的糖被将细菌牢牢地黏附于齿表；⑤细菌间的信息识别作用；⑥堆积代谢废物。

2. 鞭毛和菌毛

鞭毛是从细胞质膜和细胞壁伸出细胞外面的蛋白质组成的丝状体结构，使细菌具有运动性。

鞭毛纤细而具有刚韧性，直径仅 20nm，长度达 15～20μm，可以分为三部分：基体、钩形鞘和螺旋丝。

具有鞭毛的细菌基鞭毛数目和在细胞表面分布因种不同而有所差异，是细菌鉴定的依据之一。一般有三类：单生鞭毛［图 1-8(a)］、丛生鞭毛［图 1-8(b)］和周生鞭毛［图 1-8(c)］。

鞭毛与细菌运动有关，如趋化性和趋渗性等。

菌毛是细菌细胞表面发现的特殊的像头发样的蛋白质表膜附属物，有几微米长。性菌毛与遗传物质从一个细菌转移到另一个细菌有关，即在细菌接合交配时起作用。性菌毛比菌毛稍长，数量少，只有一根或几根。

3. 芽孢

(1) 概念　芽孢，在一些属包括芽孢杆菌属和梭菌属中产生细菌的芽孢。它们是由细菌的 DNA 和外部多层蛋白质及肽聚糖包围而构成，芽孢对干燥和热具有高度抗性。形成芽孢的细菌：芽孢杆菌，梭状芽孢杆菌，螺旋菌，弧菌，八叠球菌。每一细胞仅形成一个芽孢，所以其没有繁殖功能。形成芽孢属于细胞分化（形态发生）。

(2) 形态与结构　芽孢结构相当复杂，最里面为核心，含核质、核糖体和一些酶类，被核心壁所包围；核心外面为皮层，由肽聚糖组成；皮层外面是由蛋白质所组成的芽孢衣；最外面是芽孢外壁。一般含内生芽孢的细菌总称为孢子囊（图 1-9）。结构组成特点：含水量低（平均 40%），壁致密，皮层主含芽孢肽聚糖和 DPA（2，6-吡啶二羧酸）-Ca。

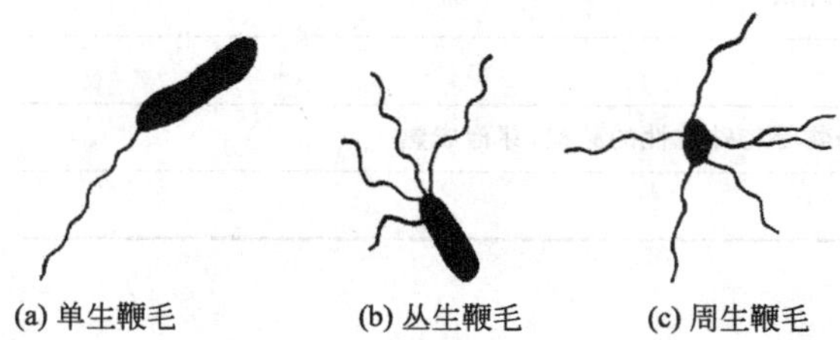

图 1-8　细菌鞭毛的类型

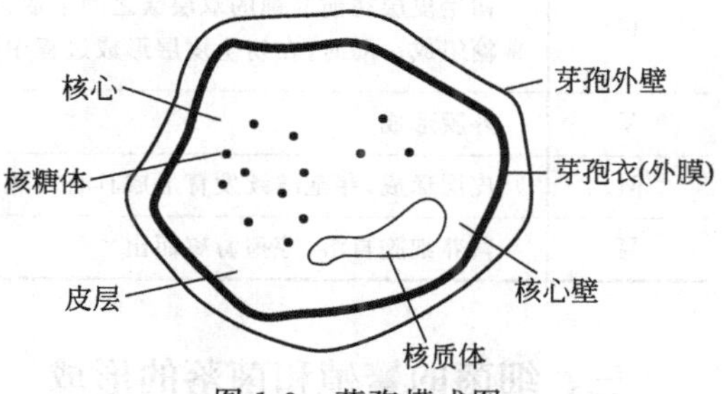

图 1-9　芽孢模式图

(3) 生理特性　芽孢在许多细菌中，主要是芽孢杆菌属和梭菌属产生一种特化的繁殖结构（它无繁殖功能，为抗逆性休眠体）。在光学显微镜下用特殊的芽孢染色（如孔雀绿染色）或通过相差显微镜能够观察到芽孢。由于芽孢有许多层包围细菌遗传物质的结构，使得芽孢具有惊人的、对所有类型环境应力的抗性，例如热、紫外线辐射、化学消毒剂和干燥。由于许多重要的病原菌可产生芽孢，因此，必须设计灭菌措施以除去这些坚硬的结构，因为某些菌能经受住在沸水中煮沸几小时。

(4) 芽孢形成过程　细菌芽孢的形成过程是细胞分化的一个典型例子，如图 1-10 和表 1-4所示。

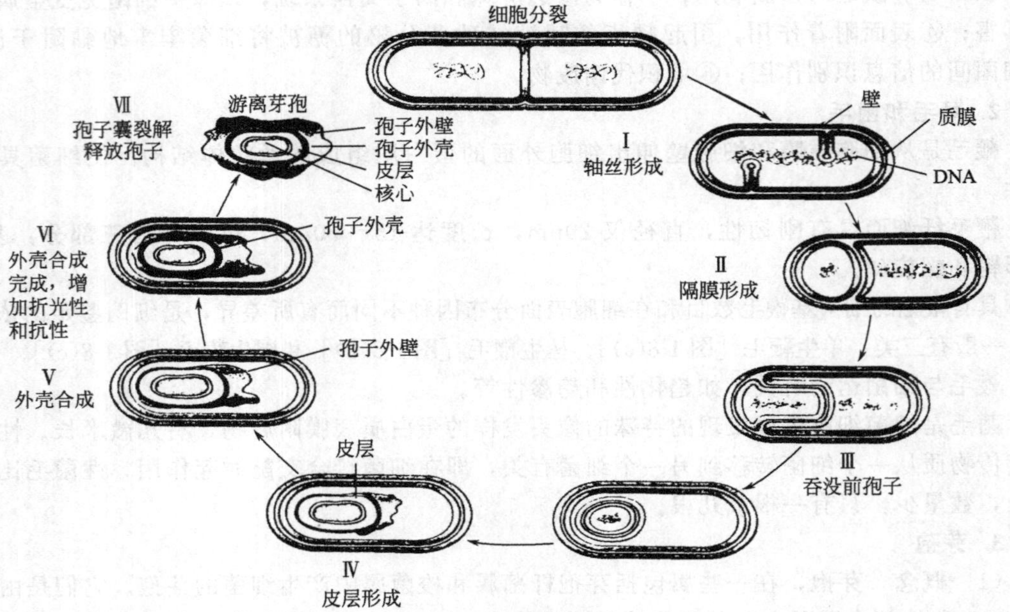

图 1-10　细菌芽孢形成过程

表 1-4　细菌芽孢形成的阶段

阶　段	特　征
0	营养细胞
Ⅰ	DNA 变浓稠
Ⅱ	细胞质膜内陷形成芽孢隔膜，将细胞分成大小不同的两个部分
Ⅲ	前阶段形成的较大部分细胞膜继续沿着小的细胞部分延伸并逐步将它包围，形成具有双层膜的前芽孢
Ⅳ	初生皮层在前芽孢的双层膜之间形成，此时伴有吡啶二羧酸（DPA）的合成与钙离子吸收。皮层主要由肽聚糖组成。同时，在初生皮层形成过程中开始合成外壁
Ⅴ	外膜形成
Ⅵ	皮层形成，芽孢继续发育形成具有对热和化学药物等特殊抗性的芽孢，芽孢成熟
Ⅶ	营养细胞自溶，芽孢游离而出

三、细菌的繁殖和菌落的形成

1. 细菌的繁殖方式

当细菌从周围环境中吸收了营养物质后，发生了一系列的系列化合成反应，把进入的营养物质转变成为新的营养物质——DNA、RNA、蛋白质、酶及其他大分子，之后菌体开始了繁殖过程形成两个新的细胞。

（1）裂殖　裂殖是细菌最普遍、最主要的繁殖方式，通常表现为横分裂。

（2）细菌的分裂过程

① 首先是核的分裂和隔膜的形成。

② 第二步是横隔壁的形成。

③ 最后是子细胞的分离。

2. 细菌的菌落特征

（1）菌落　单个微生物在适宜的固体培养基表面或内部生长、繁殖到一定程度可以形成肉眼可见的、有一定形态结构的子细胞生长群体，称为菌落。当固体培养基表面众多菌落连成一片时，便成为菌苔。

（2）菌落特征　各种细菌在一定条件下形成的菌落特征具有一定的稳定性和专一性，这是衡量菌种纯度，辨认和鉴定菌种的重要依据。

（3）菌落特征的描述　菌落特征包括大小、形状、突起形状、边缘情况、表面状态、表面光泽、质地、颜色、透明度等（图 1-11）。

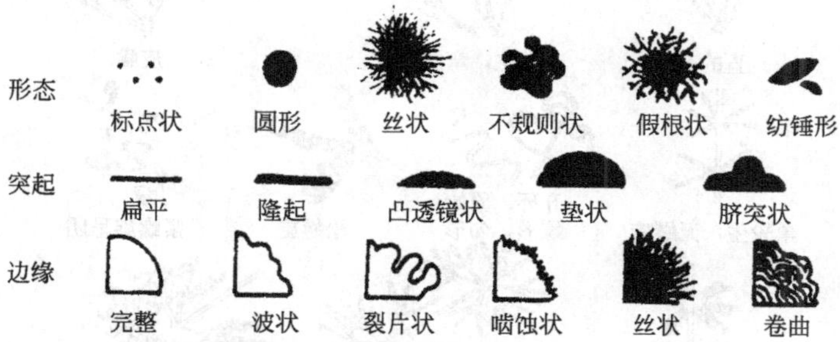

图 1-11　细菌菌落特征

（4）影响菌落特征的因素　菌落特征取决于组成菌落的细胞结构，生长行为及个体细胞形态的差异；邻近菌落影响菌落的大小；培养条件。

第二节　放线菌

因菌落呈放射状而得名，是丝状分枝细胞的细菌。一般分布在含水量低，有机质丰富的中性偏碱性土壤中，有特殊土腥味。大多数是腐生菌，少数寄生；多数异养，好氧。突出特性是产各种抗生素。

一、放线菌与人类生产及生活的关系

放线菌是真细菌的一个大类群，为革兰阳性菌。

放线菌多为腐生，少数为寄生。寄生型放线菌会引起放线菌病和诺卡病。同时放线菌能产生大量的、种类繁多的抗生素。世界上绝大多数的抗生素由放线菌产生。

二、形态结构

放线菌菌体为单细胞，大多数由分支发达的菌丝组成。根据放线菌菌丝的形态和功能分为营养菌丝、气生菌丝和孢子丝三种（图 1-12）。

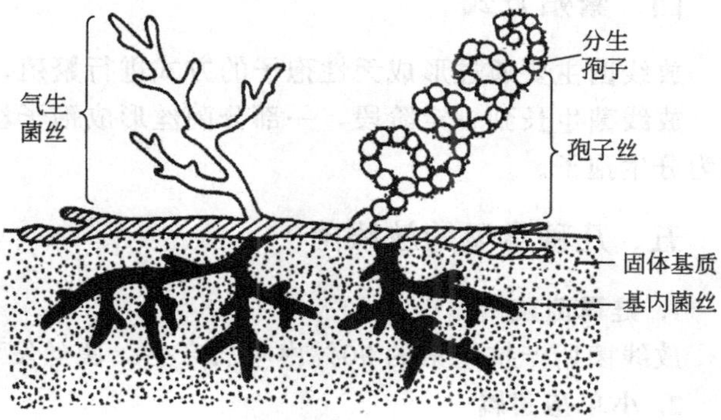

图 1-12　链霉菌的一般形态和构造

1. 营养菌丝

营养菌丝又称初级菌丝体或一级菌丝体或基内菌丝，匍匐生长于培养基内，主要生理功能是吸收营养物。

营养菌丝一般无隔膜；直径0.2～

0.8μm；长度差别很大；短的小于 100μm，长的可达 600μm；有的产生色素。

2. 气生菌丝

气生菌丝又称二级菌丝体。营养菌丝体发育到一定时期，长出培养基外并伸向空间的菌丝为气生菌丝。它叠生于营养菌丝之上，直径比营养菌丝粗，颜色较深。

3. 孢子丝

当气生菌丝发育到一定程度，其上分化出可形成孢子的菌丝即为孢子丝，又名产孢丝或繁殖菌丝（图 1-13）。

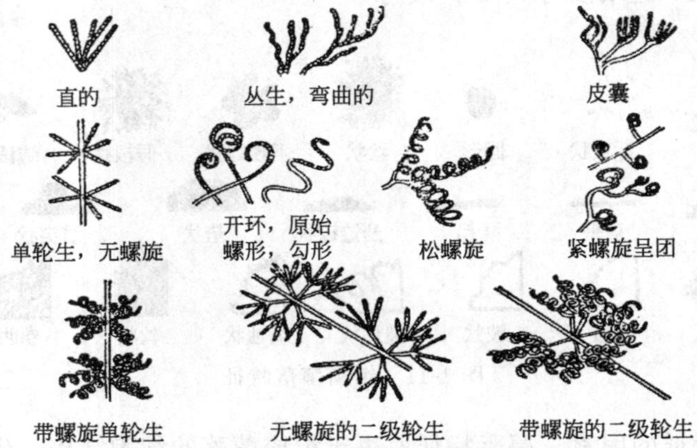

图 1-13　放线菌孢子丝的类型

三、菌落特征

放线菌的菌落由菌丝体组成，一般呈圆形，光平或有许多皱褶。在光学显微镜下观察，菌落周围具有辐射状菌丝。总的特征介于霉菌和细菌之间。

据种的不同分为两类。一类是由大量产生分支的和气生菌丝的菌种所形成的菌落，如链霉菌。菌丝较细，生长缓慢，分支多而且相互缠绕，故形成的菌落质地致密，表面呈紧密的绒状或坚实，干燥，多皱，菌落小而不蔓延；营养菌丝长在培养基内，所以菌落与培养基结合紧密，不易挑取，或挑起后不易破碎。有时气生菌丝体呈同心圆状，当孢子丝产生大量孢子并布满整个菌落表面后，才形成絮状、粉状或颗粒状的典型放线菌菌落。有些种类的孢子含有色素。另一类菌落由不产生大量菌丝体的种类形成，如诺卡放线菌的菌落，黏着力差，结构呈粉质状，用针挑取则粉碎。

四、繁殖方式

放线菌主要通过形成无性孢子的方式进行繁殖，也可利用菌丝片段进行繁殖。

放线菌生长到一定阶段，一部分菌丝形成孢子丝，孢子丝成熟便分化形成许多孢子，这称为分生孢子。

五、几种常见的放线菌

1. 链霉菌属

放线菌所产抗生素的 90% 由本属产生，菌丝发育良好。如龟裂链霉菌，灰色链霉菌。

2. 小单孢菌属

无气生菌丝，基内菌丝顶端着生一孢子。

3. 诺卡菌属

原放线菌属，降解能力强。

4. 放线菌属

只有基内菌丝，不形成孢子，厌氧。

5. 链孢囊菌属

形成孢子囊，孢囊孢子。

几个重要放线菌属及其产生抗生素数目的统计见表 1-5。

表 1-5 几个重要放线菌属及其产生抗生素数目的统计

属名	主要抗生素	已知抗生素种类数/种	属名	主要抗生素	已知抗生素种类数/种
小单孢菌属	庆大霉素等	54	链孢囊菌属	西伯利亚霉素	14
游动放线菌属	创新霉素等	30	马杜拉放线菌属	洋红霉素等	11
诺卡菌属	利福霉素等	23	其他		30

第三节 酵母菌

非分类名词，一群单细胞微生物，属真菌类。第一种“家养微生物”，与人类关系密切。主要分布在含糖较高偏酸性环境中，又称糖真菌。

特点：①个体一般以单细胞状态存在；②多数营出芽繁殖；③能发酵糖类产能；④细胞壁常含酵母甘露聚糖；⑤常生活在含糖量较高、酸度较大的水生环境中。

一、酵母菌的形态（菌体、菌落）和细胞结构

1. 酵母菌细胞形态

酵母菌细胞呈卵圆形、圆形或圆柱形。细胞宽 1～5μm，长 20～30μm。

酵母菌菌落大多数与细菌菌落相似，表面湿润，黏稠，易挑取，但比细菌菌落大而厚，颜色多为白色，少数为红色，若培养时间太长，其表面可产生皱褶。在液体培养时，有的生长在底部，有的生长均匀，有的则在表面形成菌璞。

2. 酵母菌细胞结构

酵母菌细胞结构有细胞壁、细胞质膜、细胞核、细胞质及内含物，见图 1-14。

① 细胞壁组分　葡聚糖、甘露聚糖、蛋白质及脂类等。

② 细胞质膜　与原核生物基本相同，但含有固醇。

③ 细胞核　具有核膜、核仁和染色体，核膜上有大量核孔。

④ 细胞质　含有大量 RNA、核糖体、中心体、线粒体、中心染色质、内质膜、液泡等。

⑤ 内含物　在老龄菌中因营养过剩而形成一些内含物，如：异染颗粒、肝糖、脂肪粒、蛋白质和多糖。

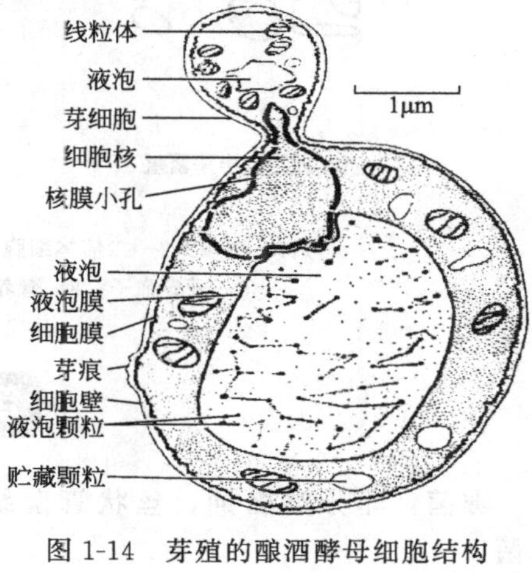

图 1-14 芽殖的酿酒酵母细胞结构

二、繁殖方式

1. 无性繁殖

芽殖：出芽繁殖是酵母菌进行无性繁殖的主要方式。成熟的酵母菌细胞，先长出一个小芽，芽细胞长到一定程度，脱离母细胞继续生长，尔后形成新个体。芽殖方式有多边出芽、两端出芽和三边出芽。

芽裂：母细胞总在一端出芽，并在芽基处形成隔膜，子细胞呈瓶状。这种方式很少。

裂殖：少数种类的酵母菌与细菌一样，借细胞横分裂而繁殖。

2. 有性繁殖

酵母菌以形成子囊孢子进行有性繁殖。

当酵母菌发育到一定阶段，两个性别不同的细胞（单倍体核）接近，各伸出一个小的突起而相互接触，使两个细胞结合起来。然后接触处细胞壁溶解，两个细胞的细胞质通过所形成的融合管道进行质配，两个单倍体核也移至融合管道中发生核配形成二倍体核的接合子。接合子可在融合管道的垂直方向形成芽细胞，然后二倍体核移入芽细胞内。此二倍体细胞可以从融合管道上脱离下来，再开始二倍体营养细胞的生长繁殖。很多酵母菌细胞的二倍体细胞可以进行多代的营养生长繁殖，因而酵母菌的单倍体、双倍体细胞都可以独立存在。

在合适的条件下接合子经减数分裂，双倍体核分裂为4～8个单倍体核，其外包以细胞质逐渐形成子囊孢子，包含在由酵母菌细胞壁演变来的子囊中。子囊孢子又可萌发成单倍体营养细胞。

三、生产上常用的酵母菌

① 啤酒酵母（图 1-15）发酵，食药用，提取多种生物活性物质。

② 假丝酵母饲料。

③ 白地霉饲料，食用，或药物提取。

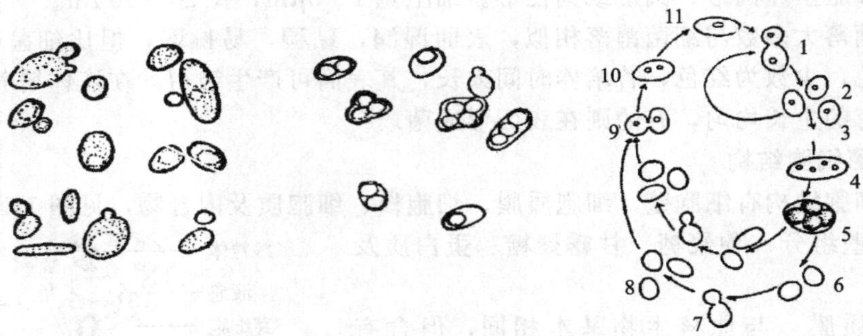

(a) 细胞及出芽繁殖　　(b) 子囊孢子　　(c) 生活史

图 1-15　啤酒酵母

1,7—芽殖；2—二倍体细胞（$2n$）；3—减数分裂；4—幼子囊；5—成熟子囊；6—子囊孢子；8—营养细胞（N）；9—结合；10—质配；11—核配

第四节　霉菌

霉菌，非分类名词，丝状真菌统称。通常指菌丝体发达而又不产生大型子实体的真菌。

一、霉菌的形态结构

1. 菌丝和菌丝体

霉菌是异养的真核生物，具有丝状或管状结构，单个分支称为菌丝。菌丝形成的网络状结构称为菌丝体。菌丝由坚硬的含壳多糖的细胞壁包被，内含大量真核生物的细胞器。

霉菌是丝状的、无光合作用的、营异养性营养的真核微生物。其细胞基本单位是菌丝（图 1-16）。

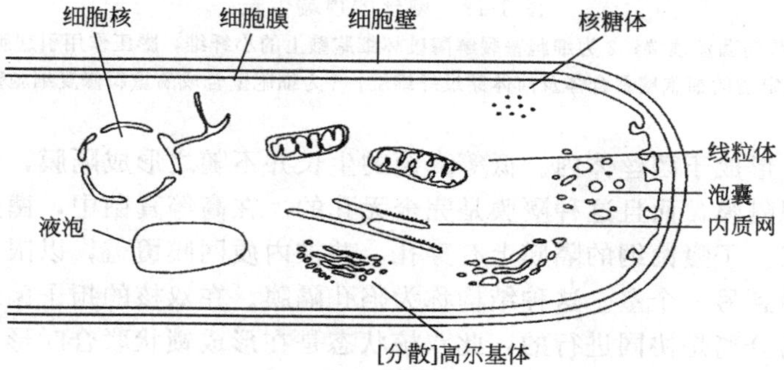

图 1-16 真菌菌丝结构

真菌菌丝是一种管状细胞，由坚硬的含壳多糖的细胞壁包被。菌丝通过顶端生长进行延伸，并多次重复分支而形成微细的网络结构，称为菌丝体。在原生质膜包被的菌丝细胞质中有核、线粒体、核糖体、高尔基体以及膜包被的囊泡。亚细胞结构由微管和内质网支持和组构。菌丝内细胞质的组分趋向于朝生长点的位置集中。菌丝较老的部位有大量液泡，并可能与较幼嫩的区域以横隔（称为隔膜）分开。

菌丝分有隔菌丝和无隔菌丝两种（图 1-17）。

① 有隔菌丝　有隔菌丝中有横隔膜将菌丝分隔成多个细胞，在菌丝生长过程中细胞核的分裂伴随着细胞的分裂，每个细胞含有 1 至多个细胞核。横隔膜可以使相邻细胞之间的物质相互沟通。

② 无隔菌丝　菌丝中无横隔膜，整个细胞是一个单细胞，菌丝内有许多核，在生长过程中只有核的分裂和原生质量的增加，没有细胞数目的增多。

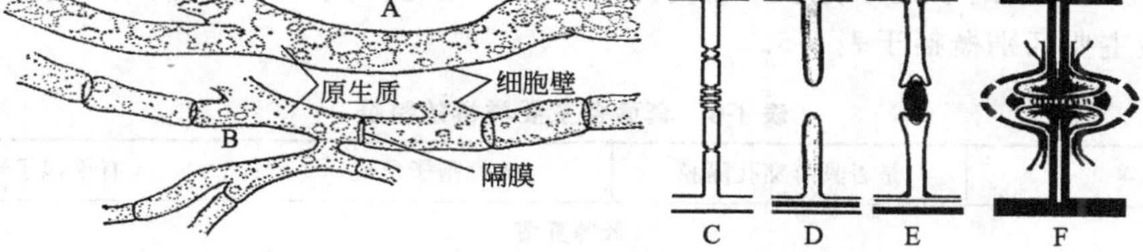

图 1-17 真菌的菌丝和有隔菌丝隔膜的类型

A—无隔菌丝；B—有隔菌丝；C～F—有隔菌丝横隔膜的类型

2. 真菌细胞壁结构及生长

真菌的细胞壁是由多层半晶体壳多糖微原纤维镶嵌在无定型的 β-葡聚糖基质中而形成的坚硬结构，也可含某些蛋白质。菌丝生长发生在顶端，通过菌丝顶端的细胞膜与囊泡的融合而生长（图 1-18），囊泡内含来自高尔基体的聚合化酶、细胞壁单体酶及软化细胞壁的酶。真菌细胞壁被软化，在膨压的作用下延伸，然后变坚硬。

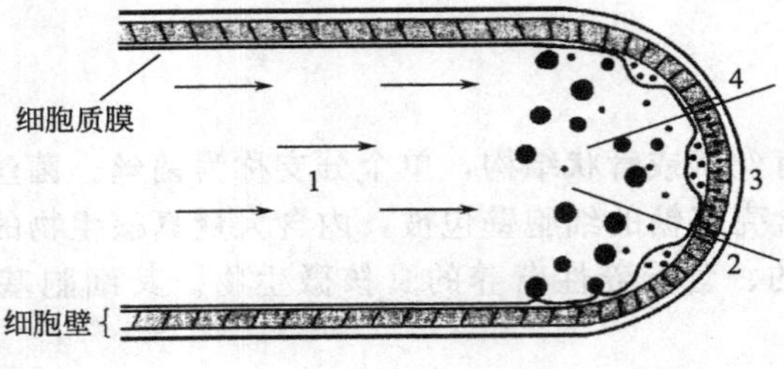

图 1-18　菌丝的顶端生长

1 为泡囊移向菌丝顶端；2 为细胞壁裂解酶破坏细胞壁上的小纤维，膨压作用引起胞壁延伸；3 为无定型的细胞壁聚合体及前体穿过纤维层；4 为细胞壁合成酶重新修复细胞壁纤维

隔膜是横壁，形成于菌丝体内。低等真菌的生长并不随之形成隔膜，只有在菌丝体形成繁殖结构时才出现隔膜，而且这种隔膜是完全无孔的。在高等真菌中，菌丝体的生长伴随着不完全隔膜的形成。子囊菌纲的隔膜上有穿孔，并被内质网膜覆盖，以限制大的细胞器如细胞核从一个室游动到另一个室。这种结构称为陷孔隔膜。在双核的担子菌纲中，隔膜的形成与 2 个交配的核的分离是协同进行的，此双核状态是在形成锁状联合时形成的。这些隔膜与子囊形成中产囊丝钩的形成类似。

3. 真菌分类学

过去认为真菌是多源性的类群，所包含的微生物具有不同的祖先。现在则倾向于单源性分类，认为同一亚门中的所有类群来自于一个祖先。依据形态学及有性生殖，目前把真菌分成 4 个亚门。

接合菌亚门和壶菌亚门称为低等真菌。低等真菌的营养菌丝体是无隔膜的，完整的隔膜仅见于繁殖结构。无性繁殖通过形成孢子囊，有性繁殖则通过形成接合孢子。

另外两亚门称为高等真菌，它们有更加复杂的菌丝体和复杂的、有穿孔的隔膜。分为子囊菌亚门和担子菌亚门。子囊菌亚门产生无性的分生孢子和在一种叫子囊的囊形细胞中产生有性的子囊孢子。担子菌亚门中的真菌几乎不产生无性孢子，而是在复杂的子实体上形成棒形的担子，在担子上产生有性孢子。

第五大类群属于更高等的真菌，它包含所有与有性生殖无关的类型，称为半知菌亚门。

每一亚门真菌又分为若干纲，其结尾的字母为-etes，例如，担子菌纲(Basidiomycetes)，纲中又分若干亚纲或目，以-ales 结尾，其下又分属和种，真菌间用于分类鉴定的最主要区别概括于表 1-6。

表 1-6　真菌各主要类群的特征

类群	是否具有穿孔隔膜	无性孢子形成	有性孢子形成
低等真菌			
接合菌亚门	无	非游动性的孢囊孢子	接合孢子
壶菌亚门	无	可运动的游动孢子	卵孢子
高等真菌			
子囊菌亚门	有	分生孢子	子囊孢子
担子菌亚门	有	罕见	担孢子
半知菌亚门	有	分生孢子	无

4. 菌落特征

（1）菌落生长　菌丝顶端的生长使得真菌可以从一个点或一个接种物向新的区域延伸。老的菌丝通常缺乏内含物，因为细胞质流向生长点。这使得在琼脂板上的菌落呈放射状（图 1-19），在感染的皮肤上呈环癣状，在草地上呈蘑菇圈状。

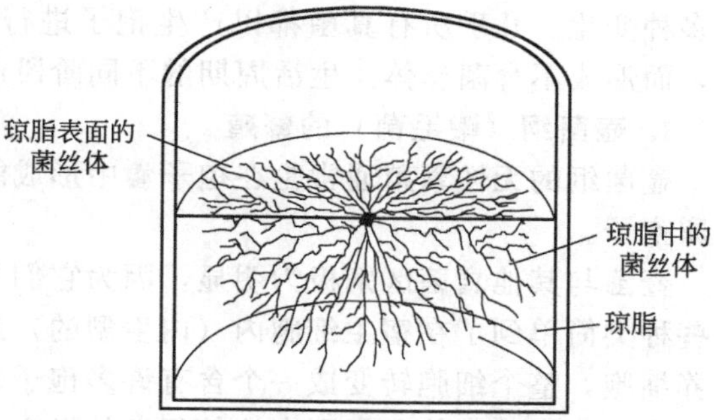

图 1-19　丝状真菌的群体生长模式

（2）菌落特征　霉菌菌落疏松，呈绒毛状、絮状或蜘蛛网状，比细菌菌落大几倍到十几倍；霉菌孢子的形状、构造和颜色以及产生的色素使得霉菌菌落表现出不同结构和色泽特征。

5. 菌丝的特异化结构（图 1-20）

（1）假根　是根霉属真菌的匍匐枝与基质接触处分化形成的根状菌丝，在显微镜下假根的颜色比其他菌丝要深，它起固着和吸收营养的作用。

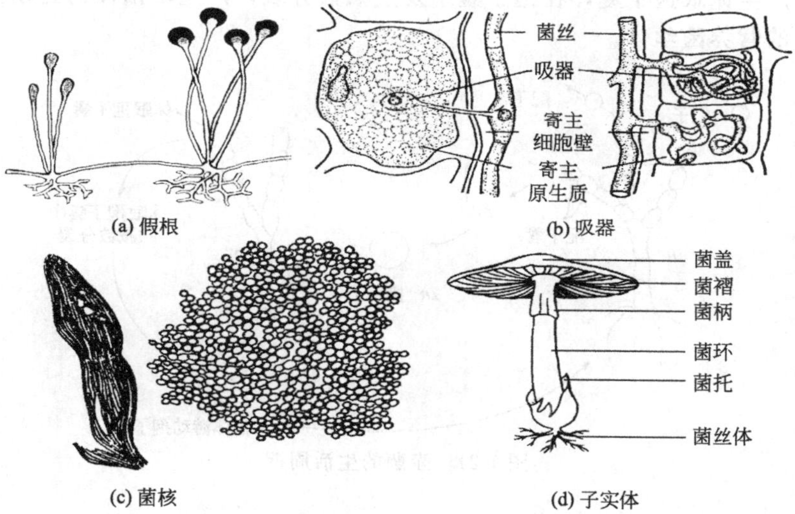

图 1-20　真菌菌丝的几种特殊形态

（2）吸器　是某些寄生性真菌从菌丝上产生出来的旁枝，侵入寄主细胞内形成指状、球状或丛枝状结构，用以吸收寄主细胞中的养料。

（3）菌核　是由菌丝团组成的一种硬的休眠体，一般有暗色的外皮，在条件适宜时可以生出分生孢子梗、菌丝子实体等。

（4）子实体　是由真菌的营养菌丝和生殖菌丝缠结而成的具有一定形状的产孢结构，如伞菌的子实体呈伞状。

二、繁殖方式

生活周期：所有的真菌都经过一个营养生长期，菌丝体在基质上生长。这一阶段后则是无性繁殖和有性繁殖，而在 4 个亚门中又各不相同。

四类真菌中的每一类群在其生活周期中均有其独特性。真菌的特点是都有一个营养生长时期，这时它们的生物量增加。而在孢子形成之前，其时间的长短以及所需生物量的多少则有多种变化。几乎所有真菌都以产生孢子进行繁殖，但有一些真菌已经丧失了所有产孢结构，而形成不育菌丝体。生活周期的不同阶段产生不同类型的孢子。

1. 壶菌纲（鞭毛菌）的繁殖

壶菌纲的无性繁殖通常是在孢子囊中形成能动的、有单鞭毛的游动孢子，有性繁殖是形成卵孢子。

壶菌与其他真菌区别极为明显，因为它们具有极为简单的枝和能游动的游动孢子。其中一些种类简单到了在宿主细胞内（内生型的）或在宿主细胞上（外生型的）只含有一单个的营养细胞，整个细胞转变成一个含有许多孢子的结构即孢子囊。这种方式称为整体产果式。

这一群中的其他种类则有比较复杂的形态，有假根及简单的菌丝体。壶菌的无性繁殖是通过在孢子囊中产生能动的游动孢子，孢子囊以完全隔膜与营养菌丝隔离。游动孢子具有单根后生鞭毛。在一些壶菌中，有性繁殖是形成二倍体孢子，其形成或是通过单倍体细胞的体细胞融合，或是两种不同配子型的菌丝体融合，或是两种游动配子的融合，或是一个游动配子和一种不动卵的融合（图 1-21）。产生的孢子可能经过减数分裂产生单倍体的菌丝体，或是萌发产生一个二倍体的营养菌丝体，通过产生二倍体游动孢子的方式进行无性繁殖。二倍体菌丝体也可产生休眠孢子囊，在孢子囊中发生减数分裂，产生单倍体的游动孢子，然后萌发产生单倍体的营养菌丝体。

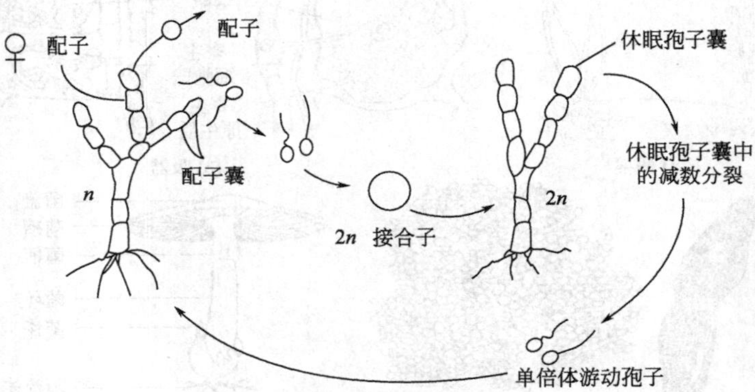

图 1-21　壶菌的生活周期

2. 接合菌纲的繁殖

接合菌纲的无性繁殖是在孢子囊中形成非游动的孢囊孢子，有性繁殖是形成接合孢子。

在低等真菌中，无性繁殖开始于气生菌丝。此时气生菌丝的顶端，成为孢子囊梗，以一种称作囊轴的完全隔膜与营养菌丝相隔离（图 1-22）。顶端的细胞质分化形成一个孢子囊，内含许多无性孢子。这些孢子中含有单倍体的核，来自于营养菌丝体中核的反复有丝分裂。孢子借助风或水进行传播。在有性繁殖中，不同交配类型的 2 个核在一个称为接合孢子的特化细胞中融合（图 1-22）。在一些种类中，不同的交配型的核可能是在一个菌丝体中（同宗配合）。在另一些种类中，必须具有不同交配型核的两个菌丝体才能融合（异宗配合）。这两种情况下，融合发生在经修饰的菌丝顶端之间称作原配子囊的区域，一旦发生融合，便称作接合孢子。在正在发育的接合孢子中发生减数分裂，通常 3 个核退化，仅有一个核存留在萌发的菌丝体中。

3. 子囊菌纲的繁殖

子囊菌纲真菌的无性繁殖是通过在菌丝顶端形成分生孢子。有性繁殖是通过形成子囊孢子。

在子囊菌纲的营养阶段，其生活周期的延续是通过形成无性孢子，这些称作分生孢子的

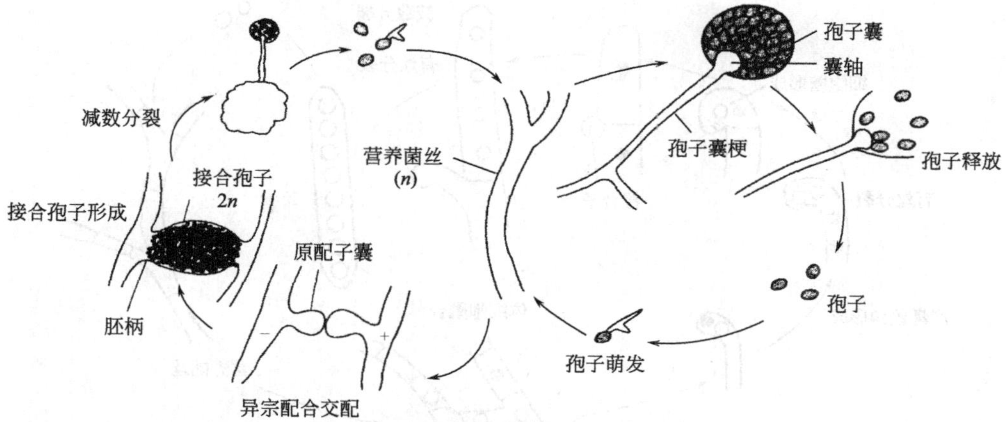

图 1-22　接合菌纲的典型生活周期

单个孢子来自气生菌丝顶端形成的称作分生孢子梗的结构（图 1-23）。这些孢子被一完全横隔壁隔离，随后是孢子的分化，称为体殖孢子的形成［图 1-23(a)］。大多数情况下是菌丝顶端的壁延伸称为芽孢子的形成［图 1-23(b)］。这些孢子可以是单细胞的，内含单倍体核，也可是多细胞的，含有几个来自有丝分裂的单倍体核。

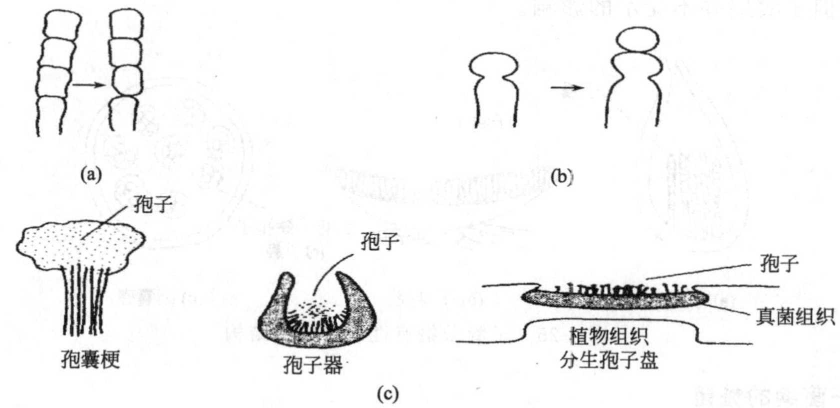

图 1-23　子囊菌纲的无性繁殖

(a) 体殖孢子的形成；(b) 芽生孢子的形成；(c) 分生孢子的聚集体

孢子可以由单独的、未经包被的分生孢子梗产生，也可以由大至肉眼可见的聚集体产生［图 1-23(c)］。分生孢子梗可以聚集形成柄状结构，产生的孢子露在顶端（菌丝束或孢梗束）。另一种情况，数量不同的不育真菌组织，可以保护分生孢子，就像在瓶状的分生孢子器中。一些种类在植物组织中产生分生孢子，分生孢子的聚集体以一种杯状分生孢子盘或垫形式分生孢子座形式穿出植物表皮。

这一类群真菌的有性繁殖发生在不同的交配型菌丝体体细胞融合之后。经过一个短暂的二倍体期后紧接着子囊孢子形成，这是在修饰后的菌丝顶端分化成的囊状子囊中发生的。在子囊发育的最初时期，形成钩状的菌丝顶端，据其形态称之为产囊丝钩或牧羊杖。其基部形成特殊的隔膜以保证 2 个不同交配型核能保持在末端细胞内。隔的形成与核分裂相一致（图 1-24）。在酵母菌中所有这些都发生在一个细胞中，2 个交配型细胞融合后，整个细胞转变成一个子囊。

在较复杂一些的子囊菌纲中，许多子囊在一起形成，成为一个能育组织，称为子实层，

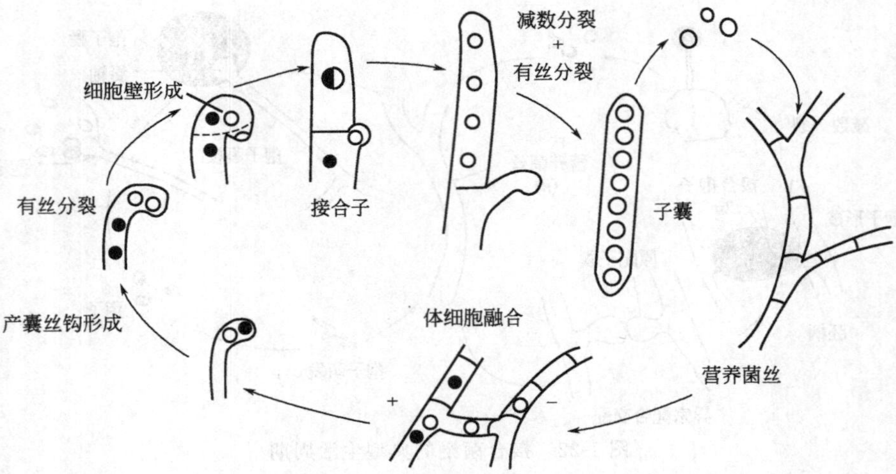

图 1-24　子囊菌纲的有性繁殖

在一些类群中，子实层可被大量的营养菌丝体支撑或包被。整个结构称为子实体，作为主要的分类学特征（图 1-25）。它们可长得足够大，以致能肉眼可见。瓶状的有性繁殖体称为子囊壳，杯状繁殖体称为子囊盘，封闭的繁殖体称闭囊壳。这些结构均参与保护子囊并协助其孢子传播，但子实层并不受水的影响。

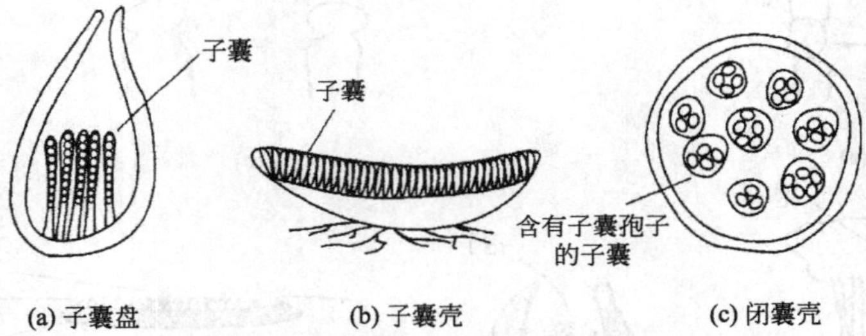

图 1-25　子囊菌纲有性子实体的结构

4. 担子菌纲的繁殖

担子菌纲的真菌很少进行无性繁殖。有性繁殖则是通过在巨大子实体的菌褶或陷孔中形成担孢子。

这一类群真菌的特点是具有最复杂和最大的结构。它们也以极少产生无性孢子而著称。生活周期的大部分为营养菌丝体形式，可利用复杂的基质。有性繁殖开始的先决条件是通过相容性菌丝的融合获得 2 个交配型核。2 个交配型核单独存在，并存留在延伸期的每个菌丝细胞内，称为双核期。该时期的维持需要在生长过程中形成复杂的隔膜和核的分裂。

有性孢子形成的第一步是由环境条件和子实体原基的开始形成而引发的。双核菌丝体延伸并分化形成大的子实体，我们称其为蘑菇和毒草。在修饰的菌丝顶端形成二倍体并进行减数分裂称为担子（图 1-26）。

担子发芽长出 4 个孢子，担子在一起构成一子实层，对自由水极为敏感。子实层生长在不育的双核支撑组织上可避免雨水冲刷。

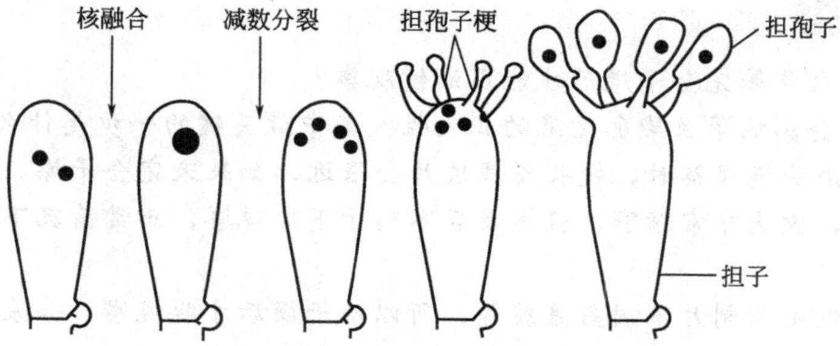

图 1-26 担子的形成

[知识链接]

蓝细菌

蓝细菌旧名蓝藻或蓝绿藻，是一类进化历史悠久、革兰阴性、无鞭毛、含叶绿素（但不形成叶绿体），能进行产氧性光合作用的大型原核生物。

（一）形态

蓝细菌形态差异极大，有单细胞和丝状体两类形态。细胞的直径 0.5～60μm，丝状体的长度差异很大。多个个体聚集在一起，可形成肉眼可见的很大的群体。在水体中繁茂生长时，可使水体颜色随菌体而发生变化。

（二）细胞生理特性

蓝细菌属于原核生物，细胞壁与 G^- 细菌相似，由肽聚糖等多黏复合物组成，并含有二氨基庚二酸，革兰阴性，能不断地向细胞壁外分泌许多胶黏物质，使一群群的细胞或丝状体结合在一起形成胶团或胶鞘；细胞核无核膜，没有有丝分裂器；细胞质中有气泡，可使细胞漂浮。

蓝细菌有它所特有的结构——光合器，光合器有两种不同的构型，一种是位于细胞膜的外膜下面呈一连续层；但大多数是位于类囊体的膜层中。光合器中含有光合作用色素：叶绿素 a、藻胆素和类胡萝卜素。蓝细菌可进行光合作用。

有的蓝细菌具有异形胞，这是蓝细菌进行固氮作用的场所，异形胞内有固氮酶系统，它可利用 ATP 和还原性物质来还原自由态的氮成为氨。光合作用的产物从邻近的营养细胞向异形胞转移，而固氮作用产物则移向营养细胞。

（三）常见的蓝细菌类群

常见的蓝细菌类群及其特性见表 1-7。

表 1-7 常见的蓝细菌类群及其特性

类　群	形　态	繁　殖
色球蓝细菌群	单细胞，球、杆状	二分裂或芽殖
宽球菌细菌群	单细胞，杆状细胞在鞘套内	多重分裂，产生小繁殖细胞 baeocytes
颤蓝细菌群	丝状，单个细胞在藻丝内	藻丝断裂
不分枝异形胞群	丝状，不分枝藻丝	藻丝断裂和静息孢子萌发
分枝异形胞群	丝状，分枝藻丝	藻丝断裂生成连锁体和静息孢子萌发

[课堂互动]

1. 制片为什么要等完全干燥后才能用油镜观察?

2. 哪些因素会影响革兰染色结果的正确性?其中最关键的一步是什么?

互动 因为用油镜观察时,镜头离载玻片会很近,如果未完全干燥,载玻片上的液体会污染油镜镜头,镜头非常精密,被污染后不利于下次观察,正常情况下,观察前要用擦镜纸擦拭干净。

另外,一般做细菌制片不用盖盖玻片,所以待干燥后才能观察,如果盖上盖玻片后就不用考虑需要干燥的问题了。

操作时注意以下问题。

(1) 涂片环节,不能涂得太厚,否则对染色、脱色都会有影响。

(2) 干燥环节,要将菌体固定住,还不能烧变形。

(3) 脱色环节,这是最最重要的,要掌握好乙醇的量和速率,脱色太过容易使阳性菌检出假阴性,脱色不足容易使阴性菌检出假阳性。

[案例分析]

某同学镜检时视野中出现大量游离芽孢,你认为是什么原因?

分析

初染把芽孢染成绿色,复染把营养体和芽孢囊染成红色。

如果只看到芽孢,可能是:

(1) 菌种的培养环境太恶劣了,营养体几乎都变成芽孢了;

(2) 复染出现问题了,复染之后又水洗了。

[思考题]

1. 细菌的基本形态有哪些?
2. 试述细菌细胞的一般结构和特殊结构及生理功能。
3. 简述革兰染色的基本原理。
4. 工业上常用细菌的类型有哪些?有何特点?
5. 工业上常用放线菌的类型有哪些?放线菌的繁殖方式有哪些?
6. 举例说明放线菌在生物制药工业中的重要性。
7. 工业上常用的酵母菌有哪些?它们有何用途及其特点。
8. 霉菌的繁殖方式有哪些?试比较青霉、曲霉、毛霉、根霉的形态和结构特征。
9. 列表比较细菌、放线菌、霉菌、酵母菌的形态、结构、菌落特征。

第二章 微生物培养技术

【知识目标】

（1）了解微生物细胞的化学组成和培养基的配制原则。

（2）掌握微生物的营养要素及其生理功能、营养物质进入细胞的方式和培养基的类型和应用。

【能力目标】

按照企业岗位要求独立配制实验室和工业生产用的培养基，为今后走上工作岗位打下坚实的基础。

第一节 工业微生物的营养要求

一、微生物细胞的化学组成

微生物细胞的化学成分以有机物和无机物两种状态存在。有机物包含各种大分子，它们是蛋白质、核酸、类脂和糖类，占细胞干重的99%。无机成分包括小分子无机物和各种离子，占细胞干重的1%。

微生物细胞的元素构成：由C、H、O、N、P、S、K、Na、Mg、Ca、Fe、Mn、Cu、Co、Zn、Mo等组成。其中C、H、O、N、P、S六种元素占微生物细胞干重的97%；其他为微量元素。微生物细胞的化学元素组成的比例常因微生物种类的不同而各异。

组成微生物细胞的化学元素分别来自微生物生长所需的营养物质，即微生物生长所需的营养物质应该包含有组成细胞的各种化学元素。这些物质概括为提供构成细胞物质的碳素来源的碳源物质，构成细胞物质的氮素来源的氮源物质和一些含有K、Na、Mg、Ca、Fe、Mn、Cu、Co、Zn、Mo元素的无机盐。

二、微生物的营养物质及其生理功能

微生物生长所需要的营养物质主要是以有机物和无机物的形式提供的，小部分由气体物质供给。微生物的营养物质按其在机体中的生理作用可区分为：碳源、氮源、无机盐、生长因子和水五大类。

1. 碳源

在微生物生长过程中为微生物提供碳素来源的物质称为碳源。

从简单的无机含碳化合物如 CO_2 和碳酸盐到各种各样的天然有机化合物都可以作为微生物的碳源，但不同的微生物利用含碳物质具有选择性，利用能力有差异（表 2-1）。

碳源的生理作用主要有：碳源物质通过复杂的化学变化来构成微生物自身的细胞物质和代谢产物；同时多数碳源物质在细胞内生化反应过程中还能为机体提供维持生命活动的能量，但有些以 CO_2 为唯一或主要碳源的微生物生长所需的能源则不是来自 CO_2。

表 2-1 微生物利用的碳源物质

种类	碳源物质	备注
糖	葡萄糖、果糖、麦芽糖、蔗糖、淀粉、半乳糖、乳糖、甘露糖、纤维二糖、纤维素、半纤维素、甲壳素、木质素等	单糖优于双糖，已糖优于戊糖，淀粉优于纤维素，纯多糖优于杂多糖
有机酸	糖酸、乳酸、柠檬酸、延胡索酸、低级脂肪酸、高级脂肪酸、氨基酸等	与糖类比效果较差，有机酸较难进入细胞，进入细胞后会导致 pH 值下降。当环境中缺乏碳源物质时，氨基酸可被微生物作为碳源利用
醇	乙醇	在低浓度条件下被某些酵母菌和醋酸菌利用
脂	脂肪、磷脂	主要利用脂肪，在特定条件下将磷脂分解为甘油和脂肪酸而加以利用
烃	天然气、石油、石油馏分、石蜡油等	利用烃的微生物细胞表面有一种由糖脂组成的特殊吸收系统，可将难溶的烃充分乳化后吸收利用
CO_2	CO_2	为自养微生物所利用
碳酸盐	$NaHCO_3$、$CaCO_3$、白垩等	为自养微生物所利用
其他	芳香族化合物、氰化物蛋白质、肽、核酸等	利用这些物质的微生物在环境保护方面有重要作用。当环境中缺乏碳源物质时，可被微生物作为碳源而降解利用

2. 氮源

凡是可以被微生物用来构成细胞物质的或代谢产物中氮素来源的营养物质通称为氮源物质。

能被微生物所利用的氮源物质有蛋白质及其各类降解产物、铵盐、硝酸盐、亚硝酸盐、分子态氮、嘌呤、嘧啶、脲、酰胺、氰化物（表 2-2）。

表 2-2 微生物利用的氮源物质

种类	氮源物质	备注
蛋白质类	蛋白质及其不同程度降解产物（胨、肽、氨基酸等）	大分子蛋白质难进入细胞，一些真菌和少数细菌能分泌胞外蛋白酶，将大分子蛋白质降解利用，而多数细菌只能利用相对分子质量较小其降解产物
氨及铵盐	NH_3、$(NH_4)_2SO_4$ 等	容易被微生物吸收利用
硝酸盐	KNO_3 等	容易被微生物吸收利用
分子氮	N_2	固氮微生物可利用，但当环境中有化合态氮源时，固氮微生物就失去固氮能力
其他	嘌呤、嘧啶、脲、胺、酰胺、氰化物	大肠杆菌不能以嘧啶作为唯一氮源，在氮限量的葡萄糖培养基上生长时，可通过诱导作用先合成分解嘧啶的酶，然后再分解并利用嘧啶可不同程度地被微生物作为氮源加以利用

氮源物质常被微生物用来合成细胞中含氮物质，少数情况下可做能源物质，如某些厌氧微生物在厌氧条件下可利用某些氨基酸作为能源。

微生物对氮源的利用具有选择性，如玉米浆相对于豆饼粉，NH_4^+ 相对于 NO_3^- 为速效氮源。铵盐作为氮源时会导致培养基 pH 值下降，称为生理酸性盐；而以硝酸盐作为氮源时培养基 pH 值会升高，称为生理碱性盐。

3. 能源

能为微生物生命活动提供最初能量来源的营养物或辐射能，称为能源。由于各种异养微生物的能源就是其碳源，因此，它们的能源谱就显得十分简单。

化能自养微生物的能源十分独特，它们都是一些还原态的无机物质，例如 NH_4^+、NO_2^-、S、H_2S、H_2 和 Fe^{2+} 等。能利用这种能源的微生物都是一些原核生物，包括亚硝酸细菌、硝酸细菌、硫化细菌、硫细菌、氢细菌和铁细菌等。

一部分微生物能够利用辐射能（光能）进行光合作用获得能源，称为光能营养型。

在能源中，更容易理解的是某一具体营养物质可同时兼有几种营养要素功能。例如光辐射能是单功能营养物（能源）；还原态的 NH_4^+ 是双功能营养物（能源和氮源）；而氨基酸是三功能的营养物（碳源、能源和氮源）。

4. 无机盐

无机盐是微生物生长必不可少的一类营养物质，它们在机体中的生理功能主要是作为酶活性中心的组成部分、维持生物大分子和细胞结构的稳定性、调节并维持细胞的渗透压平衡、控制细胞的氧化还原电位和作为某些微生物生长的能源物质等（表 2-3）。

表 2-3 无机盐及其生理功能

元素	化合物形式(常用)	生理功能
磷	KH_2PO_4，K_2HPO_4	核酸、核蛋白、磷脂、辅酶及 ATP 等高能分子的成分，作为缓冲系统调节培养基 pH 值
硫	$(NH_4)_2SO_4$，$MgSO_4$	含硫氨基酸(半胱氨酸、甲硫氨酸等)、维生素的成分，谷胱甘肽可调节胞内氧化还原电位
镁	$MgSO_4$	己糖磷酸化酶、异柠檬酸脱氢酶、核酸聚合酶等活性中心组分，叶绿素和细菌叶绿素成分
钙	$CaCl_2$，$Ca(NO_3)_2$	某些酶的辅因子，维持酶(如蛋白酶)的稳定性，芽孢和某些孢子形成所需，建立细菌感受态所需
钠	NaCl	细胞运输系统组分，维持细胞渗透压，维持某些酶的稳定性
钾	KH_2PO_4，K_2HPO_4	某些酶的辅因子，维持细胞渗透压，某些嗜盐细菌核糖体的稳定因子
铁	$FeSO_4$	细胞色素及某些酶的组分，某些铁细菌的能源物质，合成叶绿素、白喉毒素所需

微生物生长所需的无机盐一般有磷酸盐、硫酸盐、氯化物以及含有钠、钾、钙、镁、铁等金属元素的化合物。

在微生物的生长过程中还需要一些微量元素，微量元素是指那些在微生物生长过程中起重要作用，而机体对这些元素的需要量极其微小的元素，通常需要量在 10^{-8}～10^{-6} mol/L（培养基中含量）。微量元素一般参与酶的组成或使酶活化（表 2-4）。

表 2-4 微量元素与生理功能

元素	生理功能
锌	存在于乙醇脱氢酶、乳酸脱氢酶、碱性磷酸酶、醛缩酶、RNA 与 DNA 聚合酶中
锰	存在于过氧化物歧化酶、柠檬酸合成酶中
钼	存在于硝酸盐还原酶、固氮酶、甲酸脱氢酶中
硒	存在于甘氨酸还原酶、甲酸脱氢酶中
钴	存在于谷氨酸变位酶中
铜	存在于细胞色素氧化酶中
钨	存在于甲酸脱氢酶中
镍	存在于脲酶中，为氢细菌生长所必需

如果微生物在生长过程中缺乏微量元素，会导致细胞生理活性降低甚至停止生长。由于不同微生物对营养物质的需求不尽相同，微量元素这个概念也是相对的。微量元素通常混杂在天然有机营养物、无机化学试剂、自来水、蒸馏水、普通玻璃器皿中，如果没有特殊原因，在配制培养基时没有必要另外加入微量元素。值得注意的是，许多微量元素是重金属，如果它们过量，就会对机体产生毒害作用，而且单独一种微量元素过量产生的毒害作用更大，因此有必要将培养基中微量元素的量控制在正常范围内，并注意各种微量元素之间保持恰当比例。

5. 生长因子

生长因子通常指那些微生物生长所必需而且需要量很小，但微生物自身不能合成或合成量不足以满足机体生长需要的有机化合物。

根据生长因子的化学结构和它们在机体中的生理功能的不同，可将生长因子分为维生素、氨基酸和嘌呤与嘧啶三大类（表 2-5）。维生素在机体中所起的作用主要是作为酶的辅基或辅酶参与新陈代谢；有些微生物自身缺乏合成某些氨基酸的能力，因此必须在培养基中补充这些氨基酸或含有这些氨基酸的小肽类物质，微生物才能正常生长；嘌呤与嘧啶作为生长因子在微生物机体内的作用主要是作为酶的辅酶或辅基，以及用来合成核苷、核苷酸和核酸。

表 2-5 维生素及其在代谢中的作用

化合物	代谢中的作用
对氨基苯甲酸	四氢叶酸的前体，一碳单位转移酶的辅酶
生物素	催化羧化反应的酶的辅酶
辅酶 M	甲烷形成中的辅酶
叶酸	四氢叶酸包括在一碳单位转移酶的辅酶中
泛酸	辅酶 A 的前体
硫辛酸	丙酮酸脱氢酶复合物的辅基
烟酸	NAD、NADP 的前体，它们是许多脱氢酶的辅酶
吡哆素（维生素 B_6）	参与氨基酸和酮酶的转化
核黄素（维生素 B_2）	黄素单磷酸（FMN）和 FAD 的前体，它们是黄素蛋白的辅基
钴胺素（维生素 B_{12}）	辅酶 B_{12} 包括在重排反应里（为谷氨酸变位酶）
硫胺素（维生素 B_1）	硫胺素焦磷酸脱羧酶、转醛醇酶和转酮醇酶的辅基
维生素 K	甲基酮类的前体，起电子载体作用（如延胡索酸还原酶）
氧肟酸	促进铁的溶解性和向细胞中的转移

6. 水

水是微生物生长所必不可少的。水在细胞中的生理功能主要有：(1) 起到溶剂与运输介质的作用，营养物质的吸收与代谢产物的分泌必须以水为介质才能完成；(2) 参与细胞内一系列化学反应；(3) 维持蛋白质、核酸等生物大分子稳定的天然构象；(4) 因为水的比热高，是热的良好导体，能有效地吸收代谢过程中产生的热并及时地将热迅速散发出体外，从而有效地控制细胞内温度的变化；(5) 保持充足的水分是细胞维持自身正常形态的重要因素；(6) 微生物通过水合作用与脱水作用控制由多亚基组成的结构，如酶、微管、鞭毛及病毒颗粒的组装与解离。

微生物生长的环境中水的有效性常以水活度值（wateractivity，A_w）表示，水活度值是指在一定的温度和压力条件下，溶液的蒸汽压力与同样条件下纯水蒸汽压力之比，即 $A_w = P_w / P_{0w}$，式中，P_w 代表溶液蒸汽压力，P_{0w} 代表纯水蒸汽压力。纯水 A_w 为 1.00，溶液中溶质越多，A_w 越小。微生物一般在 A_w 为 0.60～0.99 的条件下生长，A_w 过低时，微生物生长的迟缓期延长，比生长速率和总生长量减少。微生物不同，其生长的最适 A_w 不同（表 2-6）。一般而言，细菌生长最适 A_w 较酵母菌和霉菌高，而嗜盐微生物生长最适 A_w 则较低。

表 2-6 几类微生物生长最适 A_w

微生物	A_w
一般细菌	0.91
酵母菌	0.88
霉菌	0.80
嗜盐细菌	0.76
嗜盐真菌	0.65
嗜高渗酵母	0.60

三、微生物的营养类型

由于微生物种类繁多，其营养类型比较复杂，人们常在不同层次和侧重点上对微生物营养类型进行划分（表 2-7）。根据碳源、能源及电子供体性质的不同，可将绝大部分微生物分为光能无机自养型、光能有机异养型、化能无机自养型及化能有机异养型四种类型（表 2-8）。

表 2-7 微生物的营养类型（Ⅰ）

划分依据	营养类型	特点
碳源	自养型	以 CO_2 为唯一或主要碳源
	异养型	以有机物为碳源
能源	光能营养型	以光为能源
	化能营养型	以有机物氧化释放的化学能为能源
电子供体	无机营养型	以还原性无机物为电子供体
	有机营养型	以有机物为电子供体

表 2-8 微生物的营养类型（Ⅱ）

营养类型	电子供体	碳源	能源	举例
光能无机自养型	H_2、H_2S、S 或 H_2O	CO_2	光能	着色细菌、蓝细菌、藻类
光能有机异养型	有机物	有机物	光能	红螺细菌

续表

营养类型	电子供体	碳源	能源	举例
化能无机自养型	H_2、H_2S、Fe^{2+}、NH_3或NO_2^-	CO_2	化学能	氢细菌、硫杆菌、亚硝化单胞菌属
化能有机异养型	有机物	有机物	化学能	假单胞菌属、真菌、原生动物

光能无机自养型和光能有机异养型微生物可利用光能生长，在地球早期生态环境的演化过程中起重要作用；化能无机自养型微生物广泛分布于土壤及水环境中，参与地球物质循环；对化能有机异养型微生物而言，有机物通常既是碳源也是能源。目前已知的大多数细菌、真菌、原生动物都是化能有机异养型微生物。值得注意的是，已知的所有致病微生物都属于此种类型。根据化能有机异养型微生物利用的有机物性质的不同，又可将它们分为腐生型和寄生型两类，前者可利用无生命的有机物（如动植物尸体和残体）作为碳源，后者则寄生在活的寄主机体内吸取营养物质，离开寄主就不能生存。在腐生型和寄生型之间还存在一些中间类型，如兼性腐生型和兼性寄生型。

某些菌株发生突变（自然突变或人工诱变）后，失去合成某种（或某些）对该菌株生长必不可少的物质（通常是生长因子如氨基酸、维生素）的能力，必须从外界环境获得该物质才能生长繁殖，这种突变型菌株称为营养缺陷型，相应的野生型菌株称为原养型。营养缺陷型菌株经常用来进行微生物遗传学方面的研究。

必须明确，无论哪种分类方式，不同营养类型之间的界限并非绝对的，异养型微生物并非绝对不能利用，只是不能以CO_2为唯一或主要碳源进行生长，而且在有机物存在的情况下也可将CO_2同化为细胞物质。同样，自养型微生物也并非不能利用有机物进行生长。另外，有些微生物在不同生长条件下生长时，其营养类型也会发生改变，例如紫色非硫细菌在没有有机物时可以同化CO_2，为自养型微生物，而当有有机物存在时，它又可以利用有机物进行生长，此时它为异养型微生物。再如，紫色非硫细菌在光照和厌氧条件下可利用光能生长，为光能营养型微生物，而在黑暗与好氧条件下，依靠有机物氧化产生的化学能生长，则为化能营养型微生物。微生物营养类型的可变性无疑有利于提高微生物对环境条件变化的适应能力。

1. 光能无机自养型

光能无机自养型也称光能自养型，这是一类能以CO_2为唯一碳源或主要碳源并利用光能进行生长的微生物，它们能以无机物如水、硫化氢、硫代硫酸钠或其他无机化合物为电子供体，使CO_2固定还原成细胞物质，并且伴随元素氧（硫）的释放。

藻类、蓝细菌和光合细菌属于这一营养类型。

藻类和蓝细菌：

$$CO_2 + H_2O \xrightarrow[\text{叶绿素}]{\text{光能}} [CH_2O] + O_2\uparrow$$

这与高等植物光合作用是一致的。

光合细菌：

$$CO_2 + 2H_2S \xrightarrow[\text{菌绿素}]{\text{光能}} [CH_2O] + H_2O + 2S$$

这与藻类、蓝细菌和高等植物是不同的。

2. 化能无机自养型

化能无机自养型或称化能自养型，这类微生物利用无机物氧化过程中放出的化学能作为它们生长所需的能量，以CO_2或碳酸盐作为唯一的或主要碳源进行生长，利用电子供体如氢气、硫化氢、二价铁离子或亚硝酸盐等使 CO_2 还原成细胞物质。

属于这类微生物的类群有硫化细菌、硝化细菌、氢细菌与铁细菌等（参见微生物的产能方式）。

例如氢细菌：

$$H_2+\frac{1}{2}O_2 \longrightarrow H_2O+56.7\ 千卡$$

3. 光能有机异养型

光能有机异养型或称光能异养型，这类微生物不能以 CO_2 作为唯一碳源或主要碳源，需以有机物作为供氢体，利用光能将 CO_2 还原为细胞物质。

红螺属的一些细菌就是这一营养类型的代表：

$$2(CH_3)_2CHOH+CO_2 \xrightarrow[光合色素]{光能} 2CH_3COCH_3+[CH_2O]+H_2O$$

光能有机异养型细菌在生长时通常需要外源生长因子。

4. 化能有机异养型

化能有机异养型或称化能异养营养型，这类微生物生长所需的能量来自有机物氧化过程放出的化学能，生长所需要的碳源主要是一些有机化合物，如淀粉、糖类、纤维素、有机酸等。对于化能有机异养型微生物来说，有机物通常既是它们生长的碳源物质又是能源物质。

目前在已知的微生物大多数属于化能有机异养型：绝大多数的细菌、全部真菌、原生动物以及病毒。

如果化能有机异养型微生物利用的有机物不具有生命活性，则是腐生型；若是生活在生活细胞内从寄生体内获得营养物质，则是寄生型。

第二节 营养物质进入细胞的形式

营养物质能否被微生物利用的一个决定性因素是这些营养物质能否进入微生物细胞。只有营养物质进入细胞后才能被微生物细胞内的新陈代谢系统分解利用，进而使微生物正常生长繁殖。

影响营养物质进入细胞的因素主要有三个。

其一是营养物质本身的性质。相对分子质量、溶解性、电负性、极性等都影响营养物质进入细胞的难易程度。

其二是微生物所处的环境。温度通过影响营养物质的溶解度、细胞膜的流动性及运输系统的活性来影响微生物的吸收能力；pH 值和离子强度通过影响营养物质的电离程度来影响其进入细胞的能力。例如，当环境 pH 值比细胞内 pH 值高时，弱碱性的甲胺进入大肠杆菌后以带正电荷的形式存在，而这种状态的甲胺不容易分泌而导致细胞内甲胺浓度升高；当环境 pH 值比细胞内 pH 值低时，甲胺以带正电荷的形式存在于环境中而难以进入细胞，导致细胞内甲胺浓度降低；当环境中存在诱导物质运输系统形成的物质时，有利于微生物吸收营养物质；而当环境中存在代谢过程抑制剂、解偶联剂以及能与原生质膜上的蛋白质或脂类物质等成分发生作用的物质（如疏基试剂、重金属离子等）都可以在不同程度上影响物质的运输速率。另外，环境中被运输物质的结构类似物也影响微生物细胞吸收被运输物质的速率，例如 L-刀豆氨酸、L-赖氨酸或 D-精氨酸都能降低酿酒酵母吸收 L-精氨酸的能力。

其三是微生物细胞的透过屏障。所有微生物都具有一种保护机体完整性且能限制物质进出细胞的渗透屏障。渗透屏障是由原生质膜、细胞壁、荚膜及黏液层等组成的结构。荚膜与黏液层的结构较为疏松，对细胞吸收营养物质影响较小。革兰阳性细菌由于细胞壁结构较为紧密，对营养物质的吸收有一定的影响，相对分子质量大于10000的葡聚糖难以通过这类细菌的细胞壁。真菌和酵母菌细胞壁只能允许相对分子质量较小的物质通过。与细胞壁相比，原生质膜在控制物质进入细胞的过程中起着更为重要的作用，它对跨膜运输的物质具有选择性，营养物质的跨膜运输是本节着重探讨的问题。根据物质运输过程的特点，可将物质的运输方式分为扩散、促进扩散、主动运输与膜泡运输。

一、扩散

1. 扩散

原生质膜是一种半透膜，营养物质通过原生质膜上的含水小孔，由高浓度的胞外（内）环境向低浓度的胞内（外）进行扩散。扩散是非特异性的，但原生质膜上的含水小孔的大小和形状对参与扩散的营养物质分子有一定的选择性。物质在扩散过程中，既不与膜上的各类分子发生反应，自身分子结构也不发生变化。

2. 扩散的特点

扩散是一种最简单的物质跨膜运输方式，为纯粹的物理学过程，在扩散过程中不消耗能量，物质扩散的动力来自参与扩散的物质在膜内外的浓度差，营养物质不能逆浓度运输。物质扩散的速率随原生质膜内外营养物质浓度差的降低而减小，直到膜内外营养物质浓度相同时才达到一个动态平衡。

由于原生质膜主要由磷脂双分子层和蛋白质组成，而且膜上分布有含水小孔，膜内外表面为极性表面，中间为疏水层，因而物质跨膜扩散的能力和速率与该物质的性质有关，相对分子质量小、脂溶性、极性小的物质易通过扩散进出细胞。另外，温度高时，原生质膜的流动性增加，有利于物质通过扩散进出细胞，而pH值与离子强度通过影响物质的电离程度而影响物质的扩散速率。

3. 通过扩散运输的营养物质

扩散并不是微生物细胞吸收营养物质的主要方式，水是唯一可以通过扩散自由通过原生质膜的分子，脂肪酸、乙醇、甘油、苯、一些气体分子（O_2、CO_2）及某些氨基酸在一定程度上也可通过扩散进出细胞。

二、促进扩散

1. 促进扩散

促进扩散与扩散一样，促进扩散也是一种被动的物质跨膜运输方式，在这个过程中不消耗能量，参与运输的物质本身的分子结构不发生变化，不能进行逆浓度运输，运输速率与膜内外物质的浓度差成正比。

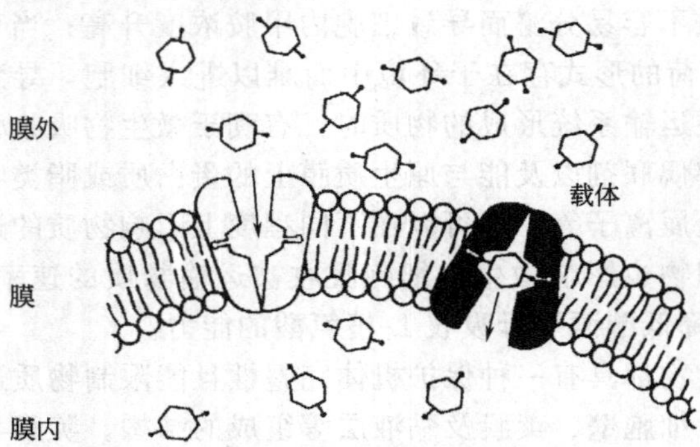

图 2-1 促进扩散示意图

2. 促进扩散的特点

促进扩散与扩散的主要区别在于通过促进扩散进行跨膜运输的物质需要借助于载体的作用力才能进入细胞（图2-1），而且每种载体只运输相应的物质，具有较高的专一性。被运输物质与相应载体之间存在一种亲和力，而且这种亲和力在原生质膜内外的大小不同，当物质与相应载体在胞外亲和力大而在胞内亲和力小时，通过被运输物质与相应载体之间亲和力的大小变化，使该物质与载体发生可逆性的结合与分离，导致物质穿过原生质膜进入细胞。被运输物质与载体之间亲和力大小变化是通过载体分子的构象变化而实现的。参与促进扩散的载体主要是一些蛋白质，这些蛋白质能促进物质进行跨膜运输，自身在这个过程中不发生化学变化，而且在促进扩散中载体只影响物质的运输速率，并不改变该物质在膜内外形成的动态平衡状态，被运输物质在膜内外浓度差越大，促进扩散的速率越快，但是当被运输物质浓度过高而使载体蛋白饱和时，运输速率就再不增加，这些性质都类似于酶的作用特征，因此载体蛋白也称为透过酶。透过酶大多是诱导酶，只有在环境中存在机体生长所需的营养物质时，相应的透过酶才合成。

3. 通过促进扩散运输的营养物质

通过促进扩散进入细胞的营养物质主要有氨基酸、单糖、维生素及无机盐等。一般微生物通过专一的载体蛋白运输相应的物质，但也有微生物对同一物质的运输由一种以上的载体蛋白来完成，例如鼠伤寒沙门菌利用四种不同载体蛋白运输组氨酸，酿酒酵母有三种不同的载体蛋白来完成葡萄糖的运输。另外，某些载体蛋白可同时完成几种物质的运输，例如大肠杆菌可通过一种载体蛋白完成亮氨酸、异亮氨酸和缬氨酸的运输，但这种载体蛋白对这三种氨基酸的运输能力有差别。

除以蛋白质载体介导的促进扩散外，一些抗生素可以通过提高膜的离子通透性而促进离子进行跨膜运输。短杆菌肽 A 是由 15 个 L 型和 D 型氨基酸交替连接而成的短肽，两个短杆菌肽 A 分子可在膜上形成含水通道，离子可以穿过此通道进行跨膜运输；缬氨霉素是一种环状分子，K^+ 可结合在环状分子中心，而环状分子外周的碳氢链使得该复合物能穿过膜的疏水性中心，从而促进 K^+ 的跨膜运输，在这个过程中，缬氨霉素实际上起到载体的作用。

三、主动运输

主动运输是广泛存在于微生物中的一种主要的物质运输方式。与扩散及促进扩散这两种被动运输方式相比，主动运输的一个重要特点是在物质运输过程中需要消耗能量，而且可以进行逆浓度运输。在主动运输过程中，运输物质所需能量来源因微生物不同而不同，好氧型微生物与兼性厌氧型微生物直接利用呼吸能，厌氧型微生物利用化学能（ATP），光合微生物利用光能，嗜盐细菌通过紫膜利用光能。主动运输与促进扩散类似之处在于物质运输过程中同样需要载体蛋白，载体蛋白通过构象变化而改变与被运输物质之间的亲和力大小，使两者之间发生可逆性结合与分离，从而完成相应物质的跨膜运输，区别在于主动运输过程中的载体蛋白构象变化需要消耗能量。主动运输的具体方式有多种，主要有初级主动运输、次级主动运输、基团转位、Na^+，K^+-ATP 酶（Na^+，K^+-ATPase）系统及 ATP 偶联主动运输等。

1. 初级主动运输

初级主动运输指由电子传递系统、ATP 酶或细菌嗜紫红质引起的质子运输方式，从物质运输的角度考虑是一种质子的主动运输方式。呼吸能、化学能和光能的消耗，引起胞内质子（或其他离子）外排，导致原生质膜内外建立质子浓度差（或电势差），使膜处于充能状态（图 2-2），即形成能化膜。不同微生物的初级主动运输方式不同，好氧型微生物和兼性厌氧型微生物在有氧条件下生长时，物质在胞内氧化释放的电子在位于原生质膜上的电子传递链上传递的过程中伴随质子外排；厌氧型微生物利用发酵过程

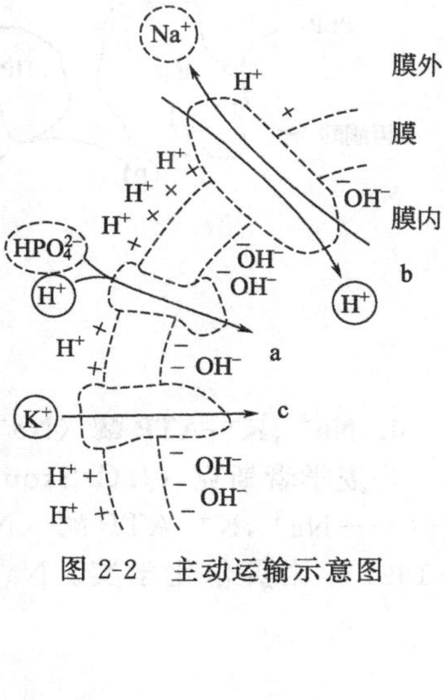

图 2-2 主动运输示意图

中产生的ATP，在位于原生质膜上的ATP酶的作用下，ATP水解生成ADP和磷酸，同时伴随质子向胞外分泌；光合微生物吸收光能后，光能激发产生的电子在电子传递过程中也伴随质子外排；嗜盐细菌紫膜上的细菌嗜紫红质吸收光能后，引起蛋白质分子中某些化学基团 pK_a 值发生变化，导致质子迅速转移，在膜内外建立质子浓度差。

2. 次级主动运输

通过初级主动运输建立的能化膜在质子浓度差（或电势差）消失的过程中，往往偶联其他物质的运输，包括以下三种方式。同向运输是指某种物质与质子通过同一载体按同一方向运输（图 2-2a）。除质子外，其他带电荷离子（如钠离子）建立起来的电势差也可引起同向运输。在大肠杆菌中，通过这种方式运输的物质主要有丙氨酸、丝氨酸、甘氨酸、谷氨酸、半乳糖、岩藻糖、蜜二糖、阿拉伯糖、乳酸、葡萄糖醛酸及某些阴离子（如 HPO_4^{2-}、HSO_4^-）等。逆向运输是指某种物质（如 Na^+）与质子通过同一载体按相反方向进行运输（图 2-2b）。单向运输是指质子浓度差在消失过程中，可促使某些物质通过载体进出细胞（图 2-2c），运输结果通常导致胞内阳离子（如 K^+）积累或阴离子浓度降低。

3. 基团转位

基团转位与其他主动运输方式的不同之处在于它有一个复杂的运输系统来完成物质的运输，而物质在起输过程中发生化学变化。基团转位主要存在于厌氧型和兼性厌氧型细菌中，主要用于糖的运输，脂肪酸、核苷、碱基等也可通过这种方式运输。目前尚未在好氧型细菌及真核生物中发现这种运输方式，也未发现氨基酸通过这种方式进行运输。

在研究大肠杆菌对葡萄糖和金黄色葡萄球菌对乳糖的吸收过程中，发现这些糖进入细胞后以磷酸糖的形式存在于细胞质中，表明这些糖在运输过程中发生了磷酸化作用，其中的磷酸基团来源于胞内的磷酸烯醇式丙酮酸（PEP），因此也将基团转位称为磷酸烯醇式丙酮酸-磷酸糖转移酶运输系统（PTS），简称磷酸转移酶系统（图 2-3）。PTS通常由五种蛋白质组成，包括酶Ⅰ、酶Ⅱ（包括a、b和c三个亚基）和一种低相对分子质量的热稳定蛋白质（HPr）。酶Ⅰ和HPr是非特异性的细胞质蛋白，酶Ⅱa是可溶性细胞质蛋白，亲水性酶Ⅱb与位于细胞膜上的酶Ⅱc相结合。在糖的运输过程中，PEP上的磷酸基团逐步通过酶Ⅰ、HPr的磷酸化与去磷酸化作用，最终在酶Ⅱ的作用下转移到糖，生成磷酸糖释放于细胞质中。

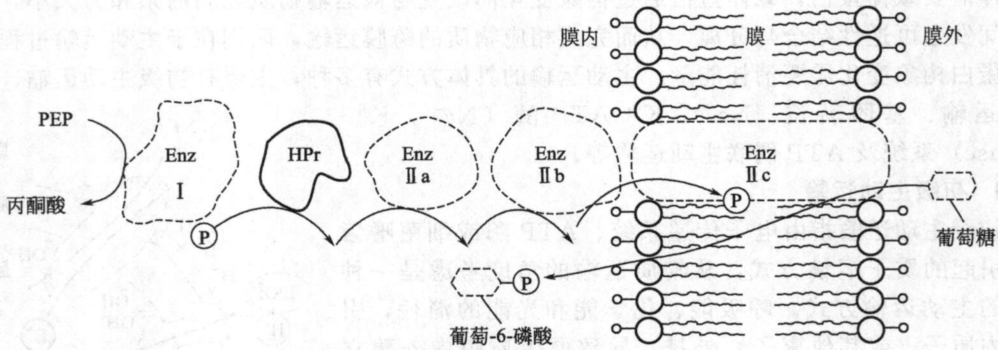

图 2-3 大肠杆菌 PTS

4. Na^+,K^+-ATP 酶（Na^+,K^+-ATPase）系统

丹麦学者斯克（J. C. Skou）在1957年发现了存在于原生质膜上的一种重要的离子通道蛋白——Na^+,K^+-ATP酶（Na^+，K^+-ATPase），时隔40年后，他与其他两位学者分享了1997年诺贝尔化学奖。Na^+,K^+-ATP酶的功能是利用ATP的能量将 Na^+ 由细胞内

“泵”出至胞外，并将 K^+“泵”入胞内。该酶由大小两个亚基组成，大亚基可被磷酸化，其作用机制见图 2-4。

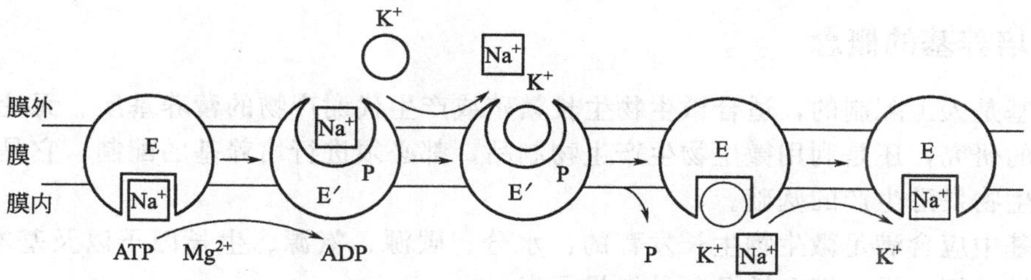

图 2-4　Na^+, K^+-ATP 酶系统示意图

E 为非磷酸化酶，与 Na^+ 的结合位点朝向膜内，与 Na^+ 有较高的亲和力，而与 K^+ 的亲和力低。当 E 与 Na^+ 结合后，在 Mg^{2+} 存在的情况下，ATP 水解使 E 磷酸化，促使 E 构象发生变化而转变成 E′，并导致与 Na^+ 的结合位点朝向膜外，E′与 Na^+ 的亲和力降低，而与 K^+ 的亲和力增高，此时胞外的 K^+ 将 Na^+ 置换下来，E′与 K^+ 结合后，K^+ 的结合位点朝向膜内，E′去磷酸化，该酶构象再次发生变化，转变成 E，Na^+ 将 K^+ 置换下来。Na^+，K^+-ATP 酶作用的结果是使细胞内 Na^+ 浓度低而 K^+ 浓度高，这种状况并不因环境中 Na^+、K^+ 浓度高低而改变，例如大肠杆菌 K_{12} 在培养基中 K^+ 浓度非常低（0.1mmol/L）时，仍然可以从环境中吸收 K^+，导致胞内 K^+ 浓度达到 100mmol/L。细胞内维持高浓度 K^+ 是保证许多酶的活性和蛋白质的合成所必需的。由于 Na^+，K^+-ATP 酶将 Na^+ 由细胞内“泵”出至胞外，并将 K^+“泵”入胞内，因此常将该酶称为 Na^+，K^+ 泵。

5. 其他的主动运输方式

除上述四种主要的主动运输方式外，在微生物中还存在一些其他的主动运输方式。其中有一种是 ATP 水解不建立膜内外质子浓度差，而是直接偶联物质的运输，L-谷氨酰胺、L-鸟氨酰胺、L-鸟氨酸和 D-核糖可以通过这种方式运输；在大肠杆菌中，能量的消耗可以导致柠檬酸透过酶的构象变化而使之活化，促进柠檬酸进入细胞；在金黄色葡萄球菌中，在脱氢酶作用下，乳酸氧化偶联着载体蛋白分子构象变化，促使物质进入细胞。

四、膜泡运输

膜泡运输主要存在于原生动物特别是变形虫中，是这类微生物的一种营养物质的运输方式（图 2-5）。变形虫通过趋向性运动靠近营养物质，并将该物质吸附到膜表面，然后在该物质附近的细胞膜开始内陷，逐步将营养物质包围，最后形成一个含有该营养物质的膜泡，之后膜泡离开细胞膜而游离于细胞质中，营养物质通过这种运输方式由胞外进入胞内。如果膜泡中包含的是固体营养物质，则将这种营养物质运输方式称为胞吞作用；如果膜泡中包含的是液体，则称之为胞饮作用。通过胞吞作用（或胞饮作用）进行的营养物质膜泡运输一般分为五个时期（图 2-5），即吸附期、膜伸展期、膜泡迅速形成期、附着膜泡形成期和膜泡释放期。

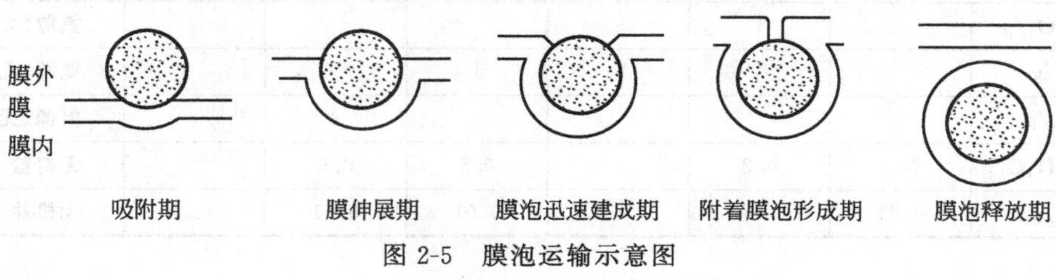

图 2-5　膜泡运输示意图

第三节 培养基

一、培养基的概念

培养基是人工配制的，适合微生物生长繁殖或产生代谢产物的营养基质。无论是以微生物为材料的研究，还是利用微生物生产生物制品，都必须进行培养基的配制，它是微生物学研究和微生物发酵生产的基础。

培养基中应含满足微生物生长发育的：水分、碳源、氮源、生长因子以及基本的离子，磷、硫、钠、钙、镁、钾和铁及各种微量元素。

此外，培养基还应具有适宜的酸碱度（pH 值）和一定缓冲能力及一定的氧化还原电位和合适的渗透压。

二、配制培养基的原则

1. 选择适宜的营养物质

总体而言，所有微生物生长繁殖均需要培养基含有碳源、氮源、无机盐、生长因子、水及能源，但由于微生物营养类型复杂，不同微生物对营养物质的需求是不一样的，因此首先要根据不同微生物的营养需求配制针对性强的培养基。自养型微生物能从简单的无机物合成自身需要的糖类、脂类、蛋白质、核酸、维生素等复杂的有机物，因此培养自养型微生物的培养基完全可以（或应该）由简单的无机物组成。例如，培养化能自养型的氧化硫硫杆菌的培养基组成见表 2-9。在该培养基配制过程中并未专门加入其他碳源物质，而是依靠空气中和溶于水中的 CO_2 为氧化硫硫杆菌提供碳源。

表 2-9 几种类型培养基组成

成分	氧化硫硫杆菌	大肠杆菌	营养琼脂	高氏Ⅰ号	查氏合成	LB	主要作用
牛肉膏/g			5				碳源(能源)、氮源、无机盐、生长因子
蛋白胨/g			10			10	氮源、碳源（能源)、生长因子
酵母浸膏/g		5					生长因子、氮源、碳源(能源)
葡萄糖/g		5					碳源(能源)
蔗糖/g					30		碳源(能源)
可溶性淀粉/g				20			碳源(能源)
CO_2	(来自空气)						碳源
$(NH_4)_2SO_4$/g	0.4						氮源、无机盐
$NH_4H_2PO_4$/g		1					氮源、无机盐
KNO_3/g				1			氮源、无机盐
$NaNO_3$/g					3		氮源、无机盐
$MgSO_4 \cdot 7H_2O$/g	0.5	0.2		0.5	0.5		无机盐
$FeSO_4$/g	0.01			0.01	0.01		无机盐

续表

成分	氧化硫硫杆菌	大肠杆菌	营养琼脂	高氏Ⅰ号	查氏合成	LB	主要作用
KH_2PO_4/g	4						无机盐
K_2HPO_4/g		1		0.5	1		无机盐
NaCl/g		5	5	0.5			无机盐
KCl/g					0.5		无机盐
$CaCl_2$/g	0.25						无机盐
S/g	10						无机盐
H_2O/mL	1000	1000	1000	1000	1000	1000	溶剂
pH 值	7.0	7.0～7.2	7.0～7.2	7.2～7.4	自然	7.0	
灭菌条件	121℃20min	112℃30min	121℃20min	121℃20min	121℃20min	121℃20min	

就微生物主要类型而言，有细菌、放线菌、酵母菌、霉菌、原生动物、藻类及病毒之分，培养它们所需的培养基各不相同。在实验室中常用牛肉膏蛋白胨培养基（或简称普通肉汤培养基）培养细菌，用高氏Ⅰ号合成培养基培养放线菌，培养酵母菌一般用麦芽汁培养基，培养霉菌则一般用查氏合成培养基。

2. 营养物质浓度及配比合适

培养基中营养物质浓度合适时微生物才能生长良好，营养物质浓度过低时不能满足微生物正常生长所需，浓度过高时则可能对微生物生长起抑制作用，例如高浓度糖类物质、无机盐、重金属离子等不仅不能维持和促进微生物的生长，反而起到抑菌或杀菌作用。另外，培养基中各营养物质之间的浓度配比也直接影响微生物的生长繁殖和（或）代谢产物的形成和积累，其中碳氮比（C/N）的影响较大。严格地讲，碳氮比指培养基中碳元素与氮元素的物质的量比值，有时也指培养基中还原糖与粗蛋白之比。例如，在利用微生物发酵生产谷氨酸的过程中，培养基碳氮比为4/1时，菌体大量繁殖，谷氨酸积累少；当培养基碳氮比为3/1时，菌体繁殖受到抑制，谷氨酸产量则大量增加。再如，在抗生素发酵生产过程中，可以通过控制培养基中速效氮（或碳）源与迟效氮（或碳）源之间的比例来控制菌体生长与抗生素的合成协调。

3. 控制 pH 条件

培养基的pH值必须控制在一定范围内，以满足不同类型微生物的生长繁殖或产生代谢产物。各类微生物生长繁殖或产生代谢产物的最适pH值条件各不相同，一般来讲，细菌与放线菌适于在pH值7～7.5范围内生长，酵母菌和霉菌通常在pH值4.5～6范围内生长。值得注意的是，在微生物生长繁殖和代谢过程中，由于营养物质被分解利用和代谢产物的形成与积累，会导致培养基pH值发生变化，若不对培养基pH值条件进行控制，往往导致微生物生长速度下降或（和）代谢产物产量下降。因此，为了维持培养基pH值的相对恒定，通常在培养基中加入pH值缓冲剂，常用的缓冲剂是一氢和二氢磷酸盐（如KH_2PO_4和K_2HPO_4）组成的混合物。K_2HPO_4溶液呈碱性，KH_2PO_4溶液呈酸性，两种物质的等量混合溶液的pH值为6.8。当培养基中酸性物质积累导致H^+浓度增加时，H^+与弱碱性盐结合形成弱酸性化合物，培养基pH值不会过度降低；如果培养基中OH^-浓度增加，OH^-则与弱酸性盐结合形成弱碱性化合物，培养基pH值也不会过度升高。

但KH_2PO_4和K_2HPO_4缓冲系统只能在一定的pH值范围（pH值6.4～7.2）内起调

节作用。有些微生物，如乳酸菌能大量产酸，上述缓冲系统就难以起到缓冲作用，此时可在培养基中添加难溶的碳酸盐（如 $CaCO_3$）来进行调节，$CaCO_3$难溶于水，不会使培养基 pH 值过度升高，但它可以不断中和微生物产生的酸，同时释放出 CO_2，将培养基 pH 值控制在一定范围内。

在培养基中还存在一些天然的缓冲系统，如氨基酸、肽、蛋白质都属于两性电解质，也可起到缓冲剂的作用。

4. 控制氧化还原电位

不同类型微生物生长对氧化还原电位（Φ）的要求不一样，一般好氧型微生物在 Φ 值为 +0.1V 以上时可正常生长，一般以 +0.3～+0.4V 为宜，厌氧型微生物只能在 Φ 值低于 +0.1V条件下生长，兼性厌氧型微生物在 Φ 值为 +0.1V 以上时进行好氧呼吸，在 +0.1V 以下时进行发酵。Φ 值与氧分压和 pH 值有关，也受某些微生物代谢产物的影响。在 pH 值相对稳定的条件下，可通过增加通气量（如振荡培养、搅拌）提高培养基的氧分压，或加入氧化剂，从而增加 Φ 值；在培养基中加入抗坏血酸、硫化氢、半胱氨酸、谷胱甘肽、二硫苏糖醇等还原性物质可降低 Φ 值。

5. 原料来源的选择

在配制培养基时应尽量利用廉价且易于获得的原料作为培养基成分，特别是在发酵工业中，培养基用量很大，利用低成本的原料更体现出其经济价值。例如，在微生物单细胞蛋白的工业生产过程中，常常利用糖蜜（制糖工业中含有蔗糖的废液）、乳清（乳制品工业中含有乳糖的废液）、豆制品工业废液及黑废液（造纸工业中含有戊糖和已糖的亚硫酸纸浆）等作为培养基的原料。再如，工业上的甲烷发酵主要利用废水、废渣做原料，而在我国农村，已推广利用人畜粪便及禾草为原料发酵生产甲烷作为燃料。另外，大量的农副产品或制品，如麸皮、米糠、玉米浆、酵母浸膏、酒糟、豆饼、花生饼、蛋白胨等都是常用的发酵工业原料。

6. 灭菌处理

要获得微生物纯培养，必须避免杂菌污染，因此对所用器材及工作场所进行消毒与灭菌。对培养基而言，更是要进行严格的灭菌。对培养基一般采取高压蒸汽灭菌，一般培养基用 1.05kg/cm²，121.3℃条件下维持 15～30min 可达到灭菌目的。在高压蒸汽灭菌过程中，长时间高温会使某些不耐热物质遭到破坏，如使糖类物质形成氨基糖、焦糖，因此含糖培养基常在 0.56kg/cm²，112.6℃15～30min 进行灭菌，某些对糖类要求较高的培养基，可先将糖进行过滤除菌或间歇灭菌，再与其他已灭菌的成分混合；长时间高温还会引起磷酸盐、碳酸盐与某些阳离子（特别是钙离子、镁离子、铁离子）结合形成难溶性复合物而产生沉淀，因此，在配制用于观察和定量测定微生物生长状况的合成培养基时，常需在培养基中加入少量螯合剂，避免培养基中产生沉淀，常用的螯合剂为乙二胺四乙酸（EDTA）。还可以将含钙、镁、铁等离子的成分与磷酸盐、碳酸盐分别进行灭菌，然后再混合，避免形成沉淀；高压蒸汽灭菌后，培养基 pH 值会发生改变（一般使 pH 值降低），可根据所培养微生物的要求，在培养基灭菌前后加以调整。

在配制培养基过程中，泡沫的存在对灭菌处理极不利，因为泡沫中的空气形成隔热层，使泡沫中微生物难以被杀死。因而有时需要在培养基中加入消泡沫剂以减少泡沫的产生，或适当提高灭菌温度。

三、培养基的类型以及应用

培养基种类繁多，根据其成分、物理状态和用途可将培养基分成多种类型。

（一）按成分不同划分

1. 天然培养基

这类培养基含有化学成分还不清楚或化学成分不恒定的天然有机物，也称非化学限定培养基。牛肉膏蛋白胨培养基和麦芽汁培养基就属于此类。基因克隆技术中常用的LB（Luria-Bertani）培养基也是一种天然培养基，其组成见表2-9。

常用的天然有机营养物质包括牛肉浸膏、蛋白胨、酵母浸膏（表2-10）、豆芽汁、玉米粉、土壤浸液、麸皮、牛乳、血清、稻草浸汁、羽毛浸汁、胡萝卜汁、椰子汁等。嗜粪微生物可以利用粪水作为营养物质。天然培养基成本较低，除在实验室经常使用外，也适于用来进行工业上大规模的微生物发酵生产。

表2-10　牛肉浸膏、蛋白胨及酵母浸膏的来源及主要成分

营养物质	来　源	主要成分
牛肉浸膏	瘦牛肉组织浸出汁浓缩而成的膏状物质	富含水溶性糖类、有机氮化合物、维生素、盐等
蛋白胨	将肉、酪素或明胶用酸或蛋白酶水解后干燥而成	富含有机氮化合物，也含有一些维生素和糖类的粉末状物质
酵母浸膏	酵母细胞的水溶性提取物浓缩而成的膏状物质	富含B族维生素，也含有有机氮化合物和糖类

2. 合成培养基

是由化学成分完全了解的物质配制而成的培养基，也称化学限定培养基，高氏Ⅰ号培养基和查氏培养基就属于此种类型。配制合成培养基时重复性强，但与天然培养基相比其成本较高，微生物在其中生长速度较慢，一般适于在实验室用来进行有关微生物营养需求、代谢、分类鉴定、生物量测定、菌种选育及遗传分析等方面的研究工作。

（二）根据物理状态划分

根据培养基中凝固剂的有无及含量的多少，可将培养基划分为固体培养基、半固体培养基和液体培养基三种类型。

1. 固体培养基

在液体培养基中加入一定量凝固剂，使其成为固体状态即为固体培养基。理想的凝固剂应具备以下条件：①不被所培养的微生物分解利用；②在微生物生长的温度范围内保持固体状态，在培养嗜热细菌时，由于高温容易引起培养基液化，通常在培养基中适当增加凝固剂来解决这一问题；③凝固剂凝固点温度不能太低，否则将不利于微生物的生长；④凝固剂对所培养的微生物无毒害作用；⑤凝固剂在灭菌过程中不会被破坏；⑥透明度好，黏着力强；⑦配制方便且价格低廉。常用的凝固剂有琼脂、明胶和硅胶。表2-11列出琼脂和明胶的一些主要特征。

表2-11　琼脂和明胶的主要特征

内容	琼脂	明胶
常用浓度/%	1.5～2	5～12
熔点/℃	96	25
凝固点/℃	40	20
pH值	微酸	酸性
灰分/%	16	14～15

续表

内容	琼脂	明胶
氧化钙/%	1.15	0
氧化镁/%	0.77	0
氮/%	0.4	18.3
微生物利用能力	绝大多数微生物不能利用	许多微生物能利用

对绝大多数微生物而言，琼脂是最理想的凝固剂，琼脂是从藻类（海产石花菜）中提取的一种高度分支的复杂多糖；明胶是由胶原蛋白制备得到的产物，是最早用来作为凝固剂的物质，但由于其凝固点太低，而且某些细菌和许多真菌产生的非特异性胞外蛋白酶以及梭菌产生的特异性胶原酶都能液化明胶，目前已较少作为凝固剂；硅胶是由无机的硅酸钠（Na_2SO_3）及硅酸钾（K_2SiO_3）被盐酸及硫酸中和时凝聚而成的胶体，它不含有机物，适合配制分离与培养自养型微生物的培养基。

除在液体培养基中加入凝固剂制备的固体培养基外，一些由天然固体基质制成的培养基也属于固体培养基。例如，由马铃薯块、胡萝卜条、小米、麸皮及米糠等制成固体状态的培养基就属于此类。又如生产酒的酒曲，生产食用菌的棉籽壳培养基。

在实验室中，固体培养基一般是加入平皿或试管中，制成培养微生物的平板或斜面。固体培养基为微生物提供一个营养表面，单个微生物细胞在这个营养表面进行生长繁殖，可以形成单个菌落。固体培养基常用来进行微生物的分离、鉴定、活菌计数及菌种保藏等。

2. 半固体培养基

半固体培养基中凝固剂的含量比固体培养基少，培养基中琼脂含量一般为0.2%～0.7%。半固体培养基常用来观察微生物的运动特征、分类鉴定及噬菌体效价滴定等。

3. 液体培养基

液体培养基中未加任何凝固剂。在用液体培养基培养微生物时，通过振荡或搅拌可以增加培养基的通气量，同时使营养物质分布均匀。液体培养基常用于大规模工业生产以及在实验室进行微生物的基础理论和应用方面的研究。

（三）按用途划分

1. 基础培养基

尽管不同微生物的营养需求各不相同，但大多数微生物所需的基本营养物质是相同的。基础培养基是含有一般微生物生长繁殖所需的基本营养物质的培养基。牛肉膏蛋白胨培养基是最常用的基础培养基。基础培养基也可以作为一些特殊培养基的基础成分，再根据某种微生物的特殊营养需求，在基础培养基中加入所需营养物质。

2. 加富培养基

加富培养基也称营养培养基，即在基础培养基中加入某些特殊营养物质制成的一类营养丰富的培养基，这些特殊营养物质包括血液、血清、酵母浸膏、动植物组织液等。加富培养基一般用来培养营养要求比较苛刻的异养型微生物，如培养百日咳博德菌需要含有血液的加富培养基。加富培养基还可以用来富集和分离某种微生物，这是因为加富培养基含有某种微生物所需的特殊营养物质，该种微生物在这种培养基中较其他微生物生长速度快，并逐渐富集而占优势，逐步淘汰其他微生物，从而容易达到分离该种微生物的目的。从某种意义上讲，加富培养基类似选择培养基，两者的区别在于：加富培养基是用来增加所要分离的微生物的数量，使其形成生长优势，从而分离到该种微生物；选择培养基则一般是抑制不需要的微生物的生长，使所需要的微生物增殖，从而达到分离所需微生物的目的。

3. 鉴别培养基

鉴别培养基是用于鉴别不同类型微生物的培养基。在培养基中加入某种特殊化学物质，某种微生物在培养基中生长后能产生某种代谢产物，而这种代谢产物可以与培养基中的特殊化学物质发生特定的化学反应，产生明显的特征性变化，根据这种特征性变化，可将该种微生物与其他微生物区分开来。鉴别培养基主要用于微生物的快速分类鉴定，以及分离和筛选产生某种代谢产物的微生物菌种。常用的一些鉴别培养基参见表 2-12。

表 2-12 常用的一些鉴别培养基

培养基名称	加入化学物质	微生物代谢产物	培养基特征性变化	主要用途
酪素培养基	酪素	胞外蛋白酶	蛋白水解圈	鉴别产蛋白酶菌株
明胶培养基	明胶	胞外蛋白酶	明胶液化	鉴别产蛋白酶菌株
油脂培养基	食用油、吐温、中性红指示剂	胞外脂肪酶	由淡红色变成深红色	鉴别产脂肪酶菌株
淀粉培养基	可溶性淀粉	胞外淀粉酶	淀粉水解圈	鉴别产淀粉酶菌株
H_2S试验培养基	乙酸铅	H_2S	产生黑色沉淀	鉴别产 H_2S 酶菌株
糖发酵培养基	溴甲酚紫	乳酸、乙酸、丙酸等	由紫色变成黄色	鉴别肠道细菌
远藤培养基	碱性复红、亚硫酸钠	酸、乙醛	带金属光泽深红色菌落	鉴别水中大肠菌群
伊红美蓝培养基	伊红、美蓝	酸	带金属光泽深紫色菌落	鉴别水中大肠菌群

4. 选择培养基

选择培养基是用来将某种或某类微生物从混杂的微生物群体中分离出来的培养基。根据不同种类微生物的特殊营养需求或对某种化学物质的敏感性不同，在培养基中加入相应的特殊营养物质或化学物质，抑制不需要的微生物的生长，有利于所需微生物的生长。

一种类型选择培养基是依据某些微生物的特殊营养需求设计的，例如，利用以纤维素或石蜡油作为唯一碳源的选择培养基，可以从混杂的微生物群体中分离出能分解纤维素或石蜡油的微生物；利用以蛋白质作为唯一氮源的选择培养基，可以分离产胞外蛋白酶的微生物；缺乏氮源的选择培养基可用来分离固氮微生物。

另一类选择培养基是在培养基中加入某种化学物质，这种化学物质没有营养作用，对所需分离的微生物无害，但可以抑制或杀死其他微生物，例如，在培养基中加入数滴 10%酚可以抑制细菌和霉菌的生长，从而由混杂的微生物群体中分离出放线菌；在培养基中加入亚硫酸铵，可以抑制革兰阳性细菌和绝大多数革兰阴性细菌的生长，而革兰阴性的伤寒沙门菌可以在这种培养基上生长；在培养基中加入染料亮绿或结晶紫，可以抑制革兰阳性细菌的生长，从而达到分离革兰阴性细菌的目的；在培养基中加入青霉素、四环素或链霉素，可以抑制细菌和放线菌生长，而将酵母菌和霉菌分离出来。现代基因克隆技术中也常用选择培养基，在筛选含有重组质粒的基因工程菌株过程中，利用质粒上具有的对某种（些）抗生素的抗性选择标记，在培养基中加入相应抗生素，就能比较方便地淘汰非重组菌株，以减少筛选目标菌株的工作量。

5. 其他

除上述四种主要类型外，培养基按用途划分还有很多种，比如：分析培养基常用来分析某些化学物质（抗生素、维生素）的浓度，还可用来分析微生物的营养需求；还原性培养基专门用来培养厌氧型微生物；组织培养物培养基含有动、植物细胞，用来培养病毒、衣原体、立克次体及某些螺旋体等专性活细胞寄生的微生物。尽管如此，有些病毒和立克次体目前还不能利用人工培养基来培养，需要接种在动植物体内、动植物组织中才能增殖。常用的培养病毒与立克次体的动物有小白鼠、家鼠和豚鼠，鸡胚也是培养某些病毒与立克次体的良好营养基质，鸡瘟病毒、牛痘病毒、天花病毒、狂犬病病毒等十几种病毒也可用鸡胚培养。

第四节 工业发酵培养基制备

所有发酵培养基都必须提供微生物生长繁殖和产物合成所需的能源，包括碳源、氮源、无机元素、生长因子及水、氧气等。对于大规模发酵生产，除考虑上述微生物的需要外，还必须重视培养基原料的价格和来源。

一、工业发酵培养基的营养成分

1. 工业上常用的碳源

碳源是组成培养基的主要成分之一。常用的碳源有糖类、油脂、有机酸和低碳醇。在特殊情况下，蛋白质水解产物或氨基酸等也可被某些菌种作为碳源使用，由于菌种所含的酶系统不完全一样，各种菌种对不同碳源的利用速率和效率也不一样。葡萄糖是碳源中最易利用的糖，几乎所有的微生物都能利用葡萄糖，所以葡萄糖常作为培养基的一种主要成分，并且作为加速微生物生长的一种有效的糖。但是过多的葡萄糖会过分加速菌体的呼吸，以致培养基中的溶解氧不能满足需要，使一些中间代谢物（如丙酮酸、乳酸、乙酸等）不能完全氧化而积累在菌体或培养基中，导致 pH 值下降，影响某些酶的活性，从而抑制微生物的生长和产物的合成。

糖蜜是制糖时的结晶母液，它是蔗糖厂的副产物。糖蜜含有较丰富的糖、氮素化合物和无机盐、维生素等，它是微生物工业价廉物美的原料。这种糖蜜主要含有蔗糖，总糖可达50%～75%，一般糖蜜分甘蔗糖蜜和甜菜糖蜜，两者糖的含量和无机盐的含量都有所不同，使用时应注意。糖蜜常用在酵母和丙酮、丁醇的生产中，抗生素等微生物工业也常用它作碳源。在酒精生产中若用糖蜜代甘薯粉，则可省去蒸煮、制曲、糖化等过程，简化了酒精的生产工艺。

淀粉、糊精等多糖也是常用的碳源，它们一般都要经菌体产生的胞外酶水解成单糖后再被吸收利用。淀粉在发酵工业中被普遍使用，因为使用淀粉可克服葡萄糖代谢过快的弊病，同时其来源丰富，价格也比较低廉。常用的淀粉为玉米淀粉、小麦淀粉和甘薯淀粉等。对有些微生物还可直接利用玉米粉、甘薯粉、土豆粉做碳源。见表 2-13 列出了工业上常用的碳源及其来源。

表 2-13　工业上常用的碳源及其来源

碳源	来源
葡萄糖	纯葡萄糖、水解淀粉
乳糖	纯乳糖、乳清粉
淀粉	大麦、花生粉、燕麦粉、黑麦粉、大豆粉等
蔗糖	甜菜糖蜜、甘蔗糖蜜、粗红糖、精白糖等

麦芽被广泛使用在啤酒工业中。纤维素和一些野生的含淀粉较多的植物也是今后开发碳源的广阔天地。

油和脂肪也能被许多微生物用作碳源和能源。这些微生物都具有比较活跃的脂肪酶。在脂肪酸的作用下，油或脂肪被水解成甘油和脂肪酸，在溶解氧的参与下，进一步氧化成CO_2和水，并释放出大量的能量。因此，当微生物利用脂肪做碳源时，要供给比糖代谢更多的氧，不然大量脂肪酸和代谢中的有机酸积累，会引起培养液pH值下降，并影响微生物酶系统的作用。常用的油有豆油、菜籽油、葵花籽油、猪油、鱼油、棉籽油等。

一些微生物对许多有机酸（乳酸、柠檬酸、乙酸等）有很强的氧化能力。因此有机酸或它们的盐也能作为微生物的碳源。有机酸的利用常会使pH值上升，尤其是有机酸盐氧化经常伴随着碱性物质的产生，使pH值进一步上升。不同的碳源在其分解氧化时，对pH值的影响各不相同。因此不同的碳源和浓度不仅对微生物碳代谢有影响，而且对整个发酵过程中pH值的调节和控制也均有影响。

近年来随着石油工业的发展，微生物工业的碳源也有所扩大。正烷烃已用于有机酸、氨基酸、维生素、抗生素和酶制剂的工业发酵中。甲醇已作为某些生产单细胞蛋白的工厂的主要碳源。另外，石油工业的发展也促使合成乙醇产量的增加。因此，近年来国外用乙醇代粮发酵的工艺发展也十分迅速。乙醇做碳源其菌体收率比葡萄糖等做碳源还高。据研究发现自然界中能同化乙醇的微生物和能同化糖质的微生物一样普遍，种类也相当多，现在已成功地应用在发酵工业的许多领域中。

2. 工业上常用的氮源

工业生产上所用的微生物都能利用有机氮源和无机氮源，有机氮源包括玉米浆、花生饼粉、豆饼粉、棉籽粉、鱼粉、蛋白胨、酵母粉、蚕蛹粉、废菌丝体和酒糟水等；它们在微生物分泌的蛋白酶作用下，水解成氨基酸，被菌体吸收后再进一步分解代谢。无机氮源包括氨水、铵盐或硝酸盐等；微生物对它们的吸收利用一般比有机氮源快，所以也称为迅速利用的氮源。但无机氮源的迅速利用常会引起pH值的变化，若菌体代谢后产生酸性或碱性物质，则此种无机氮源称为生理酸性或生理碱性物质，正确使用生理酸碱性物质，对稳定和调节发酵过程的pH值有积极作用。例如在制液体曲时，用$NaNO_3$的代谢而得到的NaOH可中和生长所释放出的酸，使pH值稳定在工艺要求的范围内。又如在另一株黑曲霉发酵过程中用$(NH_4)_2SO_4$做氮源，培养液中留下的SO_4^{2-}使pH值下降，而这对提高糖化型淀粉酶的活力有利。且较低的pH值还能抑制杂菌的生长，防止污染。氮源的主要功能是构成菌体成分，作为酶的组成成分或维持酶的活性，调节渗透压、pH值、氧化还原电位等。除玉米浆外，还有其他的一些原料如豆饼粉等，它们既能做氮源又能做能源。表2-14是工业上常用氮源及含氮量。

表 2-14 工业上常用的氮源及含氮量（质量分数） 单位：%

氮源	含氮量	氮源	含氮量
大麦	1.5～2.0	花生粉	8.0
甜菜糖蜜	1.5～2.0	燕麦粉	1.5～2.0
甘蔗糖蜜	1.5～2.0	大豆粉	8.0
玉米浆	4.5	乳清粉	4.5

3. 无机盐

无机盐是微生物生命活动所不可缺少的物质。其主要功能是构成菌体成分、作为酶的组成部分、酶的激活剂或抑制剂、调节培养渗透压、调节pH值和氧化还原电位等。一般微生物所需要的无机盐为硫酸盐、磷酸盐、氯化物和含钾、钠、镁、铁的化合物。还需要一些微量元素，如铜、锰、锌、钼、碘等。微生物对无机盐的需要量很少，但无机盐含量对菌体生长和产物的生成影响很大。

（1）磷酸盐　细胞中的矿质元素中磷的含量为最高，磷是合成核酸、磷酸、一些重要的辅酶 NAD、NADP、CoA 等及高能磷酸化合物（ADP、ATP）的重要原料。此外，磷酸盐还是磷酸缓冲液的组成成分，对环境中的 pH 值起着重要的调节作用。微生物所需要的磷主要来自无机磷化合物如 K_2HPO_4、KH_2PO_4 等。

磷酸盐在培养基中具有缓冲作用。微生物对磷的需要量一般为 0.005～0.01mol/L。工业生产上常用 $K_3PO_4 \cdot 3H_2O$、K_3PO_4、$Na_2HPO_4 \cdot 12H_2O$、$NaH_2PO_4 \cdot 2H_2O$ 等磷酸盐，也可用磷酸。$K_3PO_4 \cdot 3H_2O$ 含磷 13.55%，当培养基中配用 1～1.5g/L 时，磷浓度为 0.0044～0.0066mol/L。$Na_2HPO_4 \cdot 12H_2O$ 含磷 8.7%，当培养基中配用 1.7～2.0g/L 时，磷浓度为 0.0048～0.00565mol/L。另外，玉米浆、糖蜜、淀粉水解糖等原料中还有少量的磷。磷酸含磷为 3.16%，当培养基中配用 0.5～3.7g/L 时，磷浓度为 0.005～0.007mol/L。如果使用磷酸，应先用 NaOH 或 KOH 中和后加入。

磷含量对谷氨酸发酵影响很大。磷浓度过高时，菌体转向合成缬氨酸；但磷含量过低，菌体生产不好。

（2）硫酸镁　镁是某些细菌的叶绿素的组成成分。虽并不参与任何细胞结构物质的组成，但它的离子状态是许多重要的酶（如已糖磷酸化酶、异柠檬酸脱氢酶、羧化酶等）的激活剂。如果镁离子含量太少，就会影响基质的氧化。一般革兰阳性菌对 Mg^{2+} 最低要求量是 25mg/L。革兰阴性菌为 4～5mg/L。$MgSO_4 \cdot 7H_2O$ 中含 Mg^{2+} 9.87%，发酵培养基配用 0.25～1g/L 时，Mg^{2+} 浓度 25～90mg/L。

硫存在于细胞的蛋白质中，是含硫氨基酸的组成成分。硫是构成一些酶的活性基。培养基中的硫已由硫酸镁供给，不必另加。

4. 特殊生长因子

生长因子是一类调节微生物正常代谢所必需的，但细胞自身不能合成的微量有机化合物。各种不同的微生物需要的生长因子各不相同。一般来说，生长因子包括维生素、氨基酸、嘌呤和嘧啶及其衍生物、卟啉及其衍生物、固醇、胺类以及脂肪酸等。一些微生物生长所需要生长因子的种类和用量见表 2-15。

表 2-15　一些微生物生长所需要生长因子的种类和用量

微生物	生长因子	需要量
弱氧化醋酸杆菌	对氨基苯甲酸	0～10ng
丙酮丁醇梭菌	对氨基苯甲酸	0.15ng
第Ⅲ型肺炎球菌	胆碱	6μg
弱氧化醋酸杆菌	烟碱酸	3μg
肠膜状明串珠菌	吡哆醛	0.025μg
金黄色链球菌	硫胺素	0.5ng
肠膜状乳杆菌	胱氨酸	5μg
白喉棒杆菌	β-丙氨酸	1.5μg
破伤风梭状芽孢杆菌	尿嘧啶	0～4μg
阿拉伯聚糖乳杆菌	烟碱酸	0.1μg
	泛酸	0.2μg
	甲硫氨酸	10μg

续表

微生物	生长因子	需要量
粪链球菌	叶酸 精氨酸	200μg 50μg
戴氏乳杆菌	色氨酸 胸腺核苷	8μg 0～2μg
干酪乳杆菌	生物素 麻黄素	1ng 0.05μg

(1) 维生素　维生素是一些微生物生长和代谢所必需的微量的小分子有机物。它们有以下特点：①机体不能合成，必须经常从食物中获得；②生物对它的需要量较低；③大多数是辅酶的组成结构，缺少维生素，酶就无法发挥作用；表 2-16 列出了一些在代谢中起重要作用的维生素。

表 2-16　几种重要的维生素

维生素	功能
叶酸	一碳代谢、甲基转移，四氢叶酸与合成核酸有关
生物素	脂肪酸的生物合成；β-脱羧；CO_2固定；氢原子载体
维生素 B_{12}	一碳片段的还原和转移
烟酸	NAD^+、NADP 的前体，在氧化还原反应中传递电子
泛酸	CoA 前体，激活乙酰基和其他酰基衍生物
硫胺素	α-脱羧；转酮醇酶
核黄素	FMN、FAD 的前体，参与电子传递
维生素 B_6	氨基酸和酮酸的前体
维生素 K	电子传递

(2) 氨基酸　各种微生物对外源氨基酸的需要是不相同的，这取决于它们自身合成氨基酸的能力。凡是微生物自身不能合成的氨基酸一般需以游离氨基酸或小分子肽的形式供应。其中小分子肽往往比游离氨基酸更容易透入细胞，从而较快地为细胞所利用。提供外源氨基酸时，需注意维持各种氨基酸之间的平衡，因为在培养基中如果一种氨基酸的含量过高，会抑制其他氨基酸的摄取。因此在配制培养基时必须注意所添加的氨基酸的含量要控制在一定的浓度范围内，避免氨基酸之间因浓度不协调所产生的不良作用。

(3) 嘌呤、嘧啶及其衍生物　这类生长因子的主要功能是构成核酸和辅酶。嘌呤和嘧啶进入细胞后，必须先转变成核苷和核苷酸才能被利用。核苷酸一般不能直接用来作为生长因子，因为核苷酸中的磷酸基团的存在会导致它们电离，从而难以透过细胞膜进入细胞。

(4) 脂肪酸等　有些微生物不能合成脂肪酸等类脂，必须从外界摄取长链脂肪酸，用以构建细胞膜。此外，有些微生物还需要固醇、胆碱和肌醇等类脂，用于构建细胞膜。

能够提供生长因子的天然物质有酵母膏、蛋白胨、麦芽汁、玉米浆、动植物组织或细胞浸液及微生物生长环境的提取液。也可以在培养基中加入已知成分和含量的复合维生素液(表 2-17)。

表 2-17 用于培养土壤和水生细菌的复合维生素液

维生素种类	含量/(mg/100mL 水中)
生物素	0.2
烟碱酸(维生素 B_3)	2.0
维生素 B_1	1.0
泛酸(维生素 B_5)	0.5
维生素 B_6(吡哆胺)	5.0
维生素 B_{12}	2.0

生长因子的主要功能是提供微生物细胞重要化学物质（如蛋白质、核酸和脂质），作为辅助因子（辅酶和辅基）的组分和参与代谢。

各种微生物所需要的生长因子各不相同，有的需要多种，有的仅需要一种，有的不需要。一种微生物所需的生长因子也会随培养条件的变化而变化，如在培养基中是否有前体物质、通气条件、pH 值和温度等条件都会影响微生物对生长因子的需求。

5. 前体物质和促进剂

发酵培养基中某些成分的加入有助于调节产物的形成，而并不促进微生物的生长，这些添加的物质包括前体物质、抑制剂和促进剂（包括诱导剂、生长因子等）。

(1) 前体物质　指某些化合物加入到发酵培养中，能直接被微生物在生物合成过程中结合到产物分子中去，而其自身的结构并没有多大变化，但产物的产量却因加入前体而有较大的提高。有些氨基酸、核苷酸和抗生素发酵必须添加前体物质才能获得较高的产率。有些物质如苯乙酸、丙酸等浓度过高对菌体会产生毒性。同时，菌体还具有将前体氧化分解的能力，因此在生产中为了减少毒性和提高前体的利用率，常采用少量多次加入的方法。总的加入量可按每一个产物分子中，进入几个前体分子，按等物质的量计算前体的加入量，在总加入量中还应考虑菌体氧化分解的那一部分前体。一些重要的前体物质的例子见表 2-18。

表 2-18 发酵产品中常用的前体

产品	前体	产品	前体
青霉素 G	苯乙酸及或在发酵中能形成苯乙酸的物质(如乙基酰胺等)	维生素 B_{12}	钴化物
青霉素 V	苯氧乙酸	类胡萝卜素	β-紫罗酮
青霉素 O	烯丙基-硫基乙酸	L-异亮氨酸	α-氨基丁酸
金霉素	氯化物	L-色氨酸	邻氨基苯甲酸
链霉素	肌醇、精氨酸	L-丝氨酸	甘氨酸
红霉素	丙酸、丙醇、丙酸盐		

(2) 发酵过程中的促进剂和抑制剂　在发酵过程中加入某些对发酵起一定促进作用的物质，称为促进剂或刺激剂。例如在酶制剂发酵过程中，加入某些诱导物、表面活性剂及其他一些产酶促进剂，可以大大增加菌体的产酶量。

在培养基中添加微量的促进剂可大大地增加某些微生物酶的产量。常用促进剂有各种表面活性剂（清洗剂、吐温 80、植酸等）、乙二胺四乙酸、大豆油抽提物、黄血盐、甲醇等。

抗生素工业在发酵过程中加入某些促进剂或抑制剂（表 2-19），常可促进抗生素的生物合成。在不同的情况下，不同的促进剂所起的作用也各不相同。①有的可能起生长因子的作用，如加入微量植物刺激剂可促进某些放线菌的生长发育，缩短发酵周期或提高抗生素发酵单位。②有的可推迟菌体的自溶，如巴比妥类药物能增加链霉素产生菌的菌丝抗自溶能力(巴比妥主要对链霉素生物合成酶系统具有刺激作用)。③有的是抑制了某些合成其他产物的途径而使之向所需产物的途径转化。④有的是降低了生产菌的呼吸，使之有利于抗生素的合成，如在四环素发酵中加入硫氰化苄，可降低其产生菌在三羧酸循环中某些酶的活力，而增强戊糖代谢，使之利于四环素的合成。⑤有的可改变发酵液的物理性质，改善通气效果，如加入聚乙烯醇、聚丙烯酸钠、聚二乙胺等水溶性高分子化合物或加入某些表面活性剂后改善了通气效果，进而促进发酵单位提高。⑥有的可与抗生素形成复盐，从而降低发酵液中抗生素的浓度和促进抗生素的合成，如在四环素发酵中加入 N,N'-二苄基乙二胺二乙酸(DBED) 与四环素形成复盐，促使四环素向有利于合成的方向进行。

表 2-19　抗生素的抑制剂

抗生素	被抑制的产物	抑制剂
链霉素	甘露糖链霉素	甘露聚糖
去甲基链霉素	链霉素	乙硫氨酸
四环素	金霉素	溴化物、巯基苯并噻唑、硫脲嘧啶、硫脲
去甲基金霉素	金霉素	磺胺化合物、乙硫氨酸
头孢菌素 C	头孢霉素 N	L-蛋氨酸
利福霉素 B	其他利福霉素	巴比妥类药物

二、工业发酵培养基的类型和用途

(一) 根据来源分类

根据来源，可分为天然培养基、合成培养基和半合成培养基。

天然培养基是采用化学成分不清楚或化学成分不恒定的各种植物、动物组织或微生物的浸出物、水解液等物质（牛肉膏、酵母膏、麦芽汁、蛋白胨等）制成的，适合于多种类微生物的生长，而一般自养生物不能生长。合成培养基是使用化学成分和数量完全了解的物质配制而成的，成分精确、重复性强，可以减少不能控制因素，适用于实验室范围作为有关营养、代谢、分类鉴定、生物测定及选育菌种、遗传分析定量研究工作。半合成培养基为既含有天然成分又含有纯化学试剂的培养基。

(二) 按培养基物理性状分类

按培养基物理性状分为固体培养基、半固体培养基和液体培养基。

固体培养基比较适合于菌种和孢子的培养和保存，也广泛应用于有子实体的真菌类。如香菇、银耳等的生产。发酵工业上大规模的生产用固体培养基，其组成成分常用麸皮、大米、小米、木屑、谷壳和琼脂等，有的还另加一些其他营养成分。半固体培养基即在配好的液体培养基中加入少量的琼脂，一般用量为 0.5%～0.8%，培养基即呈半固体状态，主要用于鉴定菌种，观察细菌运动性及噬菌体的效价滴定等。液体培养基 80%～90%是水，其中配有可溶性的或不溶性的营养成分，是发酵工业大规模使用的培养基，它有利于氧和物质的传递。

(三) 按培养基的用途分类

按培养基的用途分为孢子培养基、种子培养基和发酵培养基三种。

1. 孢子培养基

孢子培养基是供菌种繁殖孢子的一种常用固体培养基，对这种培养基的要求是促进菌体迅速生长，产生较多优质的孢子，并要求这种培养基不易引起菌种发生变异。其基本配制要求是：①营养不要太丰富（特别是有机氮源），否则不易产孢子，如灰色链霉菌在葡萄糖-硝酸盐-其他盐类的培养基上都能很好地生长和产孢子，但若加入0.5%酵母膏或酪蛋白后，就只长菌丝而不长孢子；②所用无机盐的浓度应适量，不然也会影响孢子量和孢子颜色；③要注意孢子培养基的pH值和湿度。生产上常用的孢子培养基有：麸皮培养基，大米培养基，玉米碎屑培养基和用葡萄糖、蛋白胨、牛肉膏和食盐等配制成的琼脂斜面培养基。大米和小米常用作霉菌孢子培养基，因为它们含氮量少、疏松、表面积大，所以是较好的孢子培养基。大米培养基的水分控制在21%～25%较为适宜。在酒精生产中，当制曲（固体培养）时，曲料水分含量需控制在48%～50%，而曲房空气湿度需控制在90%～100%。

2. 种子培养基

种子培养基（包括摇瓶种子和小罐种子培养基）：是供孢子发芽、生长和大量繁殖菌丝体，并使菌体长得粗壮，成为活力强的“种子”。所以种子培养基的营养成分要求比较丰富和完全，氮源和维生素的含量也要高些，但总浓度以略稀薄为好，这样可含有较高的溶解氧，供大量菌体生长繁殖。种子培养基的成分要考虑在微生物代谢过程中能维持稳定的pH值，其组成还要根据不同菌种的生理特性而定。一般种子培养基都用营养丰富而完全的天然有机氮源，因为有些氨基酸能刺激孢子发芽。但无机氮源容易利用，有利于菌体迅速生长，所以种子培养基中常包括发酵培养基有机及无机氮源。最后一级种子培养基的成分最好能较接近发酵培养基，这样可使种子进入发酵培养基后迅速适应，快速生长。

种子培养基培养种子的目的：扩大培养，增加细胞数量；同时也必须培养出强壮、健康、活性高的细胞，为了使细胞迅速进行分裂或菌丝快速生长。

种子培养基的特点：必须有较完全和丰富的营养物质，特别需要充足的氮源和生长因子；种子培养基中各种营养物质的浓度不必太高。供孢子发芽生长用的种子培养基，可添加一些易被吸收利用的碳源和氮源；种子培养基成分还应考虑与发酵培养基的主要成分相近。

3. 发酵培养基

发酵培养基是供菌种生长、繁殖和合成产物之用。它既要使种子接种后能迅速生长，达到一定的菌丝浓度，又要使长好的菌体能迅速合成所需产物。因此，发酵培养基的组成除有菌体生长所必需的元素和化合物外，还要有产物所需的特定元素、前体和促进剂等。但若生长和生物合成产物需要的总的碳源、氮源、磷源等的浓度太高，或生长和合成两阶段各需的最佳条件要求不同时，则可考虑用分批补料来满足培养基条件。

发酵培养基是发酵生产中最主要的培养基，它不仅耗用大量的原材料，而且也是决定发酵生产成功与否的重要因素。

需要注意以下问题。①根据产物合成的特点来设计培养基：对菌体生长与产物相偶联的发酵类型，充分满足细胞生长繁殖的培养基就能获得最大的产物。生产氨基酸等含氮化合物时，它的发酵培养基除供给充足的碳源物质外，还应该添加足够的铵盐或尿素等氮素化合物。②发酵培养基的各种营养物质的浓度应尽可能高些，这样在同等或相近的转化率条件下有利于提高单位容积发酵罐的利用率，增加经济效益。③发酵培养基需耗用大量原料，因此，原料来源、原材料的质量以及价格等必须予以重视。

发酵培养基的选择原则如下。①必须提供合成微生物细胞和发酵产物的基本成分。②有利于减少培养基原料的单耗，即提高单位营养物质所合成产物数量或最大产率。③有利于提高培养基和产物的浓度，以提高单位容积发酵罐的生产能力。④有利于提高产物的合成速度，缩短发酵周期。⑤尽量减少副产物的形成，便于产物的分离纯化。⑥原料价格低廉，质量稳定，取材容易。⑦所用原料尽可能减少对发酵过程中通气搅拌的影响，利于提高氧的利用率，降低能耗。⑧有利于产品的分离纯化，并尽可能减少产生"三废"的物质。

发酵培养基的设计和注意事项如下。①提供必要的营养成分：培养基成分必须满足细胞生长，代谢活动和合成产物所需的基本要求。②配制合适的浓度：可以从发酵动力学有关生长、产物合成和基质利用物料平衡的关系中大致推算所需原料或大致计算出所需主要原料的需要量。③主成分与其他成分的配比。④控制合适的pH值：微生物的生长繁殖或产物的合成往往需要一定的pH环境，在最适pH值下有利于加快各种酶的反应。因此在整个发酵过程中应使培养基的pH值适合于微生物生长或产物合成所需。

pH值的具体控制方法如下。①可以在微生物培养过程中加入酸或碱或流加某些营养物质调节培养基的pH，但更应在配制培养基时考虑所用营养物质的组成成分，使其pH值适合该微生物生长或合成代谢产物的需要。②还要注意有些营养物质被利用后培养基的pH变化情况。③控制pH最常用的方法是在培养基中添加具有一定缓冲能力的物质作为营养物，如以磷酸盐作为磷的成分；或者避免使用容易产生生理酸性或碱性使培养基pH波动太大的物质。④避免产生微生物不能利用的物质或形成沉淀。如葡萄糖与铵盐或氨基酸的氨基在灭菌高温下作用形成深褐色物质。这种物质不被微生物利用。因此这两类营养物不宜直接配在一起进行灭菌，而应采用分开灭菌后再加入发酵罐内。硫酸铵中的SO_4^{2-}与钙盐易形成难溶的硫酸钙，因此两者也不宜直接配成培养基。⑤注意代谢调节物的影响：有些物质存在于培养基中往往能明显地促进或抑制发酵产物的形成。如前体物质、诱导剂、阻遏物、抑制剂、金属离子。

添加诱导物：目前工业用微生物酶多数为诱导酶，如蛋白酶、淀粉酶、纤维素酶等。诱导物的存在能大大强化诱导酶的生物合成。酶的正常底物或底物的类似物都可作为诱导物。在各种微生物酶的发酵培养基中必须加入诱导物，例如淀粉、糊精或麦芽糖是淀粉酶或糖化酶的诱导物。只有添加这些物质的培养基，才能获得高产。

注意阻遏物或抑制剂的影响：培养基中存在反馈阻遏物或分解阻遏物均能影响酶的合成，降低发酵产量。有些酶的抑制剂却能提高某些代谢产物的产量，最早利用抑制剂提高中间代谢物产量的例子是甘油发酵中加入亚硫酸钠。在培养基配制时必须注意加入有益的抑制剂，而避免混入有害的抑制物。

金属离子的影响：有些种类的发酵生产对金属离子相当敏感，因为有些金属离子是中间代谢酶的抑制剂或激活剂。因此对于有重大影响的金属离子必须严格控制。如柠檬酸发酵中铁、锰和锌离子都能明显影响产量，钙离子对细菌淀粉酶的生产有促进作用，而钴离子对葡萄糖异构酶的发酵是必需的，这些在培养基配制时都必须予以注意。

（四）根据主要成分或使用目的分类

根据主要成分或使用目的可分为基础培养基、增殖培养基、鉴别培养基和选择培养基。

1. 基础培养基

含有一般微生物生长繁殖所需的基本营养物质的培养基，称为基础培养基。

2. 增殖培养基

增殖培养基可以配制成适合某种微生物生长而不适合其他微生物生长，从而达到从自然界分离这种微生物的目的。

3. 鉴别培养基

根据微生物能否利用培养基中某种营养成分，借助指示剂的显色反应，以鉴别不同种类的微生物。

4. 选择培养基

选择培养基是在培养基中加入某种化学物质，以抑制不需要菌的生长，而促进某种需要菌的生长。

三、工业发酵培养基的选择和确定方法

不同的微生物对培养基的需求是不同的，因此，不同微生物培养过程对原料的要求也是不一样的。应根据具体情况，从微生物营养要求的特点和生产工艺的要求出发，选择合适的培养基，使之既能满足微生物生长的需要，又能获得高产的产品，同时也要符合增产节约、因地制宜的原则。

（一）选择原料的依据

1. 原料选择的原则

选择淀粉质原料生产酒精时，从工艺的角度着眼，凡任何含有可发酵性糖或可变为发酵糖的原料，都可作为酒精生产的原料。对于工业上大规模投入生产的原料，除了要提出工艺上的要求外，还要提出生产管理和经济上的要求，因此，在选择工业上大规模生产酒精的原料时，应考虑到下列诸条件。

（1）因地制宜，就地取材，原料产地离工厂要近，便于运输，节省费用。

（2）要求原料内碳水化合物含量较多，蛋白质含量要适当，适合微生物的需要和吸收利用。

（3）原料资源要丰富，容易收集。由于酒精生产需要大量原料，要保证一定的库存量。

（4）原料要容易贮藏。应考虑到新鲜原料内含水量多，不耐久藏，最好选择经干燥后，含水极少的干原料，易于保藏，不易霉烂。

（5）对人民的身体无损害，影响发酵过程的杂质含量应当极少或者几乎不含。

（6）原料价格低廉，可降低产品成本。

此外，还应当考虑到大力节约粮食原料，尽量少用或不用粮食原料，充分利用当地的非粮食原料，广泛利用野生植物原料，同时利用农林副产物和植物纤维原料，以及亚硫酸盐纸浆废液等，对于节约粮食原料有着重要意义。另外，利用石油原料化学合成制造酒精，也是生产酒精的主要途径。

2. 在确定原料选择原则时需注意的问题

（1）所选用的培养基与所使用的发酵器的结构有关。例如ICI公司因指定用甲醇和氨生产单细胞蛋白质而另行设计新的发酵罐。同样的理由，再要考虑培养基的组分的变化。

（2）培养基的组成，除了考虑到菌体生长和产物的形成的需要外，还要考虑到培养基的pH值变化、泡沫的形成、氧化还原电位和微生物的形态等，而且还有前体和代谢抑制剂的需要。

（二）常用主要原料及其化学组成

1. 原料的种类

发酵生产的原料，一般可分成下列几类。

（1）薯类　甘薯、马铃薯、木薯、山药等。

（2）粮谷类　高粱、玉米、大米、谷子、大麦、小麦、燕麦、黍和稷等。

（3）野生植物　橡子仁、葛根、土茯苓、蕨根、石蒜、金刚头、香附子等。

（4）农产品加工副产物　米糠、米糠饼、麸皮、高粱糠、淀粉渣等。

2. 常用原料的化学组成

原料所含的化学成分，不仅关系着生产率的高低，同时也影响着生产的工艺过程。常用原料中主要的化学成分如下。

(1) 碳水化学物 原料中所含的淀粉或与淀粉类似的菊糖、蔗糖、麦芽糖、果糖及葡萄糖等，这些物质都可以发酵生成产品，同时也是霉菌和酵母的营养及能源，原料中含这些物质越多，生成酒精也就越多，所以它和产量有着密切的关系。碳水化合物中的五碳糖多存在于原料的皮层，如麸皮、高粱糠、谷糠、花生壳等都含有很多，它不但影响淀粉含量，而且发酵中也易生成有害的糠醛。纤维素虽属于碳水化合物，但不被淀粉水解，只起填充作用，对于发酵没有什么直接影响。

(2) 蛋白质 原料含有的蛋白质，在发酵生产过程中，经蛋白酶水解后，成为微生物生长繁殖的重要营养成分，而微生物细胞中，30%～50%（干重）是蛋白质。一般来说，当培养基内氮的含量适当，则微生物生长旺盛，酶的含量也较高。有些原料所含蛋白质有时不能满足微生物生长和繁殖的要求，则应从外界加入氮源。氮源一般包括有机氮源和无机氮源两种，根据不同情况，添加不同种类的氮源。

(3) 脂肪 对发酵有影响，如高粱糠、米糠等含油脂多，则生酸较快，生酸幅度也较大。一些发酵厂如采用玉米作为原料，总是把玉米坯芽除去。

(4) 灰分 灰分中的磷、硫、镁、钾、钙等是构成菌体细胞和辅酶的重要成分，还有调节渗透压的作用，是微生物生长不可缺少的，在一般原料中，灰分的含量足够。

3. 培养基的确定方法

(1) 首先必须做好调查研究工作，了解菌种的来源、生活习惯、生理生化特性和一般的营养要求。工业生产主要应用细菌、放线菌、酵母菌和霉菌四大类微生物。它们对营养的要求既有共性，也有各自的特性，应根据不同类型微生物的生理特性考虑培养基的组成。

其次，对生产菌种的培养条件，生物合成的代谢途径，代谢产物的化学性质、分子结构、一般提炼方法和产品质量要求等也需要有所了解，以便在选择培养基时做到心中有数。

(2) 最好先选择一种较好的化学合成培养基做基础，开始时先做一些摇瓶试验；然后进一步做小型发酵罐培养，摸索菌种对各种主要有机碳源和氮源的利用情况和产生代谢产物的能力。注意培养过程中的 pH 值变化，观察适合于菌种生长繁殖和适合于代谢产物形成的两种不同 pH 值，不断调整配比来适应上述各种情况。

(3) 注意每次只限一个变动条件。有了初步结果以后，首先确定一个培养基配比。其次再确定各种重要的金属和非金属离子对发酵的影响，即对各种无机元素的营养要求，试验其最高、最低和最适用量。在合成培养基上得出一定结果后，再做复合培养基试验。最后试验各种发酵条件和培养基的关系。培养基内 pH 值可由添加碳酸钙来调节，其他如硝酸钠、硫酸铵也可用来调节。

(4) 有些发酵产物，如抗生素等，除了配制培养基以外，还要通过中间补料法，一面对碳及氮的代谢予以适当的控制，一面间歇添加各种养料和前体类物质，引导发酵走向合成产物的途径。

(5) 根据生产和科学研究的需要选择培养基。工业上，液体深层培养具有占地面积小、发酵效率高、操作方便、易于机械化和自动化生产、降低劳动强度等优点。所以，发酵工业中大多采用液体培养基培养种子和进行液体发酵，并根据微生物对氧气的要求，分别作表面静止培养或深层通气培养。实验室或制种车间进行固体培养常采用试管、扁瓶和培养皿。工业生产中也常采用固体原料，如小米、大米、麸皮、马铃薯等直接制作斜面，或在茄子瓶表面培养霉菌、放线菌。具有设备简单、投资少、易推广等优点。大规模生产中，固体培养的缺点是占地面积多，劳动强度大，生产稳定性差。

(6) 根据经济效益选择培养基原料。考虑经济节约，尽量少用或不用主粮，努力节约用粮，或以其他原料代粮。糖类是主要的碳源。碳源的代用方向主要是寻找植物淀粉、纤维水解物，以废糖蜜代替淀粉、糊精和葡萄糖，以工业葡萄糖代替食用葡萄糖。同时，使用稀薄的培养基，适当减少碳氮配比。石油作为碳源的微生物发酵可以生产以粮食为碳源的发酵产品。有机氮源的节约和代替主要为减少或代替黄豆饼粉、花生饼粉、食用蛋白胨和酵母粉等含有丰富蛋白质的原料。代用的原料可以是棉籽饼粉、玉米浆、蚕蛹粉、杂鱼粉、黄浆水或麸汁、饲料酵母、石油酵母、骨胶、菌体、酒糟，以及各种食品工业下脚料等。这些代用品大多蛋白质含量丰富，货源充足，价格低廉，便于就地取材，方便运输。

四、原料预处理的方法

(一) 原料除杂

1. 筛选、风选

气流-筛式分离机主要用于谷物原料除杂。凡是厚度和宽度或空气动力学性质（悬浮速度）与所用谷物不同的杂质，都可用气流-筛式分离机将其分离。

2. 磁力除铁

磁力除铁包括永久性磁力除铁器和电磁除铁器两种。

(二) 原料的粉碎

1. 原料粉碎的目的

把原料进行粉碎后成为粉末状原料，其目的是要增加原料受热面积，有利于淀粉颗粒的吸水膨胀、糊化，提高热处理效率，缩短热处理时间。另外，粉末状原料加水混合后容易流动输送。对于一些带壳的原料，如高粱、大麦，在粉碎前，则要求先把皮壳破碎，除去皮壳后再行粉碎。

固体物料的粉碎（图 2-6）按其受力情况可分为：

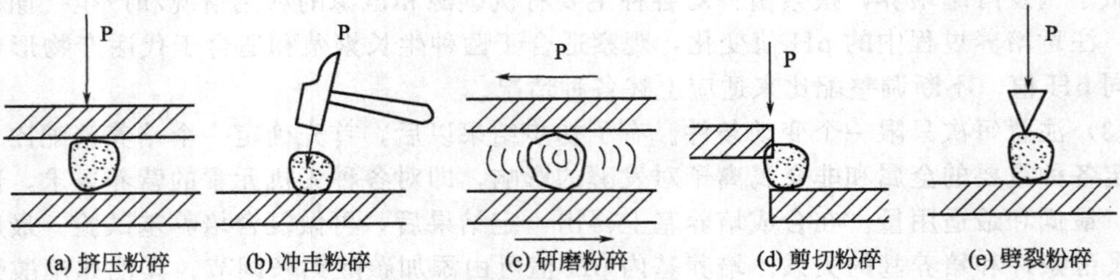

图 2-6　固体物料粉碎方式

(1) 挤压粉碎（a）；
(2) 冲击粉碎（b）；
(3) 研磨粉碎（c）；
(4) 剪切粉碎（d）；
(5) 劈裂粉碎（e）。

2. 粉碎方法

原料粉碎的方法可分为干粉碎和湿粉碎两种。

(1) 干粉碎

① 粗碎　原料过磅称重后，进入输送带，电磁除铁后进行粗碎。粗碎后的物料应能通

过 6～10mm 的筛孔，然后再送去进行细粉碎。

粗碎常用的设备是轴向滚筒式粗碎机，也可用锤式粉碎机进行粗碎。

② 细碎　经过粗碎的原料进入细碎机，细碎后的原料颗粒一般应通过 1.2～1.5mm 的筛孔。也有采用 1.8～2.0mm 筛孔的。常用的细碎设备是锤式粉碎机。

(2) 湿粉碎　当采用湿粉碎时，将蒸煮所需的全部水量和原料一起加入粉碎机中，这种方法可以加工水分较多的原料，原料粉末不会飞扬，减少了原料的损失，省去了灰尘通风设备，但是湿粉碎所得到的粉碎原料，应立即直接用于生产。因其不易于贮藏，且耗电量较干粉碎多 8%～10%，同时锤式粉碎机容易产生堵塞现象。

3. 常用的粉碎设备

(1) 锤式粉碎机的结构示意图见图 2-7。

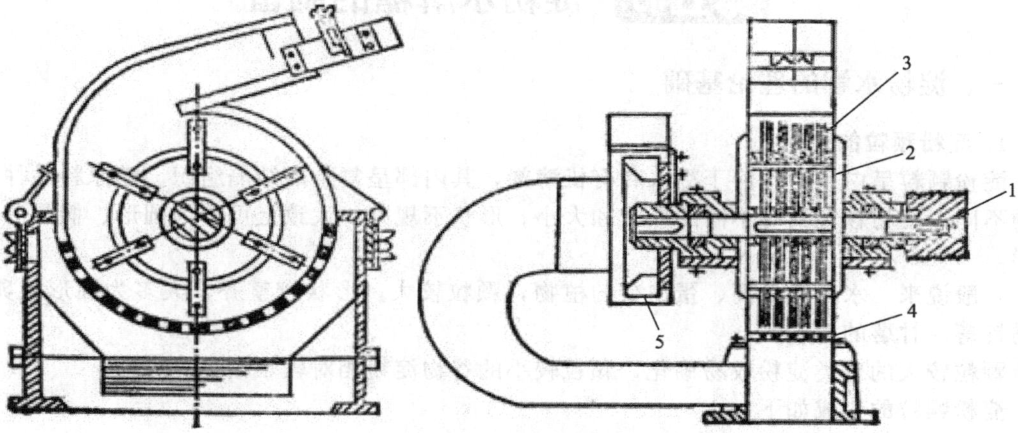

图 2-7　锤式粉碎机的结构示意图

1—轴；2—转鼓；3—锤刀；4—栅栏；5—抽风机

(2) 辊式粉碎机（适用于麦芽、大米粉碎）结构示意图见图 2-8。

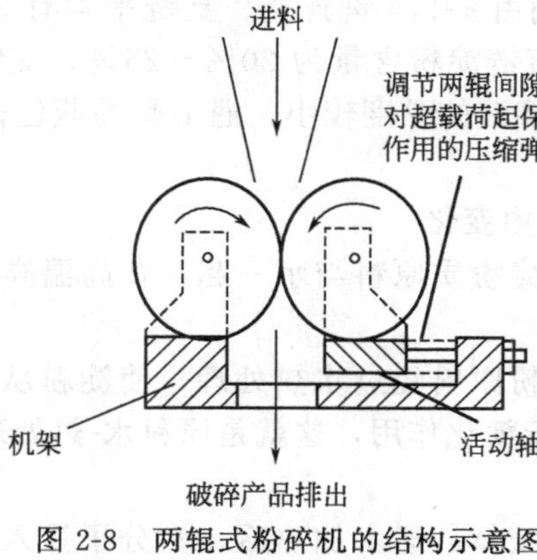

图 2-8　两辊式粉碎机的结构示意图

根据生产实践，扎辊长度为 100mm 的两辊式粉碎机每小时可粉碎麦芽 150～200kg，四辊式可达 200～300kg。一般每小时粉碎 1000kg 的生产量功率消耗约为 2kW。

（三）原料的输送

1. 机械的输送

为了物料能起到混合搅拌和输送作用，固体输送主要是采用机械输送。发酵厂内固体输送大多采用皮带输送机，斗式提升机和螺旋混合器（也称绞龙）。如果在绞龙上加盖铁板，则在密闭系统内进行物料输送，对粉状物料而言，可以防止运转时粉尘的飞扬。

2. 气流输送

气流输送又称风送，或称气力输送。它是利用空气流动所产生的推动力在管道中输送的，其简单原理是，固体物料在垂直向上的气流中，受到向下拉的重力 F_1 和气流向上推的动力 F_2，如果 F_2 大于 F_1，则气流向上推动，使物料由低位向高位运送。例如甘薯干的块状原料，利用风动运送，由引风机把甘薯干运进料管，从低位向高位运送上去，而原料中的铁皮、石块等杂物，因比重较大，不能为气流所带走，而自动掉落在地上。风送特别适于输送散粒状或块状的物料，是一种较好的输送方式。

第五节 淀粉水解糖的制备

一、淀粉水解的理论基础

1. 淀粉颗粒的外观

淀粉颗粒呈白色，不溶于冷水和有机溶剂，其内部呈复杂的结晶组织。随原料品种和种类的不同，淀粉颗粒具有不同的形状和大小。形状不规则，大致上可分为圆形、椭圆形和多角形。

一般说来，水分含量高、蛋白少的植物，颗粒较大，形状较整齐，大多为圆形或卵形，如马铃薯、甘薯的淀粉。

颗粒较大的薯类淀粉较易糊化，颗粒较小的谷物淀粉相对较难糊化。

淀粉颗粒的构成如下：

$$\text{淀粉分子链}\xrightarrow{\text{氢键}}\text{针状晶体}\xrightarrow{\text{聚集}}\text{淀粉颗粒}$$

2. 淀粉的分子结构

淀粉可分为直链淀粉和支链淀粉两类。直链淀粉通过 α-1,4 键连接。支链淀粉的直链部分通过 α-1,4 键连接，分支点则由 α-1,6 键连接，支链平均有 25 个葡萄糖基团，因而还原性末端数量较少。一般植物中直链淀粉含量为 20%～25%，支链淀粉占 75%～80%。直链淀粉在 70～80℃的水中可溶，溶液的黏度较小，遇 I_2 呈纯蓝色；支链淀粉在高温水中可溶，溶液的黏度大，遇 I_2 呈蓝紫色。

3. 淀粉在水-热处理过程的中变化

(1) 水-热处理的概念　将淀粉质原料与水一起，在高温高压或低温低压的条件下进行处理的过程。

(2) 水-热处理的目的　淀粉原料经过水热处理，使淀粉从细胞中游离出来，并转化为溶解状态，以便淀粉酶系统进行糖化作用，这就是原料水-热处理的主要目的。

(3) 淀粉的膨胀和溶解

① 膨胀　淀粉是一种亲水胶体，遇水加热后，水分子渗入淀粉颗粒的内部，使淀粉分子的体积和重量增加，这种现象称为膨胀。

② 糊化　在温水中，当淀粉颗粒无限膨胀形成均一的黏稠液体的现象，称为淀粉的糊化（图 2-9）。此时的温度称为糊化温度。

③ 溶解或液化　淀粉糊化后，如果提高温度至 130℃，由于支链淀粉的全部（几乎）溶解，网状结构彻底破坏，淀粉溶液的黏度迅速下降（图 2-10），变为流动性较好的醪液，这种现象称为淀粉的溶解或液化。

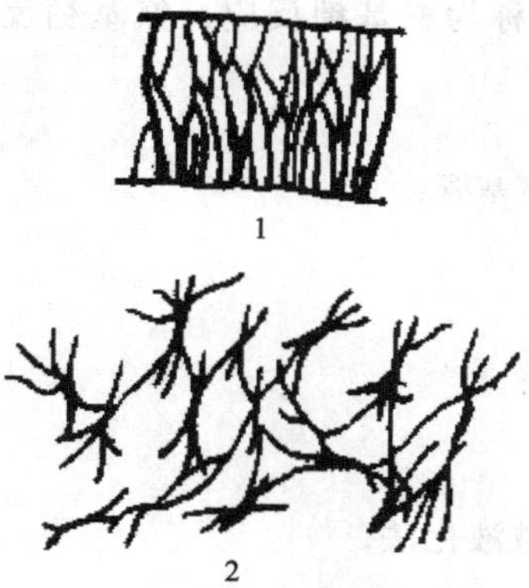

图 2-9　淀粉颗粒糊化前后的结构示意图
1—淀粉颗粒层；2—糊化淀粉层

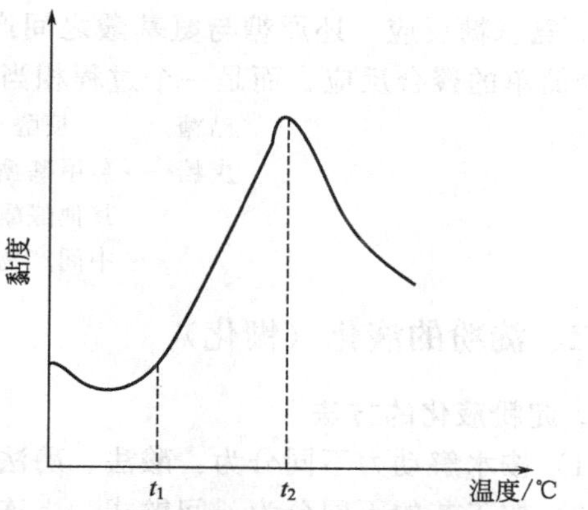

图 2-10　淀粉糊化，液化过程中醪液黏度的变化

(4) 淀粉质原料的各个组分在水-热处理过程中的变化

① 淀粉的变化

a. 自糖化　在 50～60℃预煮时，原料自身的淀粉酶系统活化，并分解淀粉生成糖和糊精。

b. 酸水解　在微酸条件（pH 值 5.6～6.3），淀粉的局部酸水解现象。

在 70℃以下，水解的产物是糖，75～80℃产物是糊精。

② 糖的变化

a. 己糖的变化（葡萄糖和果糖）　果糖在酸性介质中不稳定，由于容易开链，所以较易分解。部分的 5-羟甲基糖醛缩合生成黄棕色色素。葡萄糖在 pH 值 2～4 稳定性最佳。

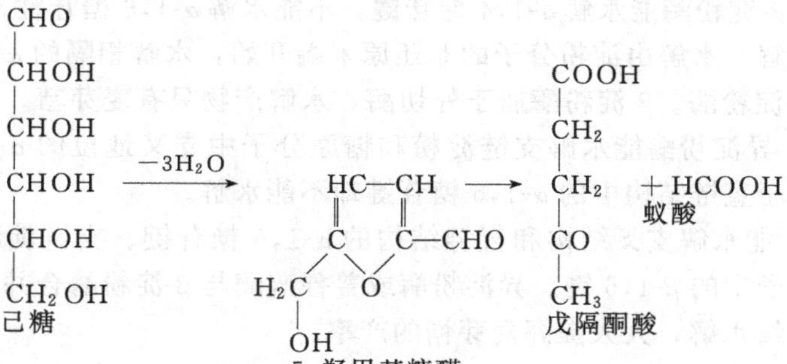

b. 戊糖的变化　蒸煮过程中戊糖和己糖一样脱水生产糠醛，但是后者比羟甲基糠醛稳定。

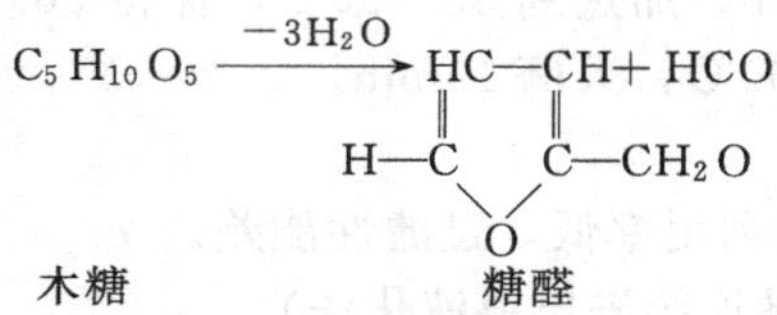

c. 焦糖化　当温度达到糖的熔点时（185℃），糖分脱水形成黑色无定形物，统称焦糖。焦糖不仅不能被发酵利用，而且还会阻碍糖化酶对淀粉的糖化作用，影响微生物的生长。焦糖化反应在高浓度醪液中比低浓度中较易进行。在不易与溶液接触的地方（如蒸煮锅的死角）或锅壁局部过热处都容易发生。

d. 氨基糖反应　还原糖与氨基酸之间产生的呈色反应称为氨基糖反应。氨基糖反应不是一个简单的聚合反应，而是一个过程相当复杂的反应。

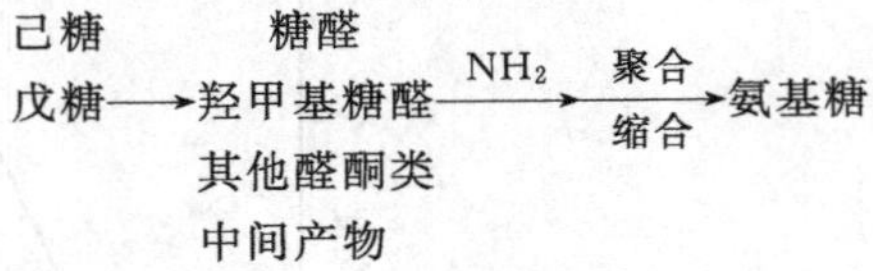

二、淀粉的液化（糊化）

1. 淀粉液化的方法

(1) 按水解动力不同分为：酸法、酶法、酸酶法、机械液化法。

(2) 按工艺的不同分为：间歇式、半连续式、连续式。

(3) 按设备的不同分为：管式、罐式、喷射式。

(4) 按加酶方式的不同分为：一次加酶、两次加酶、三次加酶。

(5) 按原料的精粗不同分为：淀粉质原料直接液化、精制淀粉液化。

2. 酶法液化

(1) 酶解法液化、糖化淀粉常用的酶

① α-淀粉酶　其作用是将淀粉迅速水解为糊精及少量麦芽糖。对淀粉的作用，可将长链从内部分裂成若干短链的糊精，所以也称内切淀粉酶。淀粉受到 α-淀粉酶的作用后，遇碘呈色很快反应，表现如下：

蓝→紫→红→浅红→不显色（即碘原色）

② 糖化酶　作用于淀粉的 1，4 键结合，能从葡萄糖键的非还原性末端起将葡萄糖单位一个一个的切断，因为是从链的一端逐渐地一个个地切断为葡萄糖，所以称为外切淀粉酶。

③ β-淀粉酶　β-淀粉酶能水解 α-1,4 糖苷键，不能水解 α-1,6 糖苷键，遇此键水解停止，也不能越过继续水解。水解由淀粉分子的非还原末端开始，水解相隔的 α-1,4 键麦芽糖，届于 β-构型，故叫 β-淀粉酶。β-淀粉酶届于外切酶，水解产物只有麦芽糖。

④ 异淀粉酶　异淀粉酶能水解支链淀粉和糖原分子中支叉地位的 α-1,6 糖苷键，使支叉结构断裂。但对于直链结构中的 α-1,6 糖苷键却不能水解。

⑤ 普鲁蓝酶　能水解支叉结构和直链结构的 α-1,6 糖苷键、支链淀粉、糖原和其 β-极限糊精及普鲁蓝分子中的 β-1,6 键。异淀粉酶或普鲁蓝酶与 β-淀粉酶合并水解，能使支叉开裂，使 β-淀粉酶继续水解，大大提高麦芽糖的产率。

(2) 酶法液化方法

① 间歇（升温）液化法

工艺：将浓度 30%～40%淀粉乳调整 pH 值到 6.5，加入 $CaCl_2$（0.01mol/L）和一定量淀粉酶（5～8U/g 淀粉），剧烈搅拌，加热到 85～90℃，保持 30～60min，达到所需的液化程度（DE15%～18%），升温到 100℃，灭酶 10min。

优点：此方法简便。

缺点：效果较差，能耗大，原料利用率低，过滤性能差。

② 半连续（高温）液化法（喷淋连续进出料液化法）

工艺：将淀粉乳调整到适当 pH 值和 Ca^{2+} 浓度，加入一定量的液化酶，用泵打给喷淋头引入液化罐中（其中已有 90℃ 热水），淀粉糊化后，立即液化，置保温罐，90℃ 保温 40min，达到所需的液化程度。

优点：设备和操作简单，效果比间歇液化好。

缺点：不安全，蒸汽耗量大，温度无法达到最佳温度，液化效果差，糖液过滤性能也差。

③ 连续（喷射）液化法

利用喷射器将蒸汽直接喷射至淀粉薄层，以短时间达到要求的温度，完成糊化和液化。喷射后，进入保温罐，85～90℃保温 45min。

优点：设备小，便于连续操作，原料利用率高，转化率高，蛋白质凝聚好。

缺点：但要求一定压力的蒸汽，进出料的速度要稳定。

喷射液化的几种流程如下。

a. 一段高温喷射液化工艺：

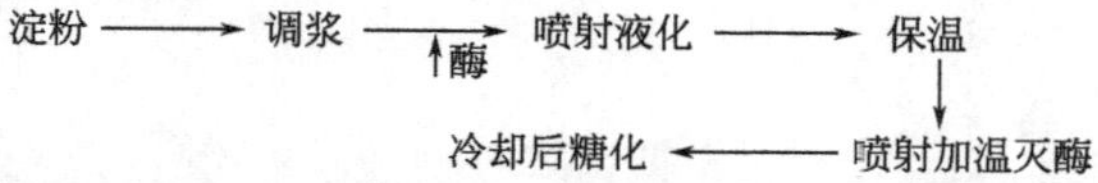

工艺控制要点：淀粉乳浓度 30%左右；pH 值 6.0～6.5；喷射器出口温度（105±3)℃；保温 97～100℃，30～60min。

(a) 单罐维持，见图 2-11。

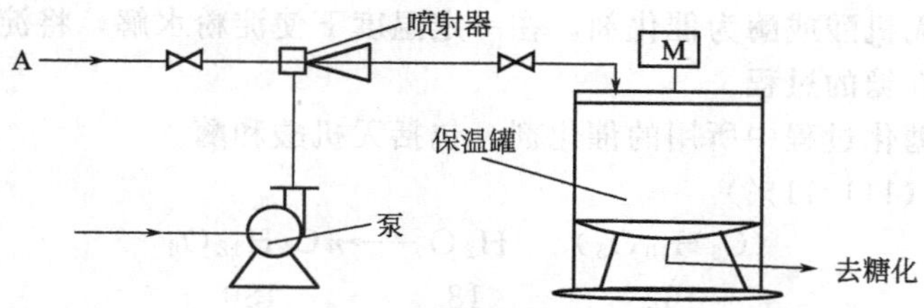

图 2-11 单罐维护 A 工艺

(b) 连续出料，见图 2-12。

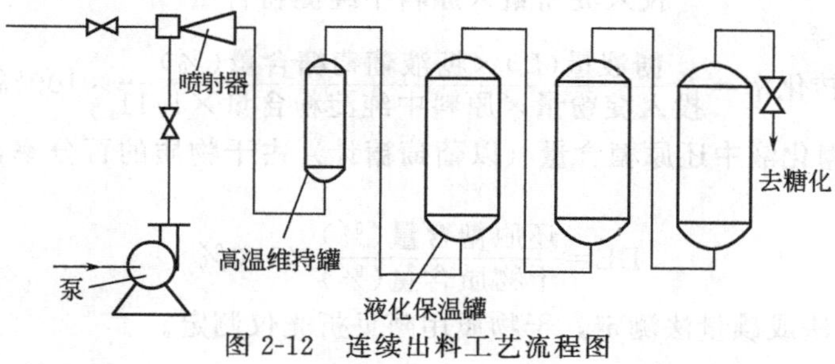

图 2-12 连续出料工艺流程图

b. 多段液化 多次加酶，多次加热，适用各种原料（特别是难液化的小麦、玉米淀粉），见图 2-13。

(3) 液化程度的控制

① I_2 试。

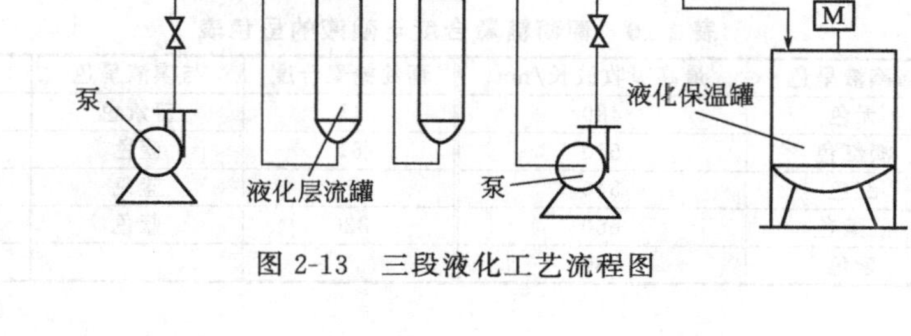

图 2-13 三段液化工艺流程图

② 测定DE值

a. DE值高，糊精太小，不利于糖化酶作用，影响催化效率，终点DE值低。

b. DE值低，液化不彻底，糖化速度慢，酶用量大，时间长，过滤性能差。

③ 透光率和澄清度。

(4) 液化效果的标准

① 液化要均匀。

② 蛋白絮凝效果好。

③ 液化彻底（60℃时液化液要稳定，不出现老化现象，不含不溶性淀粉颗粒，液化液透明、清亮）。

三、淀粉的糖化

（一）糖化理论

1. 基本概念

(1) 糖化　以无机酸或酶为催化剂，在一定温度下使淀粉水解，将淀粉全部或部分转化为葡萄糖等可发酵性糖的过程。

(2) 糖化剂　糖化过程中所用的催化剂。包括无机酸和酶。

(3) 理论收率（111.11%）

$$\underset{162}{(C_6H_{10}O_5)_n} + \underset{18}{H_2O} \longrightarrow \underset{180}{nC_6H_{12}O_6}$$

(3) 实际收率（105%～108%）

$$收率=\frac{糖液量(L)\times糖液葡萄糖含量(\%)}{投入淀粉量\times原料中纯淀粉含量}\times100\%$$

(4) 淀粉转化率

$$转化率=\frac{糖液量(L)\times糖液葡萄糖含量(\%)}{投入淀粉量\times原料中纯淀粉含量\times1.11}\times100\%$$

(5) DE值　糖化液中还原糖含量（以葡萄糖计）占干物质的百分率，用以表示淀粉糖的糖组成。

$$DE=\frac{还原糖含量(\%)}{干物质含量(\%)}\times100\%$$

还原糖用斐林法或碘量法测定，干物质用阿贝折光仪测定。

2. 糖化的目的

将淀粉转化为可发酵性糖。

3. 淀粉的水解反应过程

淀粉分子内 α-1,4 和 α-1,6 葡萄糖苷键的断裂，相对分子质量逐渐变小，依次变为糊精，低聚糖，麦芽糖和葡萄糖。糊精是若干种分子大于低聚糖的碳水化合物，一般含 2～10 葡萄糖单位的为低聚糖。糊精具有旋光性，还原性，能溶于水，不溶于酒精。与碘作用，聚合度不同颜色不同。葡萄糖聚合度与碘液的呈色表见表 2-20。

表 2-20　葡萄糖聚合度与碘液的呈色表

葡萄糖聚合度	与碘液呈色	最高吸收波长/nm	葡萄糖聚合度	与碘液呈色	最高吸收波长/nm
7～8	无色	480	41	蓝紫色	600
16	淡红色	510	61	蓝色	620
21	红色	540	120	蓝色	630
28	红紫色	560	330	蓝色	
34	紫色	580			

4. 糖化的过程检测

(1) 检验液化　是否有淀粉，用碘液，是否呈蓝色。

(2) 检验糖化　是否水解完全。

① 测定还原糖。

② 用无水酒精。

5. 淀粉水解过程的反应

(1) 主反应　糖化(水解作用)。

(2) 副反应

① 复合反应　在酸和热作用下，部分葡萄糖经1,6键结合成龙胆二糖，异麦芽糖和其他低聚糖。

② 分解反应　葡萄糖分解为羟甲基糠醛、有机酸和有色物质等非糖产物。

(二) 淀粉糖化的方法

1. 酸解法

(1) 定义　以酸(无机酸或有机酸)为催化剂，在高温高压下将淀粉水解为葡萄糖的方法。

(2) 优点　工艺简单，设备较单一，水解时间短，设备周转快。

(3) 缺点　需耐高温、高压和耐腐蚀的设备；副产物多，淀粉的转化率低；对原料要求高；废水难处理。

(4) 酸解法中常用的酸

① 盐酸　高效，但中和后产生氯化物，增加糖液灰分，对葡萄糖的结晶、分离及收率会有影响。

② 硫酸　能力仅次于盐酸，用碳酸钙中和，经脱色、离子交换可除去。

③ 草酸　能力低，用石灰中和生成草酸钙，脱色过滤易除去，非强酸，减少了复合反应。

(5) 淀粉酸解的工艺流程见图2-14。

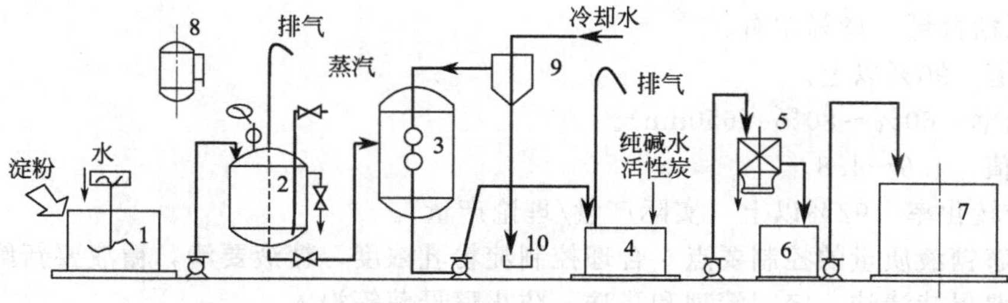

图2-14　淀粉酸解工艺流程图

1,4—调浆槽；2—糖化锅炉；3—冷却罐；5—过滤机；6—糖液暂贮罐；7—糖液贮罐；8—盐酸计量器；9—水勺喷射器；10—水槽

(6) 淀粉酸解的工艺参数

① 淀粉浆的pH值　1.5左右。

② 水解压力　2.5～2.6atm (1atm=101325Pa)。

③ 水解时间　30min。

④ 一次中和pH值　4.8～5.0。

⑤ 二次中和pH值　6.7～7.0。

(7) 影响淀粉酸解速度的因素

① 酸的种类与用量。

② 水解的温度与压力。

③ 淀粉乳浓度的高低。

2. 酶解法

(1) 定义　以酶为催化剂，在常温常压下将淀粉水解为葡萄糖的方法。包括液化和糖化两个过程，故又称双酶水解法。

(2) 优点　反应条件温和；副反应少，淀粉质量高；可在较高淀粉浓度下水解，对预料要求不高；糖液的质量高、营养物质较丰富。

(3) 缺点　水解时间长，夏天糖液容易变质；设备较多。

(4) 酶法糖化的工艺流程

液化→糖化→灭酶→过滤→贮糖计量→发酵

(5) 工艺要点

① 糖化 pH 值 4.2～4.5。

② 温度 60℃左右。

③ 糖化酶用量 150U/g 淀粉。

④ 糖化时间 32h，用无水酒精检验无糊精存在时，糖化结束，然后将 pH 值调整至 4.8～5.0，维持 20min 灭酶。

3. 糖化方法的比较

① 水解时间　酸解法短，酶解法长。

② 水解程度　酶解法高。

③ 糖液杂质　酶解法低，酸解法高。

4. 水解糖液的质量要求和控制要点

(1) 水解糖液的质量要求

① 色泽　呈强黄色透明液。

② 糊精反应　无。

③ 还原糖含量　18%左右。

④ DE 值　90%以上。

⑤ 透光率　60%～80% (650nm)。

⑥ pH 值　4.6～4.8。

⑦ 淀粉转化率　92%以上（实际产量/理论产量)。

(2) 水解糖液质量的控制要点　合理控制淀粉乳浓度，糖液要清，糖液要新鲜，糖液贮存容器一定要保持清洁，定期清理和清洗，防止酵母菌等浸入。

5. 啤酒酿造中的糊化、糖化

在啤酒酿造中，糖化过程是指辅料的糊化醪和麦芽中淀粉受到麦芽中淀粉酶的分解，形成低聚糊精和以麦芽糖为主的可发酵性糖的全过程。

$$(C_6H_{10}O_5)_n \xrightarrow{\alpha\text{-淀粉酶}} \frac{n}{x}(C_6H_{10}O_5)_x$$

$$(C_6H_{10}O_5)_x + \frac{x}{2}H_2O \xrightarrow{\alpha、\beta\text{-淀粉酶}} \frac{x}{2}C_{12}H_{22}O_{11}$$

6. 啤酒酿造的糖化设备

(1) 糊化锅的结构与相关参数　糊化锅是用于加热煮沸大米或其他辅料粉和部分麦芽粉

醪液，使淀粉糊化和液化的设备。我国行业标准 QB/T 3683—1999（糊化锅）。

锅体型式：见图 2-15，由圆柱形锅身，球形底或圆锥形底和弧形顶盖或锥形顶盖组成。锅身直径与高度之比为（1.5～2）：1，有效容量系数 58%～60%，锥底角度以 $\alpha<120°$为宜。

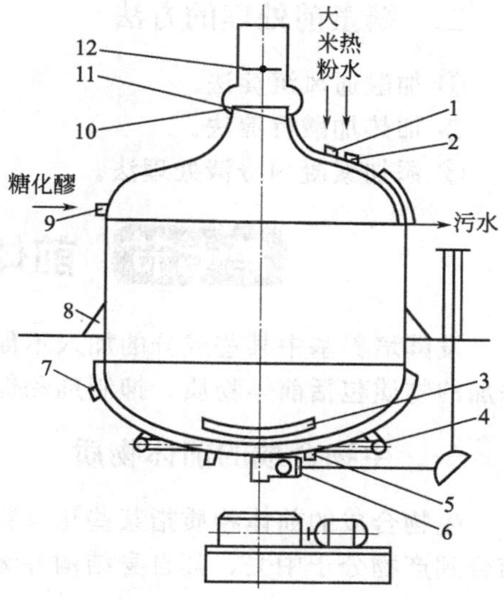

图 2-15 糊化锅

1—大米粉进口；2—热水进口；3—搅拌器；4—加热蒸汽管进口；5—蒸汽冷却水出口；6—糊化醪出口；7—不凝性气体出口；8—耳架；9—麦芽粉液或糖化醪入口；10—环形槽；11—污水排出管；12—风门

加热方式：夹套间接蒸汽加热，夹套蒸汽压力为 0.3～0.6MPa。

升温速度：不低于 1.5℃/min。

搅拌装置：为了防止物料粘锅和提高传热效果，在靠近锅底处设有桨式搅拌器。搅拌器的转速一般在 20～50r/min，圆周速度 3～4m/s。

材质：锅身、锥底和顶盖宜采用不锈钢。球底宜采用紫铜。

净空高度：不小于 500mm。

排气管截面积与锅身截面积之比：1：(30～50)。

需设附件：人孔门，照明灯，液位、温度测量装置，清洗装置，安全装置，排气管蝶阀。

表面要求：锅盖、锅身和锅底内表面焊缝应磨平抛光，应作耐腐蚀的酸性钝化处理。外露表面抛光，不应有碰伤、划伤痕迹。

（2）糖化锅型式与结构 与糊化锅型式与结构相似，以不锈钢制造圆筒形的锅身，球形、椭球形或锥形夹套式底，弧形或锥形顶盖。夹套内用直接蒸汽加热，夹套能耐 0.15～0.25MPa 压力，锅内夹底为了强化传热较多采用紫铜板。锅底部设有桨叶式搅拌器，搅拌器由电机通过立式涡轮减速箱，直接带动搅拌桨叶旋转。锅顶有一排气管（升汽管）。

第六节 糖蜜原料的处理

一、糖蜜的来源与特点

1. 来源

① 甘蔗糖厂的副产物。

② 甜菜糖厂的副产物。

2. 特点

（1）糖蜜中干物质的浓度很大，在 80～90°Bx。

——含糖分 50%以上。

——含 5%～12%的胶体物质。

——含灰分 10%～12%。

（2）糖蜜中一般含有大量杂菌，主要为产酸细菌。

（3）重金属离子，主要是钙、铅等离子，对微生物会有抑制。

（4）糖蜜中除了糖之外，还含有含氮化合物，氨基酸，维生素。

二、糖蜜前处理的方法

① 加酸通风沉淀法。
② 加热加酸沉淀法。
③ 添加絮凝剂澄清处理法。

第七节 前体物质、抑制剂和促进剂

发酵培养基中某些成分的加入不促进微生物的生长，只是有助于调节产物的形成，这些添加的物质包括前体物质，抑制剂和促进剂。

一、生物合成的前体物质

生物合成的前体物质指某些化合物加入到发酵培养基中，能被微生物在生物合成过程中结合到产物分子中去，其自身结构并无多大变化，但产量却因前体的加入有较大提高。具体见表 2-21。

表 2-21 发酵过程中已使用的前体物质

前　体	产物	微生物	参考文献
苯乙酸及其有关化合物	苄青霉素	*Penicillium chrysogenum*	Moyer and Coghill(1947)
苯氧乙酸	苯氧甲基青霉素	*Penicillium chrysogenum*	Soper 等(1948)
氧	金霉素	*Streptomyces aureofaciens*	Van Dvck 和 de Somer(1952)
氯	灰黄霉素	*Penicillium griseofulvin*	Rhodes 等(1955)
丙酸盐①	核黄素	*Lactobacillus bulgaricus*	Smiley 和 Store(1955)
氰化物	维生素 B_{12}	*Proprionobacterium*, *Streptomyces* spp.	Mervyn 和 Smith(1964)
β-芷香酮(Ionononcs)	类胡萝卜素	*Phycomyces blakesleeanus*	Reves 等(1964)
α-氨基丁酸	L-异亮氨酸	*Bacillus subtilis*	Nakavama(1972b)
D-苏氨酸	L-异亮氨酸	*Serratia marcescens*	
邻氨基苯甲酸	L-色氨酸	*Hansenula anomala*	
甘氨酸	L-丝氨酸	*Corynebacterium glycino philum*	

①产量并不比其他技术高。

二、抑制剂

加入后会抑制某些代谢途径的进行，使另一途径活跃，从而获得人们所需要的某种代谢产物，或使正常代谢的某一代谢中间物积累。

最初应用于甘油发酵，抗生素工业应用最多，见表 2-22。

表 2-22 发酵过程中已经使用的通用的专用的抑制剂

产物	抑制剂	主要作用	微生物	参考文献
甘油	重亚硫酸钠	阻遏乙醛生成	*Saccharomyces cerevisieae*	Eoff 等(1919)
四环素	溴化物	阻遏金霉素生成	*Streptomyces aureofaciens*	Lepetit(1957)
谷氨酸	青霉素	改变细胞膜的透性	*Micracoccus glutamicus*	Phillips 和 Somerson(1960)
柠檬酸	碱金属/磷酸盐 pH 低于 2.0	阻遏草酸生成	*Aspergillus niger*	Batti(1967)
缬氨酸	多种抑制剂	各种抑制剂作用不同	*Brevibacierium roseum*	Uemura 等(1972)
利福霉素 B	二乙基巴比妥盐	抑制其他利福霉素	*Nocardia mediterranei*	Lancini 和 White(1973)

三、促进剂

促进剂是指那些既不是营养物，又不是前体，但能提高产量的添加剂，如酶生产中的诱导物或表面活性剂等。

诱导剂能增加细胞的产酶速度，提高产酶量，但不能从根本上改变细胞原有的蛋白质模板，包括酶的底物，底物类似物，及被转化为诱导物的前体物质，见表 2-23。

表 2-23 发酵工业重要酶的诱导剂

酶	诱导剂	微生物	参考文献
α-淀粉酶	淀粉	*Aspergillus* spp.	Windish 和 Mhatre(1965)
	麦芽糖	*Bacillus subtilis*	
支链淀粉酶	麦芽糖	*Aerobacter aerogenes*	Wallenfels 等(1966)
α-甘露糖苷酶	酵母甘露聚糖	*Streptomyces griseus*	Inamine 等(1969)
青霉素酰基转移酶	苯乙酸	*Escherichia coli*	Carrington(1971)
蛋白酶	各种蛋白质	*Bacillus* spp.	Keay(1971)
		Streptococcus spp.	Aunstrup(1974)
		Streptomyces spp.	
		Aspergillus spp.	
		Mucor spp.	
纤维素酶	纤维素	*Trichoderma viride*	Reese(1972)
果胶酶	果胶(甜菜浆,苹果浆,柑橘皮)	*Aspergillus* spp.	Fogarty 和 Ward(1974)

表面活性剂（洗涤剂、吐温等）：可以增加酶的产量，机制不十分清楚，一般认为是因为：

(1) 改变了细胞膜的通透性；

(2) 同时增强了氧的传递速度，改变了菌体对氧的有效利用。

第八节 微生物菌种生长条件

菌种的培养条件包括温度、pH 值、氧、种龄、接种量等。

一、温度

温度对微生物生长的影响很大，通常在生物学范围内每升高 10℃，生长速度就加快一倍，所以温度直接影响酶反应，对于微生物来说，温度是影响微生物生长的最重要的环境因素之一，温度直接影响其生长和合成酶。

温度主要通过影响微生物细胞膜的流动性和生物大分子的活性来影响微生物的生命活动。随着温度的升高，细胞内酶促反应速度加快，代谢和生长也相应加快。同时，温度增高易导致胞内各种生物活性物质变性，细胞功能下降，甚至导致细胞死亡。所以各种微生物都有 3 种基本温度：最低生长温度、最适生长温度、最高生长温度。

最低生长温度是指微生物能进行繁殖的最低温度界限。处于这个温度条件下的微生物生长很缓慢，若低于这个温度则完全停止生长。不同微生物的最低生长温度不一样，这与它们的原生质的物理状态和化学组成有关系，也可随环境条件而改变。

最适生长温度是指微生物生长繁殖速度最快的温度。不同微生物的最适生长温度不一样。

最高生长温度是指微生物生长繁殖的最高温度界限。在此温度之下，微生物细胞易于衰老和死亡，高于此温度，微生物不可能生长。微生物所能适应的最高生长温度与其细胞内酶的性质有关。

不同微生物生长的温度上限不同，真核生物生长的温度上限在60℃左右，其中动植物的温度上限更低。如果超过了最高生长温度则会导致微生物死亡。这种致死微生物的最低温度界限，称为致死温度。致死温度与处理时间有关。在一定温度下处理的时间越长，死亡率越高。不同微生物的致死温度不同（表 2-24）。

表 2-24　一些细菌的致死温度

菌名	致死温度/℃	致死时间/min	菌名	致死温度/℃	致死时间/min
大豆叶斑病假单胞菌	48～49	10	普通变形菌	55	60
胡萝卜软腐欧文菌	48～51	10	黏质沙雷杆菌	55	60
维氏硝化杆菌	50	5	肺炎链球菌	56	5～7
白喉棒杆菌	50	10	伤寒沙门杆菌	58	30

多数细菌的营养细胞和病毒，在50～60℃条件下10min可致死；嗜热脂肪芽孢杆菌的抗热性很强，121℃经12min才能死；少数动物病毒也具有较强的抗热性，如脊髓灰质炎病毒在75℃条件下30min才致死；噬菌体比其宿主细胞耐热，一般在65～80℃失活。放线菌和霉菌的孢子比营养细胞耐热，76～80℃条件下10min才能被杀死。细菌的芽孢抗热性最强，通常100℃以上处理相当长时间才能致死（表 2-25）。

表 2-25　各种细菌芽孢的抗热性

细菌种类	湿热灭菌温度/℃	杀菌所需时间/min	细菌种类	湿热灭菌温度/℃	杀菌所需时间/min
蜡状芽孢杆菌	100	6	肉毒梭状芽孢杆菌	120～121	10
枯草芽孢杆菌	100	6～17			
炭疽芽孢杆菌	105	5～10	嗜热脂肪芽孢杆菌	120～121	11

不同微生物，其最适宜生长温度和耐受温度范围各异。如图 2-16 所示，嗜冷菌、嗜温菌、嗜热菌和嗜高温菌的最适生长温度分别为18℃、37℃、55℃和85℃左右，其共同特点是：其适应力在比最适温度低的温度范围要强于高温度范围；其生长温度的跨度为30℃左右。

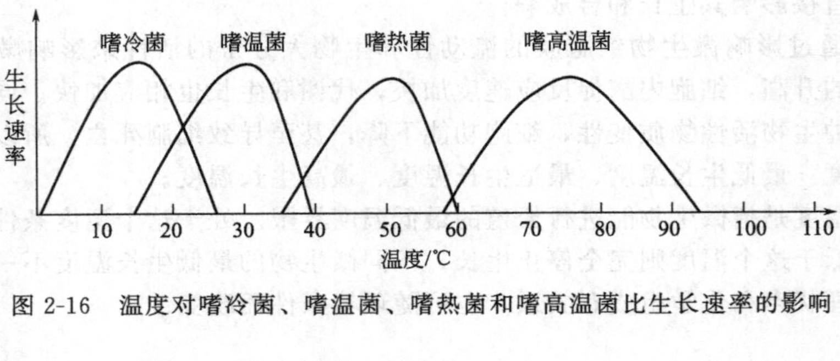

图 2-16　温度对嗜冷菌、嗜温菌、嗜热菌和嗜高温菌比生长速率的影响

总之，微生物的重要组成如蛋白质、核酸等都对温度较敏感，随着温度的增高有可能遭受不可逆的破坏。微生物可生长的温度范围较广，总体说在－10～95℃。任何微生物的生长都需要有最适生长温度，在此温度范围内微生物生长繁殖最快。如果所培养的微生物能承受稍高一些的温度进行生长和繁殖，这对生产有很大的好处，即可减少污染杂菌的机会和夏季培养所需降温的辅助设备，因此培养耐高温的菌种有一定的生产现实意义。

二、pH 值

培养基中的 pH 值与微生物生命活动有着密切的关系，各种微生物有其可以生长的和最适生长的 pH 值范围。微生物通过其活动也能改变环境的 pH 值。pH 值是微生物生长和产物合成的非常重要的状态参数，因此，必须掌握发酵过程中 pH 值变化的规律，及时监控，使它处于生产的最佳状态。大多数微生物生长适应的 pH 跨度为 3～4 个 pH 单位，其最佳生长 pH 跨度在 0.5～1。不同微生物的生长 pH 最适宜范围不一样，细菌和放线菌在 6.5～7.5，酵母在 4.5～5.5，霉菌在 4.5～5.5。其所能忍受的 pH 上下限分别为：5～8.5，3.5～7.5 和 3～8.5；但也有例外。pH 值影响膜的通透性。一般而言，生长最适宜温度高的菌种，其最适 pH 值也相应高一些。可由此设计微生物生长的最适宜条件（温度、pH 值），控制杂菌的生长。

发酵过程中，控制发酵液的 pH 值是控制生产的指标之一，pH 值过高、过低都会影响微生物的生长繁殖以及代谢产物的积累。各种微生物的正常生长都需要有合适的 pH 值，一般霉菌和酵母菌比较适合微酸性环境，放线菌和细菌适于各种中性或微碱性环境。为此，当培养基配制好后，若 pH 值不合适，必须加以调节。当微生物在培养过程中改变培养基的 pH 值而不利于本身的生长时，应以微生物菌体对各种营养成分的利用速度来考虑培养基的组成，同时加入缓冲剂，以调节培养液的 pH 值。控制 pH 值不但可以保证微生物良好的生长，而且可以防止杂菌的污染。

三、氧

微生物对氧的需要不同，是由于依赖获得能量的代谢方面的差异。好气性菌主要是有氧呼吸或氧化代谢，厌气菌为厌氧发酵（分子间呼吸），兼性厌气菌则两者兼而有之。

在发酵过程中，影响耗氧的因素有以下几方面。

（1）培养基的成分和浓度影响　培养液营养丰富，菌体生长快，耗氧量大；发酵浓度高，耗氧量大；发酵过程补料或补糖，微生物对氧的摄取量随着增大。

（2）菌龄影响　耗氧呼吸旺盛时，耗氧量大。发酵后期菌体处于衰老状态，耗氧量自然减弱。

（3）发酵条件影响耗氧　在最适宜的条件下发酵，耗氧量大。

（4）有毒代谢产物影响　发酵过程中，排除有毒代谢产物如二氧化碳、挥发性的有机酸和过量的氨，也有利于提高菌体的摄氧量。

由于氧在水中的溶解度很低，从而使溶解氧往往成为最易控制因素，氧气的供应往往是发酵能否成功的重要限制因素之一。随着高产菌株的广泛应用和丰富培养基的采用，对氧气的要求更高。即使培养基是被空气饱和，它所贮存的氧量仍然是很少的，在发酵旺盛时期，一般也只能维持正常呼吸 15～30s，其后微生物的呼吸就会受到抑制。在对数生长期即使发酵液中的溶解氧能达到 100%空气饱和度，但是若此时中止供氧，发酵液中溶解氧在几分钟之内便耗竭，使溶解氧成为限制因素。氧是一种难溶于水的气体，空气中的氧在纯水中的溶解度更低。培养基因含有大量的有机和无机物质，氧的溶解度比水中还要低。这就决定了大多数微生物深层培养需要适当的通气条件，才能维持一定的生产水平。在 28℃，氧在发酵液中的100%空气饱和浓度只有7mg/L左右，比糖的溶解度小7000倍。

四、通风和搅拌

通气可以供给大量的氧，通气量与菌种、培养基性质、培养阶段有关。通气量的多少，最好由氧溶解的多少来决定。只有氧溶解的速度大于菌体的吸氧量时，菌体才能正常地生长和合成酶。因此随着菌体繁殖，呼吸增强，必须按菌体的吸氧量加大通气量，以增加溶解氧的量。

搅拌则能使新鲜氧气更好地与培养液混合，保证氧的最大限度溶解，并且搅拌有利于热交换，使培养液的温度一致，还有利于营养物质和代谢物的分散。此外，挡板则有助于搅拌，使其效果更好。

一般来说，若培养罐深，搅拌转速大，通气管开孔小或多，气泡在培养液内停留时间就长，氧的溶解速度就大，而且在这些因素确定的情况下，培养基的黏度越小，氧的溶解速度就越大。

搅拌可以提高通气效果，但是过度地剧烈搅拌会导致培养液大量涌泡，容易增加杂菌污染的机会，液膜表层的酶容易氧化变性，微生物细胞也不宜剧烈搅拌。

五、种龄与接种量

1. 种龄

种子培养时间称为种龄，在种子罐内，随着培养时间延长，菌体量逐渐增加。但是菌体繁殖到一定程度不同，由于营养物质消耗和代谢产物积累，菌体量不再继续增加，而是逐渐趋于老化。由于菌体在生长发育过程中，不同生长阶段的菌体的生理活性差别很大，接种种龄的控制就显得非常重要。在工业发酵生产中，一般都选在生命力最旺盛的对数生长期，菌体量尚未达到最高峰时移种。如果种龄控制不适当，种龄过于年轻的种子接入发酵罐后，往往会出现前期生长缓慢、泡沫多、发酵周期延长以及因菌体量过少而菌丝结团，引起异常发酵等；而种龄过老的种子接入发酵罐后，则会因菌体老化而导致生产能力衰退。在土霉素生产中，一级种子的种龄相差2～3h，转入发酵罐后，菌体的代谢就会有明显的差异。

最适种龄因菌种不同而有很大的差异。细菌的种龄一般为7～24h，霉菌种龄一般为16～50h，放线菌种龄一般为21～64h。同一菌种的不同罐批培养相同的时间，得到的种子质量也不完全一致，因此最适的种龄应通过多次试验，特别要根据本批种子质量来确定。种子培养期应取菌种的对数生长期为宜，菌种过嫩或过老，不但延长发酵周期，而且会降低产量。

2. 接种量

接种量的大小直接影响发酵周期。生产上一般采取大接种量，一方面可以缩短发酵罐中菌体繁殖至高峰所需的时间，使产物合成速度加快，提高设备利用率；另一方面节约了发酵培养的动力消耗，并有利于减少染菌机会。

[知识链接]

青霉素生产的培养基

青霉素生产中，以葡萄糖、麸质粉、硫酸铵、磷酸二氢钾、磷酸二氢铵、碳酸钙、苯乙酸以及微量元素为发酵培养基。培养基中碳源采用葡萄糖，而实际乳糖是青霉素生物合成的最好碳源，可是由于乳糖货源少、价格高，普遍使用有困难，而采用葡萄糖。

发酵生产中应控制葡萄糖的残糖（还原糖）的浓度，因为它的分解代谢物会抑制抗生素合成酶形成而影响青霉素的合成。因此，通常采用连续添加葡萄糖的方法来代替乳糖。

[课堂互动]

1. 马铃薯蔗糖培养基属于何种培养基？常用于培养哪类微生物？还有哪些半合成培养基可用来培养真菌？

2. 为什么微生物的营养类型多种多样，而动、植物营养类型则相对单一？

互动　① 马铃薯蔗糖培养基属于半合成培养基，常用于培养霉菌、酵母等真菌微生物。还有如豆芽葡萄糖培养基等半合成培养基可用来培养真菌。

② 微生物是相对低等的生物，它们有很多营养类型，利于在任何环境下生长，而动植物相对是高等生物，也意味着更加特化。它们的环境是固定的，可以利用周围的营养，所以不用那么多种营养类型。

[案例分析]

1. 某学生利用酪素培养基平板筛选产胞外蛋白酶细菌，发现在平板上有几株菌的菌落周围有蛋白水解圈，是否能仅凭蛋白水解圈的大小来断定该菌株产胞外蛋白酶能力的大小？为什么？

分析　不能

因为：(1) 不同微生物的营养需求、最适生长温度等生长条件有差别，在同一平板上相同条件下的生长及生理状况不同；

(2) 不同微生物所产蛋白酶的性质（如最适温度、对酪素的降解能力等）不同；

(3) 该学生所利用的是一种定性及初步定量的方法，应进一步针对获得的几株菌分别进行培养基及培养条件优化，并在分析这些菌株所产蛋白酶性质的基础上利用摇瓶发酵实验确定蛋白酶高产菌株。

2. 碳源有什么作用？常用的微生物碳源物质有哪些？异养微生物和自养微生物最适宜的碳源是什么？

分析　微生物碳源主要用于构成微生物细胞物质及代谢产物；其次是异氧微生物的主要能源物质。常用微生物碳源物质有：①无机碳源　CO_2、$NaHCO_3$等；②有机碳源　糖类、脂肪酸、花生饼类、石油等。

异养微生物最适宜的碳源：糖类、蛋白质等有机物，因为它们自身不能合成有机物，必须从外界获取。自养微生物最适宜的碳源：碳酸根、碳酸氢根，因为它们能利用无机碳转化为有机物来生存。

[思考题]

1. 氮源有什么作用？常用的微生物氮源物质有哪些？

2. 异养微生物的能源物质与自养微生物的能源物质是否相同？为什么？

3. 什么是生长因子？它包括哪几类物质？它们的作用是什么？是否任何微生物都需要生长因子？如何满足微生物对生长因子的需要？

4. 举例说明微量元素在生理上的重要性。

5. 微生物的营养类型有哪几种？划分的依据是什么？举出各种营养类型的几个代表菌。

6. 营养物质进入细胞的方式有哪几种？各有何特点？试比较它们的异同。

7. 工业发酵培养基的主要成分有哪些？

8. 培养基的类型有哪些？如何选择培养基？

9. 如何配制培养基？分析所含物质对微生物起何作用？

第三章

消毒与灭菌技术

【知识目标】

了解微生物控制的相关概念和重要意义，掌握常见微生物控制的理化方法种类、原理、工作条件和适用范围。

【能力目标】

能按照企业岗位要求独立完成生产设备和物料的灭菌操作，分析和解决生产中的问题。

第一节 基本概念

一、灭菌

采用强烈的理化因素使任何物体内外部的一切微生物永远丧失其生长繁殖能力的措施，称为灭菌，例如高温灭菌、辐射灭菌等。灭菌实质上还可分为杀菌和溶菌两种，前者指菌体虽死，但形体尚存；后者则指菌体被杀死后，其细胞因发生自溶、裂解等而消失的现象，如图 3-1 所示。

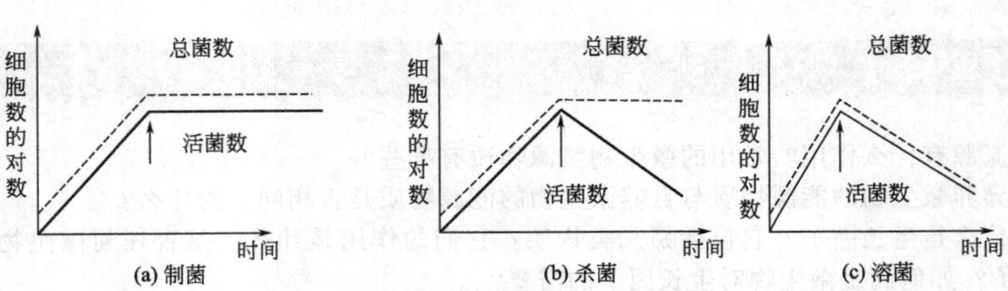

图 3-1　杀菌和溶菌细胞数量变化

二、消毒

消毒是一种采用较温知的理化因素，仅杀死物体表面或内部一部分对人体或动、植物有害的病原菌，而对被消毒的对象基本无害的措施。例如一些常用的对皮肤、水果、饮用水进行药剂消毒的方法，对啤酒、牛乳、果汁和酱油等进行消毒处理的巴氏消毒法等。

三、防腐

防腐是利用某种理化因素完全抑制霉腐微生物的生长繁殖，即通过制菌作用防止食品、生物制品等发生霉变腐败的措施。防腐的方法很多，原理各异，日常生活中人们常用干燥、低温、盐腌或糖渍、隔氧等防腐措施来保藏食品。

四、化疗

化疗即化学治疗，是指利用具有高度选择毒力的化学物质对生物体内部被微生物感染的组织或病变细胞进行治疗，以杀死组织内的病原微生物或病变细胞，但对机体本身无毒害作用的治疗措施。用于化学治疗目的的化学物质称为化学治疗剂，包括磺胺类等化学合成药物、抗生素、生物药物和若干中草药中的有效成分等。

值得注意的是，理化因子对微生物生长是起抑制作用还是杀菌作用并不是很严格分开的。因理化因子的强度和浓度不同，作用效果也不同，例如有些化学物质低浓度时有抑菌作用，高浓度时则有杀菌作用，即使同一浓度，作用时间长短不同，效果也不一样；另外，不同微生物对理化因子作用的敏感性不同，就是同一种微生物，所处的生长时期不同，对理化因子的敏感性也不同。

几个基本概念的特点和比较见表 3-1。

表 3-1 灭菌、消毒、防腐、化疗的比较

比较项目	灭菌	消毒	防腐	化疗
处理因素	理化因素	理化因素	理化因素	化学治疗剂
处理对象	任何物体内外	生物体表、酒、乳等	有机质物质体内外	宿主体内
微生物类型	一切微生物	有关病原菌	一切微生物	有关病原菌
对微生物作用	彻底杀灭	杀死或抑制	抑制或杀死	抑制或杀死
实例	加压蒸汽灭菌、辐射灭菌、化学杀菌剂	70%酒精消毒、巴氏消毒法	冷藏、干燥、糖渍、盐腌、缺氧、化学防腐剂	抗生素、磺胺类药、生物药物

第二节 杀菌方法

一、控制微生物的物理方法

控制微生物的物理因素主要有温度、辐射、过滤、渗透压、干燥和超声波等，它们对微生物的生长具有抑制或杀灭作用。

1. 高温灭菌

当环境温度超过微生物的最高生长温度时，将引起微生物死亡。高温致死微生物主要是引起蛋白质和核酸不可逆变性；破坏细胞的组成；热溶解细胞膜上类脂质成分形成极小的孔，使细胞的内容物泄漏。

利用温度进行杀菌的定量指标有两种。①致死时间，指在某一温度下，杀死某种微生物的水悬浮液群体所需的最短时间。②致死温度，指在一定时间内（一般为 10min），杀死某微生物的水悬浮液群体所需的最低温度。不同微生物致死温度不同，温度越高，致死时间越短。

高温灭菌的方法分干热灭菌和湿热灭菌两种（图 3-2），前者利用灼烧或烧烤等方法消灭物体上的微生物；后者利用热蒸汽灭菌。在相同温度条件下，湿热灭菌的效力比干燥灭菌高，原因有以下几点：①在湿热条件下，菌体蛋白易凝固，见表 3-2；②热蒸汽的穿透力强，杀菌效果好，见表 3-3；③热蒸汽在菌体表面凝结为水时放出潜热，每克水汽在 100℃变为水时，放出 2253J 的热量，从而可提高灭菌温度。

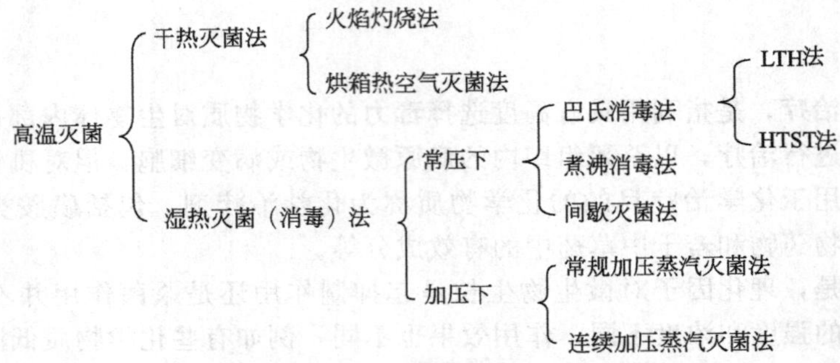

图 3-2 高温灭菌方法

表 3-2 蛋白质含水量与凝固温度的关系

蛋白质含水量/%	蛋白质凝固温度/℃	灭菌时间/min	蛋白质含水量/%	蛋白质凝固温度/℃	灭菌时间/min
50	56	30	6	145	30
25	74～80	30	0	160～170	30
18	80～90	30			

表 3-3 热蒸汽与干热空气穿透力的比较

加热方式	温度/℃	加热时间/h	穿透纱布层数及温度/℃		
			20 层	40 层	100 层
干热	130～140	4	86	72	70 以下
湿热	105	3	101	101	101

（1）干热灭菌法　干热灭菌包括烘箱热空气灭菌和火焰灼烧灭菌两种方法。

① 烘箱热空气灭菌法　将耐热待灭菌物品置于干燥箱内，在 160～170℃下维持 2～3h，即可达到彻底灭菌的目的。如果处理物品体积较大，传热较差，则需适当延长灭菌时间，干热可使细胞膜破坏、蛋白质变性和原生质干燥，并可使各种细胞成分发生氧化。此法适用于体积较大的玻璃器皿、陶瓷器皿、金属用具和其他耐干燥、耐高温物品的灭菌，如培养皿、锥形瓶、吸管、烧杯等。优点是能使灭菌后物品保持干燥状态。

② 火焰灼烧灭菌法　将待灭菌物品在酒精灯火焰上灼烧以杀死其中微生物的灭菌方法。该法是一种最简单、快捷，也是最彻底的灭菌方法，因其破坏力很强，故应用范围仅限于体积较小的接种环、接种针等金属小工具或试管口、锥形瓶口等玻璃仪器的灭菌，也用于带病原菌的材料、动物尸体的燃烧等。

（2）湿热灭菌（消毒）法　湿热灭菌是指用煮沸或热蒸汽进行灭菌的方法。相对于干热灭菌，其灭菌温度低，灭菌时间短，灭菌范围也较广。

湿热灭菌法的种类很多，主要有以下几类。

① 常压法

a. 巴氏消毒法　因最早由法国微生物学家巴斯德用于果酒消毒，故得名。这是一种专用于牛乳、啤酒、果酒或酱油等不宜进行高温灭菌的液态风味食品或调料的低温消毒法。此法可杀灭物料中的无芽孢病原菌，又不影响其原有风味。巴氏消毒法是一种低温湿热消毒法，处理温度变化很大，一般在60～85℃处理15s～30min。具体方法可分为两类：第一类是经典的低温维持法，例如用于牛乳消毒，需在63℃下维持30min；第二类是现代的高温瞬时法，用此法进行牛乳消毒，只要在72℃保持15s即可。

b. 煮沸消毒法　在沸水中处理约30min，欲杀死芽孢需处理2～3h，它适用于一般食品、衣物、瓶子、器材（皿）等的消毒。

c. 间歇消毒法　间歇消毒法又称分段灭菌法或丁达尔灭菌法，是利用常压蒸汽反复几次进行灭菌的方法。具体方法是：将待灭菌物品置于蒸锅（蒸笼）内常压下蒸煮30～60min，以杀死其中未被杀死的芽孢或孢子萌发成营养细胞，再用同样的方法处理，如此反复3次，可杀死所有的营养细胞和芽孢、孢子，达到彻底灭菌的目的。此方法的缺点是操作麻烦，所需时间长，一般适用于那些不宜用高压蒸汽灭菌的物品，如某些糖、明胶及牛乳等。

② 加压法

a. 常规加压蒸汽灭菌法　一般称为高压蒸汽灭菌法。这是一种利用高温（而非压力）进行湿热灭菌的方法，优点是操作简便、效果可靠，故被广泛使用。其原理是将待灭菌的物件放置在盛有适量水的专用加压灭菌锅（或家用压力锅）内，盖上锅盖，打开排气阀，通过加热煮沸，让蒸汽驱尽锅内原有的空气，然后关闭锅盖上的阀门，再继续加热，使锅内蒸汽压力逐渐上升，随之温度也相应上升至100℃以上。为达到良好的灭菌效果，一般要求温度应达到121℃，时间维持在15～30min。有时为防止培养基内葡萄糖等成分破坏，也可采用在较低温度（115℃）下维持35min的方法。常规加压蒸汽灭菌法适合于一切微生物学实验室、医疗保健机构或发酵工厂对培养基及多种器材、物料的灭菌。

高压蒸汽灭菌时，若原有空气未驱尽，则锅内温度会低于相同压力下纯蒸汽的温度，从而降低杀菌效果，见表3-4。另外，高压蒸汽灭菌的效果还受到灭菌物体的含菌量、pH值、灭菌对象的体积等多种因素的影响，见表3-5、表3-6。

表3-4　灭菌锅内留有不同分量空气时压力与温度的关系

压力		全部空气排出时的温度/℃	2/3空气排出时的温度/℃	1/2空气排出时的温度/℃	1/3空气排出时的温度/℃	空气不排出时的温度/℃
kgf/cm^2	lbf/in^2					
0.35	5	108.8	100	94	90	72
0.70	10	115.5	109	105	100	90
1.05	15	121.3	115	112	109	100
1.40	20	126.2	121	118	115	109
1.75	25	130.0	126	124	121	115
2.10	30	134.6	130	128	126	121

注：$1kgf/cm^2=98.0665kPa$；$1lbf/in^2=6894.76Pa$。

表3-5　芽孢数目与灭菌所需时间的关系

芽孢数/(个/mL)	在100℃灭菌时间/min	芽孢数/(个/mL)	在100℃灭菌时间/min
1.0×10^8	19	2.5×10^7	12
7.5×10^7	16	1.0×10^6	8
5.0×10^7	14	1.0×10^6	6

表 3-6 不同容量的液体在加压灭菌锅内的灭菌时间

容器(锥形瓶)/mL	在 121～123℃所需灭菌时间/min	容器(血清瓶)/mL	在 121～123℃所需灭菌时间/min
50	12～14	9000	50～55
200	12～15		
500	17～22		
1000	20～25		
2000	30～35		

b. 连续加压蒸汽灭菌法　在发酵工业上也称连消法，此法仅用于大型发酵厂的大批培养基灭菌。主要原理是让培养基在管道的流动过程中快速升温、维持和冷却，然后流进发酵罐。培养基一般加热至 135～140℃维持 5～15s。

优点：一是采用高温瞬时灭菌，既实现了彻底灭菌，又有效减少了营养成分的破坏，提高了原料的利用率和发酵产品的质量和产量。在抗生素发酵中，它可比常规的"实罐灭菌"(121℃，30min) 提高产量 5%～10%。

二是由于总的灭菌时间明显少于分批灭菌，故缩短了发酵罐占用时间，提高了设备利用率。

三是由于蒸汽负荷均衡，提高了锅炉的利用率。

四是适宜于自动化操作，降低操作人员的劳动强度。

2. 辐射

辐射是以电磁波的方式通过空间传递的一种能量形式。电磁波携带的能量与波长有关，波长愈短，能量愈高。不同波长的辐射对微生物生长的影响不同。

(1) 强可见光　可见光的波长为 400～800nm，它是光能自养和光能异养型微生物的唯一或主要能源。由于光氧化作用，可见光长时间连续照射可引起微生物的死亡。光氧化作用是指：当光线被细胞内的色素吸收，在有氧条件下，引起一些酶或其他光敏感成分失去活性，导致细胞死亡。而在无氧条件下，不发生光氧化作用，对微生物无损伤。

正常的细胞色素即可引发光氧化作用，若用染料处理，可增加细胞对光氧化的敏感性。例如，在细胞悬液内加入少量染色剂，如甲苯胺蓝、曙红或亚甲蓝等，经过这些染料处理的细胞，对可见光产生高度敏感性，照射几分钟即可引起菌体死亡，而在黑暗中它们仍可继续生长。在低浓度染色剂中可见光对细菌的破坏作用称为光动力作用。

(2) 紫外线　紫外线 (UV) 是一种短波光，波长范围 136～397nm，其中 265～366nm 的紫外线杀菌作用最强。阳光有微弱杀菌作用，就是因为有少量紫外线透过大气层的原因。紫外线具有杀菌作用主要是由于它可被蛋白质（约 280nm）和核酸（约 260nm）吸收，使其变性失活。例如，紫外线可以使细胞核酸发生光化学反应，导致相邻的胸腺嘧啶 (T) 形成二聚体，从而干扰核酸的复制，进而导致微生物的变异和死亡。此外，紫外线还可使空气中的分子氧变为臭氧，而臭氧不稳定，分解放出氧化能力极强的 [O]，破坏细胞物质结构，起到杀菌作用。

紫外线的作用效果与波长、微生物类群、生理状态和照射剂量有关。一般多倍体、有色细胞、干燥细胞、分生孢子或芽孢比单倍体、无色细胞、湿细胞和营养细胞的抗性要强。紫外线的穿透能力很弱，多用作空气或器皿的表面灭菌及微生物育种的诱变，例如用于接种室、培养室和手术室的空气灭菌，使用时照射 30min 即可。在照射后为避免发生光复活现象，紫外线照射应在黑暗条件下进行。

(3) 电离辐射　包括X射线、γ射线、α射线和β射线等高能电磁波。它们的特点是波长短，穿透力强，能量高，无专一性，可作用于一切细胞。低剂量照射时，可促进微生物的生长或诱发变异，高剂量处理则有杀菌作用，常用于保存粮食、果蔬、畜禽产品等。

电离辐射的原理　使被照射物质分子发生电离作用而产生自由基，自由基能与细胞内的大分子化合物作用使之变性失活。α射线是带正电的氦原子核流，电离作用强，穿透能力弱。β射线是带负电荷的电子流，穿透力大，电离作用弱。γ射线是^{60}Co等放射性同位素发射的高能辐射，能致死所有微生物，已有专门用于不耐热的大体积物品消毒的γ射线装置。

3. 过滤除菌

高压蒸汽灭菌可以除去液态培养基中的微生物，但不适用于空气和不耐热的液体培养基灭菌，这类材料可采用过滤除菌的方法。过滤除菌包括三种类型。

(1) 传统过滤装置　最早使用，在一个容器的两层滤板中填充棉花、玻璃纤维或石棉，灭菌后空气通过它就可以达到除菌的目的。为了缩小滤器的体积，后来改为在两层滤板之间放入多层滤纸，灭菌后使用也可达到除菌的目的，这种装置主要用于发酵工业。

(2) 膜滤器　由醋酸纤维素或硝酸纤维素制成的具有微孔（0.22～0.45μm）的膜，灭菌后使用，液体培养基通过它可实现除菌的目的。这种滤器处理量较小，价格较高，对材料要求较高，主要用于科研。

(3) 核孔滤器　是由用核辐射处理得很薄的聚碳酸胶片（厚10μm）再经化学蚀刻制成。辐射使胶片局部破坏，化学蚀刻使被破坏的部位形成孔，而孔的大小则由蚀刻溶液的强度和时间来控制。溶液通过这种滤器可将微生物除去，这种滤器也主要用于科学研究。

4. 渗透压

一般微生物都不耐高渗透压，微生物在高渗透压环境中，水从细胞中流出，使细胞脱水死亡。盐腌制咸肉或咸鱼，糖浸果脯或蜜饯等均是利用此法保存食品的。

5. 干燥

干燥的主要作用是抑菌，通过细胞失水，导致代谢停止，或者引起微生物死亡。通常用于干果、稻谷、乳粉等食品的保存，防止腐败变质。不同微生物对干燥的敏感性有很大差异，革兰阴性菌如淋球菌对干燥非常敏感，失水几小时便死去；而链球菌用干燥法保存几年也不会丧失其致病性。休眠孢子抗干燥能力很强，在干燥条件下可存活很长时间，故常用于菌种保藏。

6. 超声波

振动频率大于20000Hz的声波称为超声波，具有强烈的生物学作用，几乎对所有微生物都有破坏作用。该方法的原理主要是通过探头的高频振动引起周围水溶液的高频振动，当探头和水溶液的高频振动不同步时，在溶液内会产生“空穴”（真空区）现象，当菌体接近或进入空穴时，细胞内外压差增大，导致细胞破裂，细胞内含物外泄死亡。此外，超声波振动过程中，由于机械能变为热能，使溶液温度升高，细胞发生热变性，也可杀死微生物。科研中常用此法破碎细胞，研究其组成、结构等。超声波的破碎效果与处理功率、频率、次数、时间、微生物类型及其生理状态等因素有关。频率越高，杀菌效果越好。一般球菌的抗性比杆菌强，芽孢的抗逆性强，几乎不受超声波处理的影响。超声波不仅可以起到灭菌的效果，还能使食品发生均质现象，从而更好地提高食品品质和安全。

二、控制微生物的化学方法

许多化学药剂可起到抑制或杀灭微生物的作用，被用于微生物生长的控制。化学药剂包括表面消毒剂和化学治疗剂两大类，其中化学治疗剂按其作用和性质又可分为抗代谢物和抗生素。

在评价各种化学药剂的药效和毒性时，可采用以下 3 种指标：①最低抑制浓度（minimum inhibitory concentration，MIC），是评定某化学药物药效强弱的指标，指在一定条件下，某化学药剂抑制特定微生物的最低浓度；②半数致死量（50%lethal dose，LD5o），是评定某药物毒性强弱的指标，指在一定条件下，某化学药剂能杀死 50%试验动物时的剂量；③最低致死剂量（minimum lethal dose，MLD），是评定某化学药物毒性强弱的另一指标，指在一定条件下，某化学药物能引起试验动物群体 100%死亡率的最低剂量。

1. 表面消毒剂

表面消毒剂是指对一切活细胞都有毒性，不能用作活细胞或机体内治疗用的化学药剂。表面消毒剂的种类众多，杀菌强度各不相同，但都有一个共同规律，即当其处于低浓度时，往往对微生物的生长繁殖起促进作用，而随着浓度的提高，相继表现为抑菌和杀菌效应，形成一个连续的作用谱。

为比较各种表面消毒剂的相对杀菌强度，学术界将在临床上最早使用的一种消毒剂——石炭酸作为比较的标准，并提出石炭酸系数（phenol coefficient，PC）这一指标。它是指在一定时间内，被试药剂杀死全部供试菌的最高稀释度与达到相同效果的石炭酸的最高稀释度之比。一般规定处理的时间为 10min，常用的供试菌有 3 种，包括金黄色葡萄球菌（代表 G^+ 菌）、伤寒沙门菌（代表 G^- 菌）和铜绿假单胞菌（一种抗性较强的 G^- 菌）。例如，某药剂以 1∶500 的稀释度在 10min 内杀死所有的供试菌，而达到同效的石炭酸的最高稀释度为 1∶100，则该药剂的石炭酸系数等于 5。不同化学药剂的石炭酸系数见表 3-7。

表 3-7　不同化学药剂的石炭酸系数

化学药剂	金黄色葡萄球菌	鼠伤寒沙门菌	化学药剂	金黄色葡萄球菌	鼠伤寒沙门菌
苯酚	1.0	1.0	双氧水	—	0.01
氯胺	133.0	100.0	来苏尔	5.0	3.2
甲酚	2.3	2.3	氯化汞	100.0	143.0
乙醇	6.3	6.3	碘酒	6.3	5.8
福尔马林	0.3	0.7			

化学消毒剂的种类众多，杀菌机制各不相同，表 3-8 列出了若干重要表面消毒剂及其应用，故石炭酸系数仅有一定的参考价值。

表 3-8　若干重要表面消毒剂及其应用

类型	名称及使用浓度	作用机制	应用范围
重金属盐类	0.05%～0.1%升汞	与蛋白质的巯基结合使失活	非金属物品，器皿
	2%红汞	与蛋白质的巯基结合使失活	皮肤，黏膜，小伤口
	0.01%～0.1%硫柳汞	与蛋白质的巯基结合使失活	皮肤，手术部位，生物制品防腐
	0.1%～1% $AgNO_3$	沉淀蛋白质，使其变性	皮肤，滴新生儿眼睛
	0.1%～0.5% $CuSO_4$	与蛋白质的巯基结合使失活	杀致病真菌与藻类
酚类	3%～5%石炭酸	蛋白质变性，损伤细胞膜	地面，家具，器皿
	2%煤酚皂溶液（来苏尔）	蛋白质变性，损伤细胞膜	皮肤

续表

类型	名称及使用浓度	作用机制	应用范围
醇类	70%～75%乙醇	蛋白质变性，损伤细胞膜，脱水，溶解类脂	皮肤，器械
酸类	5～10mL/m^3；乙酸（熏蒸）	破坏细胞膜和蛋白质	房间消毒（防呼吸道传染）
醛类	0.5%～10%甲醛	破坏蛋白质氢键或氨基	物品消毒，接种箱、接种室的熏蒸
	2%戊二醛（pH 值 8 左右）	破坏蛋白质氢键或氨基	精密仪器等的消毒
气体	600mg/L 环氧乙烷	有机物烷化，酶失活	手术器械，毛皮，食品，药物
氧化剂	0.1% $KMnO_4$	氧化蛋白质的活性基团	皮肤，尿道，水果，蔬菜
	3% H_2O_2	氧化蛋白质的活性基因	污染物件的表面
	0.2%～0.5%过氧乙酸	氧化蛋白质的活性基因	皮肤，塑料，玻璃，人造纤维
	约 1mg/L 臭氧	氧化蛋白质的活性基团	食品
卤素及其化合物	0.2～0.5mg/L 氯气	破坏细胞膜、酶、蛋白质	饮水，游泳池水
	10%～20%漂白粉	破坏细胞膜、酶、蛋白质	地面，厕所
	0.5%～1%漂白粉	破坏细胞膜、酶、蛋白质	饮水，空气（喷雾），体表
	0.2%～0.5%氯胺	破坏细胞膜、酶、蛋白质	室内空气（喷雾），表面消毒
	4mg/L 二氯异氰尿酸钠	破坏细胞膜、酶、蛋白质	饮水
	3%二氯异氰尿酸钠	破坏细胞膜、酶、蛋白质	空气（喷雾），排泄物，分泌物
	2.5%碘酒	酪氨酸卤化、酶失活	皮肤
表面活性剂	0.05%～0.1%新洁尔灭	蛋白质变性，破坏细胞膜	皮肤，黏膜，手术器械
	0.05%～0.1%杜灭芬	蛋白质变性，破坏细胞膜	皮肤，金属，棉织品，塑料
染料	2%～4%龙胆紫	与蛋白质的羧基结合	皮肤，伤口

2. 抗代谢药物

抗代谢药物又称代谢拮抗物或代谢结构类似物，是指一类在化学结构上与细胞内必要代谢物的结构相似，并可干扰正常代谢活动的化学药物。抗代谢物具有良好的选择毒力，因此是一类重要的化学治疗剂。它们的种类很多，如磺胺类（叶酸对抗物）、6-巯基嘌呤（嘌呤对抗物）、5-甲基色氨酸（色氨酸对抗物）和异烟肼（吡哆醇对抗物）等。

抗代谢药物作用原理包括 3 个方面：①与正常代谢物（结构类似物）共同竞争酶的活性中心，从而干扰微生物正常代谢，使所需的重要物质无法正常合成，例如磺胺类；②“假冒”正常代谢物，使微生物合成出无生理活性的假产物，如 8-重氮鸟嘌呤取代鸟嘌呤而合成的核苷酸会产生无功能的 RNA；③某些抗代谢药物与某一生化合成途径的终产物的结构类似，可通过反馈调节破坏正常代谢调节机制，例如 6-巯基腺嘌呤核苷酸的合成。

磺胺类药物是青霉素等抗生素广泛应用前治疗细菌性传染病的“王牌药”，具有抗菌谱广、性质稳定、使用简便、在体内分布广等优点，在治疗由肺炎链球菌、痢疾志贺菌、金黄色葡萄球菌等引起的各种传染病中，疗效显著。

1940 年，Wood 和 Fildes 研究了磺胺的作用机制，并阐明因为它的结构与细菌的生长因子——对氨基苯甲酸（PABA）高度相似，因而两者发生了竞争性拮抗作用。最后，美国的 Lederle 实验室的学者发现 PABA 是叶酸的一部分。不少细菌要求外界提供 PABA 作为生长因子以合成其代谢中必不可少的重要辅酶——转移一碳基的四氢叶酸（THFA）。现将其合成过程及代谢拮抗物磺胺和磺胺增效剂三甲氧苄二氨嘧啶（TMP）的作用部位简示如下。

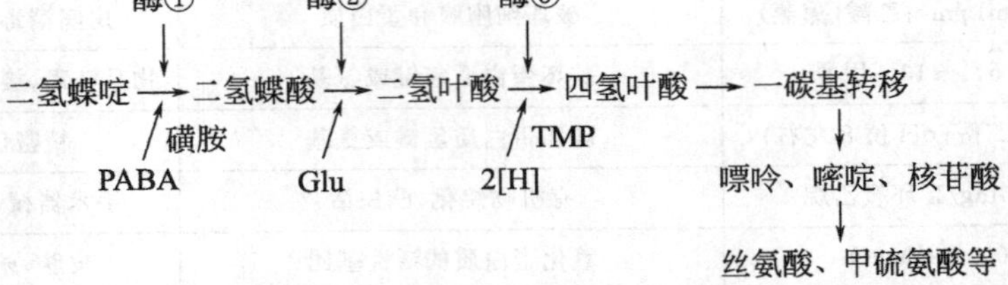

注：酶①—二氢蝶酸合成酶；酶②—二氢叶酸合成酶；酶③—二氢叶酸还原酶

从上式可以看出，磺胺与PABA竞争酶①即二氢蝶酸合成酶，使生物体合成二氢蝶酸受阻；增效磺胺TMP阻断四氢叶酸合成酶，从而二者双重阻断合成嘌呤、嘧啶、核苷酸、丝氨酸、甲硫氨酸等的生物合成前体物质——四氢叶酸的合成，这就阻断了细菌的生物合成。如果在磺胺作用的同时，加入大量PABA、二氢蝶酸、二氢叶酸、四氢叶酸或嘌呤、嘧啶、核苷酸、丝氨酸、甲硫氨酸等一碳基转移产物，也可解除其抑制。

磺胺衍生物与磺胺相比，化学治疗特性更优良，因为它们对细菌的毒性大而对人及动物的毒性较弱。

磺胺类药物具有很强的选择毒性，其机制是：人体不存在二氢蝶酸合成酶、二氢叶酸合成酶和二氢叶酸还原酶，故不能利用外界提供的PABA自行合成四氢叶酸，必须通过食物直接摄取四氢叶酸，因此，对二氢蝶酸合成的竞争性抑制剂磺胺不敏感；反之，对某些敏感的致病菌来说，只要该菌存在二氢蝶酸合成酶，即以PABA做原料自行合成四氢叶酸者，最易被磺胺所抑制。

甲氧苄氨嘧啶（TMP）能抑制二氢叶酸还原酶，使二氢叶酸无法还原生成四氢叶酸，增强了磺胺的抑制作用，因此被称为抗菌增效剂。

磺胺类药的种类很多，至今仍常用的有磺胺、磺胺胍、磺胺嘧啶、磺胺二甲嘧啶等。

3. 抗生素

抗生素是一类由微生物或其他生物在生命活动过程中合成的次生代谢产物或其衍生物，该类物质在很低浓度下就能抑制或干扰其他生物（包括病原菌、病毒、癌细胞等）的生命活动，因而可用作化学治疗剂。

（1）抗生素的作用机制　抗生素种类众多，作用机制主要包括5个方面。

① 抑制细胞壁的合成　细胞壁对细菌起保护作用，细胞壁受损或其合成过程受阻会导致细菌死亡。细菌细胞壁的主要成分是肽聚糖，抗生素主要是通过干扰细菌细胞壁肽聚糖的合成，从而抑制细菌细胞壁形成。这类抗生素有万古霉素、头孢菌素、杆菌肽、青霉素、氨苄青霉素等。它们只作用于生长中的细菌细胞，对静息状态的细胞无影响。革兰阳性细菌由于细胞壁肽聚糖含量较高，对这类抗生素的敏感性强于革兰阴性细菌。

真菌的细胞壁含几丁质。多氧霉素可阻碍几丁质的合成，具有较强的抗真菌作用，而对农作物没有影响。因此，多氧霉素是防治农作物病害的良好选择。人及动物的细胞由于没有细胞壁，所以不受这些抗生素的影响。

② 破坏细胞膜功能　多黏菌素、制霉菌素、短杆菌肽、两性霉素等抗生素均能有选择地作用于微生物细胞膜，通过与细胞膜结合，破坏细胞膜，使细胞质泄漏，细胞死亡。这类抗生素对动物毒性较大，常做外用药。两性霉素和制霉菌素与真菌细胞膜中麦角固醇结合，导致细胞膜破坏，细胞质泄漏，它们不能作用于细菌。

③ 抑制蛋白质合成　很多抗生素（如链霉素、氯霉素、卡那霉素、四环素、林可霉素、庆大霉素、红霉素等）均属此类，它们通过与细菌核糖体结合，使 mRNA 与核糖体的结合受阻，干扰蛋白质的合成。

④ 抑制核酸合成　这类抗生素主要有放线菌素 D（更生霉素）、利福霉素、丝裂霉素 C（自力霉素）等，通过干扰 DNA 复制和阻碍 RNA 转录，抑制微生物生长繁殖。阻碍核酸合成的抗生素对病原菌和人都有毒害作用，因为两者的核酸代谢相似，所以这类抗生素的临床应用有限，主要用于抗癌。

⑤ 作用于呼吸链，影响能量的有效利用（抗代谢作用）　包括抗霉素、寡霉素和缬氨霉素等抗生素，通过影响呼吸链，干扰能量的有效利用，妨碍微生物生长，尤其是好氧微生物。抗霉素是呼吸链电子传递系统的抑制剂，能阻断微生物呼吸作用；寡霉素是能量转移的抑制剂，使能量不能用于合成 ATP。

（2）微生物的耐药性　随着各种化学治疗剂的广泛应用，很多致病菌，如葡萄球菌、大肠杆菌、痢疾志贺菌、结核分枝杆菌等，表现出越来越强的耐药性，给医疗带来了困难。抗性菌株的耐药性表现在以下几个方面。

① 产生钝化或分解药物的酶　青霉素临床应用初期，金黄色葡萄球菌死亡率达 90%以上，疗效显著。长期使用后出现了大量耐青霉素菌株，某些地区金黄色葡萄球菌耐药菌株稳定在 80%～90%。菌株抗青霉素是由于它们能够合成青霉素酶（即 β-内酰胺酶），使青霉素分子中的 β-内酰胺环裂解，失去抑菌作用。

现在主要是通过制造半合成青霉素，改变青霉素的结构，保护 β-内酰胺环，克服抗性菌的耐药性，如氨苄青霉素、羟苄青霉素等。

有些病原微生物能合成其他酶类，通过乙酰化、磷酸化和腺苷化作用改变抗生素的分子结构。如有些肠道细菌能产生转乙酰基酶，将具有抗菌活性的氯霉素转变成无抗菌活性的氯霉素。

② 改变细胞膜的透性　其机制有多种，如委内瑞拉链霉菌，通过改变细胞膜透性，阻止四环素进入细胞；某药物经细胞代谢作用变成其衍生物，该衍生物外渗速度大于该药物渗入细胞速度。

③ 改变对药物敏感的位点　如链霉素的作用机制是通过与细菌核糖体的 30S 亚基结合而实现，如果 30S 亚基的结构发生变化，则不能与链霉素结合，链霉素就不能抑制蛋白质的合成。

④ 菌株发生变异　变异株合成新多聚体取代原多聚体，如抗青霉素菌株能合成新型细胞壁多聚体。

为避免细菌出现耐药性，使用抗生素必须注意以下事项：①首次使用的药量要足量；②避免长期使用单一抗生素；③不同抗生素应混合使用；④改造现有抗生素；⑤筛选新的高效抗生素。

[知识链接]

抗生素的来源及分类

自 A. Fleming 于 1929 年发现第一种广泛用于医疗上的抗生素——青霉素以来，至今已找到 1 万种以上新抗生素（1984 年），合成了 7 万多种半合成抗生素，但真正得到临床应用的常用抗生素仅有五六十种。

目前常用的抗生素，主要有三种分类方法，见表3-9～表3-11。

表3-9 抗生素依据生物来源的分类表

生物来源	代表性抗生素	生物来源	代表性抗生素
放线菌	链霉素、四环素、红霉素	细菌	多黏菌素
真菌	青霉素、头孢霉素	植物或动物	蒜素、鱼素

表3-10 抗生素依据作用范围的分类表

作用范围	代表性抗生素	作用范围	代表性抗生素
广谱抗生素	氨苄青霉素	抗真菌抗生素	制霉菌素
抗革兰阳性菌抗生素	青霉素	抗病毒抗生素	四环素
抗革兰阴性菌抗生素	链霉素	抗癌抗生素	阿霉素

表3-11 抗生素依据化学结构的分类表

结构类型	代表性抗生素	结构类型	代表性抗生素
β-内酰胺类	头孢霉素、青霉素	四环类	四环素、土霉素
氨基糖苷类	链霉素、庆大霉素	多肽类	多黏菌素
大环内酯类	红霉素、麦迪霉素	蒽环类	阿霉素、柔红霉素
喹诺酮类	环丙沙星、诺氟沙星		

[课堂互动]

为什么要进行消毒灭菌处理？

互动 在我们周围环境中，到处都有各种各样的微生物生存着，其中有一部分是对人类有害的微生物，它们通过气流、水流、接触和人工接种等方式，传播到合适的基质或生物对象上而造成种种危害。例如，食品或工农业产品的霉腐变质；实验室中的微生物、动植物组织或细胞纯培养物的污染；培养基、生化试剂、生物制品或药物的染菌、变质；发酵工业中的杂菌污染；以及人和动、植物受病原微生物的感染而患各种传染病等。对这些有害微生物必须采取有效措施来杀灭或抑制它们（图3-3）。

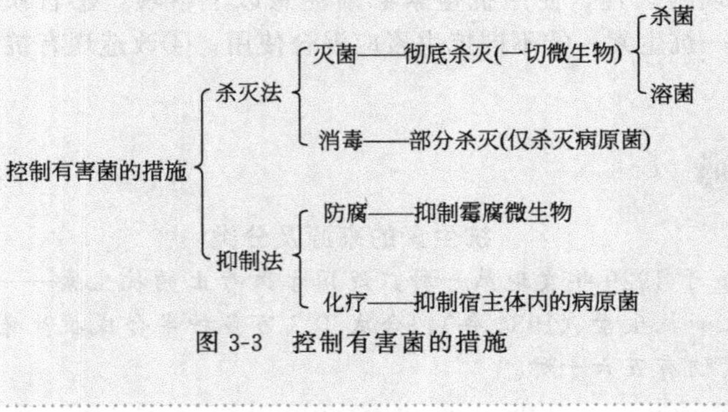

图3-3 控制有害菌的措施

[案例分析]

1. 在干热灭菌操作过程中应注意哪些问题，为什么？

分析　(1) 物品不要摆放得太挤，以免妨碍空气流通；

(2) 灭菌物品不要接触干燥箱内壁的铁板，以防包装纸烤焦起火；

(3) 灭菌时人不能离开；

(4) 灭菌结束后不能忘记关掉电源；

(5) 待温度降到70℃以下再打开，否则冷热空气交替，玻璃器皿容易炸裂或发生烫伤事故。

2. 为什么干热灭菌比湿热灭菌所需要的温度更高，时间更长？请设计干热灭菌和湿热灭菌效果比较实验方案。

分析　在湿热条件下，水蒸气的作用：

(1) 高温水蒸气导热比干空气要快；

(2) 高温水蒸气冷凝变水时有放热过程；

(3) 高温水蒸气能穿透细菌的细胞膜，直接进入细胞内破坏细胞；

(4) 高温水蒸气能水解一部分细胞结构，加速导热。

3. 设计干热灭菌和湿热灭菌效果比较实验方案如下。

以一种菌株做材料为例，如下（实际建议你多选几种菌株，应具有不同代表性）。

(1) 找一种菌株作为实验材料。

(2) 同一个培养基生长好后，梯度稀释，同梯度情况下，同样毫升数接种到两瓶新培养基中。一瓶干热，一瓶湿热（此步骤建议做3个，或者更多平行）。

(3) 摇匀，吸取同毫升数接种至平皿（此步骤看需要，也可以梯度稀释），同等环境下（最好放在同一个培养箱中），培养相同时间，计数。

(4) 根据计数结果，对比计算哪个效果好，好多少。

[思考题]

1. 试列表比较灭菌、消毒、防腐和化疗的异同，并各举若干实例。

2. 抗生素对微生物的作用机制分几类？试各举一例。

3. 细菌耐药性机制有哪些？如何避免产生耐药性？

4. －196～150℃的温度范围内，与微生物学工作者关系较大的代表性温度（包括生长消毒、灭菌、菌种保藏等）有哪些？试以表解形式进行分类、排队，并作简介。

5. 利用加压蒸汽对培养基进行灭菌时，常易带来哪些不利影响？如何避免？

6. 影响湿热灭菌效果的主要因素有哪些？在实践中应如何正确对待？

7. 试以磺胺及其增效剂TMF（三羟甲基丙烷）为例，说明化学治疗剂的作用机制。

第四章 工业菌种育种技术

【知识目标】

(1) 理解和掌握无菌操作技术，工业上常用细菌、放线菌、霉菌和酵母的形态特征及应用，细菌革兰染色的原理和方法，光学显微镜和摇床的工作原理和技术特点，培养基的配制原则和种类，菌种生长的规律以及影响菌种生长的因素。

(2) 了解工业微生物菌种选育的途径和方法。

(3) 掌握根霉、毛霉、曲霉、青霉等主要霉菌的菌种衰退原因及防止措施。

(4) 理解工业微生物诱变育种的原理。

【能力目标】

(1) 熟练掌握微生物无菌操作规程。

(2) 正确使用光学显微镜、高压蒸汽灭菌锅、生化培养箱、干燥箱、超净工作台、摇床、种子罐等与细菌选育和培养有关的仪器和设备。

(3) 熟练掌握无菌操作技术、培养基制备技术、消毒灭菌技术、分离纯培养和接种技术、染色技术等微生物基本操作技能。

(4) 掌握自然界分离筛选和诱变选育菌种的方法技术。

(5) 熟悉掌握工业生产菌种的孢子制备和种子制备技术。

(6) 掌握利用亚硝酸诱变选育酵母营养缺陷型突变体技术。

(7) 能熟练分析和解决酵母菌孢子和种子异常的问题。

第一节 工业常用微生物

自然界中存在着各种各样的微生物，它们具有不同的形态结构和生理特征，可以分成不同的类群。其中，细菌、放线菌、酵母和霉菌等已广泛应用于发酵工业，有的直接利用其菌体细胞，有的则利用其代谢产物或转化机能。了解微生物的种类、形态及生理特征的目的在于认识微生物的特性，掌握其生命活动规律，使其在工业生产中充分发挥作用。

微生物具有体积小、种类多、分布广、繁殖快、便于培养和容易发生变异等特点，并且在生产中不易受时间、季节、地区的限制，所以在工业生产上越来越广泛地被重视和应用。如前所述，发酵工程是以微生物的生命活动为中心的，各种发酵生产都必须有相应的微生物。微生物的生物学性状和发酵条件决定了其相应产物的生成。

工业上用的全部微生物都称为工业微生物。此外还要和杂菌污染打交道，杂菌污染会严重影响甚至完全破坏我们所需的工业发酵过程。此外，有些微生物既是工业生产菌，又可能是杂菌。例如，醋酸菌在生产醋时是生产菌，但会引起酒类的败坏。工业生产上常用的微生物和经常遇到的杂菌主要是细菌、放线菌、酵母菌和霉菌。由于发酵工程本身的发展以及基因工程正在进入发酵过程，病毒、藻类等其他微生物也正在逐步地变为工业生产菌。下面主要介绍与发酵工程有关的主要细菌、放线菌、霉菌和酵母类群。

一、细菌

细菌是自然界中分布最广、数量最多的一类微生物，属单细胞原核生物，具有较典型的核分裂或二分裂繁殖。体型微小，通常在1000倍的光学显微镜成电子显微镜下才能看到。工业生产常用的细菌有以下几种。

1. 枯草芽孢杆菌

枯草芽孢杆菌为芽孢杆菌属的一种需氧菌。营养细胞杆状，大小一般为 (0.7～0.8)μm×(2～3)μm。菌端半圆形。单个或呈短链。在菌体中央或稍偏形成芽孢，芽孢为椭圆形或柱状，大小为 (0.6～0.7)μm×(1.0～1.5)μm，芽孢形成后菌体不膨大。细胞侧生鞭毛，能运动。革兰染色阳性。生长温度为 30～39℃，但在 50～56℃时尚能生长。最适 pH 值为 6.7～7.2。芽孢耐高温，一般在 100℃，3h 才能杀死。有的芽孢抗高温能力更强，在 100℃煮沸 8h 尚能发育生长，故需高温灭菌才行。它能在铵盐液体中发酵各种糖类生成酸。

由于芽孢能耐高温，所以分布较广，常存于枯草和土壤中。一般来说为腐败菌，如在酱油、酱类和白酒制曲时，如果水分含量大，温度较高，就容易造成枯草杆菌迅速繁殖。这不但消耗原料蛋白质和淀粉，而且生成刺眼鼻的氨味，造成曲发黏和异臭，使制曲失败。经科研获得的枯草杆菌能产生大量的淀粉酶和蛋白酶，这些已分离到的优良菌种在工业生产上得到了广泛应用。例如，AS1.393 枯草芽孢杆菌用于生产中性蛋白酶，发酵生产酱油、食醋及饴糖时就可采用 BF7658 枯草芽孢杆菌生产的 α-淀粉酶。

2. 大肠杆菌

细胞长度为 0.5μm×(1.0～3.0)μm，有的近似球状，有的则为长杆状。革兰染色阴性。能运动或不运动，运动者周生鞭毛。许多小种产生荚膜或微荚膜，无芽孢。

大肠杆菌发酵乳糖，产酸、产气。大肠杆菌的谷氨酸脱羧酶在工业上被用来进行谷氨酸定量分析。还可以利用大肠杆菌制取天冬氨酸、苏氨酸和缬氨酸等。在医药方面和基因工程方面，大肠杆菌是很好的研究材料。

3. 乳酸杆菌

细胞杆状到球状。常生长成链，大多不运动，能运动者为周生鞭毛。革兰染色阳性。无芽孢。正常菌落粗糙。发酵碳水化合物，产物的 85%以上为乳酸。厌氧或兼性厌氧。生长温度为 45～50℃。

常用的德氏乳酸杆菌为杆状，大小为 (0.5～0.8)μm×2.9μm。在麦芽汁糖化液内繁殖特别旺盛。菌体肥壮，产酸力特别强。在固体培养基上，菌落微小。在肉汁培养基内略带混浊。

由于乳酸菌能产生乳酸，所以可用于食品的保存和调整食品的风味。在食品工业上如干酪的成熟、乳脂的酸化和腌菜、泡菜等制作无不与乳酸菌有关。在酱油酿造过程中，它也起到了良好的作用。

4. 丙酮丁醇梭菌

细胞呈杆状，圆端，(0.6～0.7)μm×(2.6～4.7)μm，芽孢囊 (1.3～1.6)μm×(4.7～5.5)μm。单生或成对，但不成链。芽孢卵圆，中生或次端生，使芽孢囊膨大成梭状或鼓槌状。无荚膜。以周毛运动。有淀粉粒。革兰染色阳性，可能变为阴性。专性厌氧菌。在葡萄糖琼脂上形成圆形紧密隆起的菌落，乳脂色，不透明，液化明胶。能发酵多种糖类，包括淀粉、糊精等。

生产上多用来生产丙酮丁醇。发酵适温 30～32℃，生长适温 37℃，最适 pH 值6.0～7.0。

5. 肠膜状串珠菌

细胞呈球状或双凸镜状，大小 (0.5～0.7)μm×(0.7～1.2)μm，成对或链，常排列成短链。革兰染色阳性，菌落小，灰白色，隆起，不液化明胶。能发酵多种糖产酸、产气。微需氧至兼性厌氧。生长需缬氨酸和谷氨酸。此菌在蔗糖液中形成特征性葡聚糖黏液，促使形成这一特征的温度是 20～25℃。在厌氧条件下能分解葡萄糖。

此菌生长温度在 10～37℃，适温为 20～30℃。因其常使糖汁变黏而无法加工，故为糖厂的有害菌。但它却是葡聚糖的生产菌。

6. 醋酸杆菌

细胞从椭圆形到杆状，(0.6～0.8)μm×(1.0～3.0)μm。有单个的、成对的，也有成链的。在老培养物中易呈多种畸形菌体，如丝状、梯状、弯曲等。鞭毛有两种类型，一种是周生鞭毛，另一种是端生鞭毛。不形成芽孢。

醋酸菌是化能异养菌，革兰染色阴性。因为没有芽孢，故对热抵抗力较弱。根据醋酸菌发育时对温度的要求和特性，可将醋酸菌分为两类：一类发育适温在 30℃以上，以氧化酒精成醋酸为主的称为醋酸杆菌；另一类发育适温在 30℃以下，氧化葡萄糖为葡萄糖酸的称为葡萄糖氧化杆菌。在醋酸杆菌中常用的有 AS1.41，外形为短杆状，两端钝圆，革兰染色阴性。对培养基要求粗放，在米曲汁培养基中生长良好。好气性。氧化酒精为醋酸，于空气中使酒精变混浊。表面有薄膜，有醋酸味。也能氧化乙酸为 CO_2 和 H_2O。繁殖适宜温度为 31℃，发酵温度一般为 36～37℃。

7. 棒状杆菌

细胞呈杆状，直形或微弯。常呈一端膨大的棒状，折断分裂，成“八”字形排列或栅状排列。不运动，仅少数致病菌能运动，无芽孢。革兰染色阳性，也有些阴性反应者。菌体内着色不均匀，好氧或厌氧。

调味品生产中，如谷氨酸生产常用的菌种有北京棒状杆菌。其细胞通常为短杆状至小棒状，有时微弯曲，两端钝圆，不分枝。呈多形态，即培养 6h 后细胞有延长现象。细胞排列为单个、成对或“八”字形。细胞大小为 (0.7～0.9)μm×(1.0～2.5)μm。在 26～37℃培养时生长良好，41℃时生长较弱。pH 值 5～10 均能生长，最适 pH 值为 6～7.5。生物素是必需的生长因素，硫胺素或某些氨基酸有促进生长的作用。能利用葡萄糖、果糖、甘露糖、麦芽糖等产酸，但均不产气。通气培养在含葡萄糖和尿素或铵盐的适宜培养基中，能大量积累 L-谷氨酸。

8. 短杆菌

细胞为短而不分枝的直杆状，一般在 (0.5～1.0)μm×(1.0～5)μm，大多数不具鞭毛。在肉汁蛋白胨培养基上生长良好。有时产生非水溶性色素，呈红色、橙红色、黄色、褐色。革兰染色阳性。不形成芽孢，为好氧微生物。多数从葡萄糖发酵产酸，不发酵乳糖。大多数液化明胶，还原石蕊。

此属菌有谷氨酸发酵能力，在利用糖质原料的谷氨酸发酵中，需要生物素作为生长因子，才能满足谷氨酸发酵。短杆菌属中的黄色短杆菌和硫殖短杆菌能用于谷氨酸发酵生产。

9. 黄单胞菌

细胞直杆状；两端钝圆稍尖；大小为（0.4～0.7）μm×（1.2～1.5）μm。革兰染色阴性，无芽孢，极生鞭毛。在含蔗糖的琼脂平板上可形成圆形、边缘整齐、黏稠光滑的黄色菌落，液体培养形成黄色黏稠的胶状物——荚膜多糖，其黄色为一种非水溶性色素。

野油菜黄单胞菌在通气条件下，于 pH 值 6.8～7.0、28～30℃时，能以淀粉做碳源发酵生产黄原胶。

二、放线菌

放线菌因其菌落呈放射状而得名。它是一个原核生物类群，在自然界中分布很广，尤其在富含有机质的微碱性土壤中较多。大多腐生，少数寄生。它的最大经济价值在于能产生多种抗生素。从微生物中发现的抗生素，有 60%以上是放线菌产生的，因此人们在抗生素发酵工业中，非常重视对放线菌的研究与运用。常用的放线菌有以下见种。

1. 链霉菌属

链霉菌的基内菌丝和气生菌丝多分枝，无分隔，直径 0.5～2μm。气生菌丝产生许多孢子串生的孢子链，孢子链长短不等。此属中不少菌种产生抗生素，这些抗生素约占各种微生物（包括放线菌）所产抗生素的 50%以上。

（1）灰色链霉菌　在葡萄糖-硝酸盐培养基上生长时，菌落平而薄，初为白色，逐渐变为橄榄色。气生菌丝浓密，粉状，呈水绿色。发育适温 37℃，生产链霉素温度为 26.5～27.5℃。

（2）龟裂链霉菌　于 1950 年就发现此菌能产生氧四环素（也称土霉素）。菌丝白色，呈树枝状；孢子为灰白色，呈柱形；菌落为灰白色，其表面后期有皱褶，呈龟裂状。

（3）金霉素链霉菌　在 PDA 培养基上生长时，其基内菌丝能产生金黄色色素，但其气生菌丝无色，孢子初为白色，经 5～7 天培养后，则由棕灰色转变为灰黑色。因该菌所产生的抗生素为金霉素（氯四环素），故称金霉素链霉菌。如其培养基中的 NaCl 以 NaBr 代替时，则此链霉菌又可产生四环素。

（4）红霉素链霉菌　此菌生长扩展有不同规则的边缘，菌丝深入培养基内，初为白色，后变为微黄色，菌落周围白色乳状，气生菌丝细，有分支。最适温度 25℃，产生红霉素。

2. 小单孢菌属

小单孢菌与一般放线菌有不同之处。菌丝体纤细，0.3～0.6μm。有分支和分隔，不断裂。菌丝体长入培养基内，不形成气生菌丝，而在基内菌丝体上长出孢子梗，其顶端生一个球形、椭圆形或长圆形的孢子。大小为（1.0～1.5）μm×（0.9～1.2）μm。菌落致密，与培养基紧密结合在一起，表面凸起，多皱或光滑、疣状，平坦者较少。菌落常为黄橙色、红色、深褐色、黑色和蓝色。

这是产生抗生素较多的一个属。如绛红色小单孢菌和棘孢小单孢菌都能产生庆大霉素。

3. 游动放线菌属

一般不形成气生菌丝，基内菌丝分支，直或卷曲，多数不分隔，直径 0.2～2.0μm，孢囊在基内菌丝体上形成，大小为 5～22μm，着生在孢囊梗上或菌丝上，孢囊梗直或有分支，在每支顶上有一至数十个孢囊。孢囊孢子在孢囊内盘曲或呈直行排列，成熟后分散为不规则排列。孢子呈球形（1～1.5μm），有时端生 1～40 根鞭毛，能运动。孢囊成熟后，孢囊孢子释放出来。有的菌种能形成分生孢子。

4. 诺卡菌属

基内菌丝较链霉菌纤细，0.2～0.6μm，有横隔，一般无气生菌丝。基内菌丝培养十几个小时形成横隔，并断裂成杆状或球状孢子。菌落较小，其边缘多呈树根毛状。主要分布于土壤中。有些种能产生抗生素（如利福霉素等），也可用于石油脱蜡及污水净化中脱氰等。

5. 链孢囊菌属

孢囊孢子无鞭毛，气生菌丝的孢子丝盘卷成球形孢囊。其孢囊有两层壁，外壁较厚，内壁系薄膜，孢囊内形成孢囊孢子。这类菌亦可产生不少抗生素，如可抑制细菌、病毒和肿瘤的多霉素等。

我国生产的创新霉素由济南游动放线菌新菌产生。密苏里游动放线菌能以木糖为诱导物，大量生产葡萄糖异构酶。

近年来不仅从放线菌中发现一些医药上使用的抗生素新品种，而且还进一步将放线菌所产生的抗生素开发应用到农牧业和食品工业上。如灰色链霉菌所产生的杀稻瘟菌素 S，用于稻瘟病的防治；可可链霉菌所产生的多氧霉素，对水稻纹枯病、稻瘟病、小麦白粉病以及果木真菌均有良效。

三、霉菌

凡生长在营养基质上形成绒毛状、网状或絮状菌丝的真菌统称为霉菌。霉菌在自然界分布很广，大量存在于土壤、空气、水和生物体内外等处。霉菌喜偏酸性环境。大多数为好氧性微生物。多腐生，少数寄生。工业上常用的霉菌有藻状菌纲的根霉、毛霉、犁头霉；子囊菌纲的红曲霉；半知菌类的曲霉、青霉等。

1. 根霉

根霉在自然界分布很广，是一种常见的霉菌。它对环境的适应性很强，生长极迅速。幼龄菌落为白色，棉絮状。中期为灰黑色。老熟后菌丝丛生，密布黑色小点，即孢子囊。菌丝无横隔，为单细胞真菌。

在培养基上生长时，由营养菌丝体产生弧形生长的匍匐菌丝，向四周蔓延。匍匐菌丝接触培养基处，分化成一丛假根。从假根着生处向上生出直立的孢子囊柄，其顶端膨大形成圆形的囊，称为孢子囊。囊内生有许多孢子。成熟后的孢子囊壁破裂，释放出孢子。

根霉在生命活动中分泌的淀粉酶，能将淀粉转化为糖。因此，根霉可作为常用的糖化菌种。我国民间酿制甜酒用的小曲主要含有根霉。由于根霉能分泌丰富的淀粉酶，而且又含有酒化酶，所以在生产中可边糖化边发酵。又因为根酶生长要求的温度较高，因而适于在高温季节使用。

根霉的应用十分广泛。目前常用的菌种有米根霉、华根霉、东京根霉和甘薯根霉。

(1) 米根霉　米根霉的最适温度 37℃，41℃时还能生长。米根霉的淀粉酶活力极强，多做糖化菌使用。也具有酒精发酵能力及蛋白质分解能力。大量存在于酒药与酒曲中。此菌由于耐高温，特别为在夏季生产豆腐乳提供了方便条件，解决了豆腐乳旧法生产只能在冬季进行的困难。

(2) 华根霉　华根霉的最适温度为 30℃。当发酵温度达 45℃时，一般还能生长。此种菌淀粉液化力强，有溶胶性。能产生酒精、芳香脂类等物质。在酒药与酒曲中大量存在。它是酿酒所必需的主要霉菌，也是酸性蛋白酶和豆腐乳生产中的主要菌种。

2. 毛霉

毛霉分布亦较广，在基质表面生成灰色、白色或黄褐色的棉絮状菌落。菌丝不分支，不具横膈膜，为多核单细胞真菌。菌丝发育成熟时，顶端产生圆形、柱形或犁头形囊轴，围绕囊轴形成圆形孢子囊。孢子囊梗有不分支、总状分支和假轴状分支三种类型。

毛霉多见于阴湿低温处，是制曲时常见的杂菌和可利用的菌，其中常见的有鲁氏毛霉，它最初是在我国小曲中分离出来的。此菌能产生蛋白酶和淀粉酶，有分解大豆蛋白的能力，可用来制作豆腐乳，也用于酒精的生产。总状毛霉，我国著名的四川豆豉即用此菌制成。高大毛霉，此菌分布较广，在牲畜粪便上或白酒厂阴湿的堆积发酵物上常可见到。它能产生脂肪酸、琥珀酸，对甾体化合物也有转化作用。

3. 犁头霉

犁头霉的菌丝和根霉很相似，但犁头霉产生弓形的匍匐菌丝，并在弓形的匍匐菌丝上长出孢子梗，不与假根对生。孢子梗往往 2～5 支，成簇，很少单生，而且常呈轮状或不规则的分支。孢子囊顶生，多呈梨形。囊轴呈锥形、近球形等。孢子小而呈单孢。大多无色，无线状条纹。接合孢子生于匍匐菌丝上。

犁头霉分布在土壤、粪便和酒曲中，空气中也有它们的存在。常为生产的污染菌，其中有的是人畜的病原菌。

犁头霉对甾体化合物有较强的转化能力，如蓝色犁头霉能转化多种甾体。

4. 曲霉

曲霉菌丝有横隔，菌丝体由多细胞菌丝所组成。营养菌丝匍匐生长于培养基表层。匍匐菌丝可以分化出厚壁的足细胞。在足细胞上生出直立的分生孢子梗，顶端膨大成顶囊，顶囊一般呈梯形、椭圆形、半球形或球形。在顶囊表面，以辐射状生出一层或两层小梗，称为初生小梗和次生小梗。在小梗上着生有一串串分生孢子。分生孢子具有各种形状、颜色和纹饰。

曲霉在发酵工业、医药工业、食品工业和粮食贮存等方面有着极重要的作用。几千年来我国民间就用曲霉酿酒、制酱、制醋等，应用十分广泛。

(1) 米曲霉　米曲霉有较强的蛋白质分解能力，同时又具有糖化能力，所以很早就利用米曲霉来生产酱油和酱类。米曲霉在酿酒生产中被作为糖化菌，此外，它还是重要的蛋白酶和淀粉酶的生产菌。

(2) 黄曲霉　培养温度 37℃。黄曲霉产生液化型淀粉酶，并较黑曲霉强。蛋白质分解能力次于米曲霉。黄曲霉能分解 DNA，产生 5′-脱氧胞苷酸、5′-脱氧腺苷酸、5′-脱氧鸟苷酸和 5′-脱氧胸腺嘧啶核苷酸。

黄曲霉中有些菌能产生黄曲霉毒素，引起家畜家禽中毒，以致死亡。这种黄曲霉毒素也是致癌物质。我国有关部门对使用过的黄曲霉进行过产毒试验。为了防止污染食品，保障人民身体健康，现已停止使用会产生黄曲霉毒素的菌种，改用不产毒素的菌种。

黄曲霉与米曲霉极为相似，容易混淆。因而除了观察菌落个体特征外，还要结合生理特性加以区别。米曲霉在含 0.05%茴香醛的察氏培养基上，分生孢子呈现红色，而黄曲霉则无此反应。

(3) 黑曲霉　黑曲霉具有多种活性强大的酶系，如淀粉酶、蛋白酶、果胶酶、纤维素酶和葡萄糖氧化酶等。还能产生多种有机酸，如抗坏血酸、柠檬酸、葡萄糖酸和没食子酸等，所以在工业上被广泛应用，是生产柠檬酸和葡萄糖酸的重要菌种。黑曲霉群中还包括有乌沙米曲霉（又名宇佐美曲霉）、邬氏曲霉、适于甘薯原料的甘薯曲霉，以及由乌沙米曲霉变异而来的白曲霉。一些白曲霉中较优良的菌种不仅能分泌较丰富的淀粉酶、果胶酶和纤维素酶，而且酶系较纯，酶活力较强，同时又较耐粗放培养。因此，为目前北方酒精厂及白酒厂所广泛采用。

(4) 栖土曲霉　培养温度为 32～34℃，含有较丰富的蛋白酶，为蛋白酶生产菌种。AS

3.942 为中性蛋白酶生产菌。

5. 青霉

青霉的菌丝与曲霉相似，有分隔，但无足细胞。其分生孢子梗的顶端不膨大，无顶囊。分生孢子梗经过多次分支，产生几轮对称或不对称的小梗，形如扫帚。小梗顶端产生成串的分生孢子。分生孢子一般为蓝绿色或灰绿色。

青霉的孢子耐热性较强，菌体繁殖温度较低，是制曲时常见的杂菌，对制曲危害较大。它使酒味发苦，同时对曲房等建筑物也有腐蚀作用，是酿酒上的有害菌。但有些青霉菌，不仅是生产青霉素的重要菌种，还被用来生产有机酸、维生素和酶制剂等。

(1) 产黄青霉　产黄青霉能产生多种酶类及有机酸。在工业生产上主要用其变种来生产青霉素，也能用来生产葡萄糖氧化酶、葡萄糖酸、柠檬酸和抗坏血酸等。

(2) 橘青霉　橘青霉可产脂肪酶、葡萄糖氧化酶和凝乳酶，有的菌系能产生5′-磷酸二酯酶，可用来分解核酸，生产5′-核苷酸。此菌分布普遍，在霉腐材料和贮存粮食上常发现生长。会引起病变，并具有毒性。

此外，还有娄地青霉，具有分解油脂和蛋白质的能力，可用于制造干酪。其菌丝含有多种氨基酸。其孢子能将甘油三酯氧化为甲基酮。展开青霉主要用于生产灰黄霉素。

6. 木霉

木霉的菌丝生长初期为白色。菌丝在培养基上生长成平坦菌落。菌落生长迅速，棉絮状或致密层束状，表面有不同程度的绿色。菌丝透明，有隔，分支繁杂。分生孢子梗为菌丝的短侧枝，上有对生或互生分支。在分支上又可连续分支。分支末端为小梗，小梗上可生出瓶状、束状、对生、互生或单生等不同的分生孢子。依靠黏液，分生孢子在小梗上聚成球形或近球形的孢子头。分生孢子有球形、椭圆形、倒卵形等。壁光滑或粗糙，透明或亮绿色。

木霉在土壤中分布很广，在木材及其他物品上亦常能找到。有些菌株能分解纤维素和木质素等复杂的有机物。若能利用这一特性，以纤维素来代替淀粉原料进行发酵生产，这对国民经济将有十分重要的意义。但木霉也常造成蔬菜、谷物和大型真菌等的霉变，使木材、皮革及其他纤维性材料霉烂，给生产和生活造成一定危害。

7. 紫红曲霉

紫红曲霉是红曲霉属的一种。菌丝具有不规则的分支。细胞内多核，含有橙红色的颗粒。直径3～7μm。菌丝和分支顶端产生分生孢子，单生或成短链。分生孢子呈球形或犁形。有性生殖时，在长短不一的梗上产生单一的原闭囊壳（子囊果）。渐渐成熟后，成为橙红色的闭囊壳，直径为25～75μm，闭囊壳内含有十多个球形子囊。每个子囊内又有8个光滑的卵圆形、无色或淡红色的子囊孢子，大小一般是（5～6.5）μm×（3.5～5）μm。紫红曲霉在麦芽汁琼脂培养基上生长良好。菌丝体最初为白色，后逐渐蔓延成膜状。老熟后菌落表面有皱褶和气生菌丝，呈紫红色，菌落背面也有同样的颜色。

紫红曲霉喜酸性环境，生长最适pH值为3.5～5.0，但即使在pH值2.5时也能生存。生长最适温度为32～35℃，有时达40℃也能生长。对酒精有极强的抵抗力。

紫红曲霉在我国民间早有利用，主要用作食品及饮料的着色剂，用红曲配制红酒、玫瑰醋、红腐乳以及其他食品。此外用它制成的红曲又可以做中药，有消食活血、健脾胃的功能。近年来，紫红曲霉还被用来生产糖化酶等酶制剂。

8. 产黄头孢霉

菌丝分支，有隔，纤细，宽1～1.2μm，浅黄色；分生孢子梗短，不分支，无隔，微黄色；很少产生孢子。在籼米饭培养基上培养半月，可产生大量的不正常孢子，形态多样，单细胞或有一隔，直或弯曲，（5～12）μm×（2～4.2）μm。这种孢子壁较厚，可达0.5μm，可像分生孢子一样萌发繁殖。产生的头孢菌素 C 与青霉素一样同属 β-内酰胺类抗生素，毒性极低，其衍生物称为先锋霉素。

四、酵母菌

酵母菌是单细胞真核微生物，在自然界中普遍存在，主要分布于含糖质较多的偏酸性环境中，如水果、蔬菜、花蜜和植物叶子上，以及果园土壤中。石油酵母较多地分布在油田周围的土壤中。酵母菌大多为腐生。生长最适温度为 25～30℃。工业上常用的酵母菌有以下几种。

1. 啤酒酵母

啤酒酵母是酵母属中应用较广泛的一个种。

在麦芽汁培养基上生长的啤酒酵母，其细胞为圆形、卵圆形或椭圆形。细胞单生、双生或成短串或成团。酵母细胞大型的 (5～10)μm×(6～12)μm，小型的 (3～9)μm×(4.5～10)μm。

细胞的长宽比为 1～2。

根据啤酒酵母细胞长与宽的比例，可把它们分为三组。第一组酵母的细胞多为圆形、卵圆形，长宽比为 1～2。这个组的酵母主要供生产啤酒、白酒和酒精以及面包用。第二组酵母的细胞大多是卵形或长卵形，长宽比为 2。包括啤酒酵母的一些变种，如葡萄酒酵母等菌种，一般多供生产葡萄酒、果酒用。第三组酵母的细胞为长圆形，长宽比大于 2。这组酵母耐高渗透压，供发酵甘蔗糖蜜生产酒精用。

在麦芽汁琼脂培养基上，菌落为白色，有光泽、平坦、边缘整齐。在液体培养基中的生长有两类，工业上把发酵度较高，不易凝集沉淀，浮于上面的酵母称为上面酵母；把易于凝集沉淀，发酵度较低的酵母称为下面酵母。

啤酒酵母的无性繁殖为芽殖，有性繁殖能形成子囊孢子。一般每个子囊内含有 1～4 个圆形、卵圆形的表面光滑的子囊孢子。

啤酒酵母能发酵葡萄糖、蔗糖、麦芽糖及半乳糖，不能发酵乳糖及蜜二糖。对棉子糖只能发酵 1/3 左右。在氮源中能利用硫酸铵，不能利用硝酸钾。

啤酒酵母的应用范围十分广泛，常用于传统的发酵行业，如啤酒、白酒、果酒、酒精、药用酵母片以及制造面包等，所以又称为酿酒酵母。近几年来，还利用啤酒酵母提取核酸、麦角固醇、细胞色素 C、凝血质和辅酶 A 等。由于酵母菌体内的维生素、蛋白质含量较高，食用安全，所以啤酒酵母作为一种单细胞蛋白（SCP）可做食用、药用和饲料用酵母。它的转化酶可用于转化蔗糖，制造酒心巧克力。在维生素的微生物法测定中，啤酒酵母常被用于测定生物素、泛酸、硫胺素、肌醇等的含量。

2. 葡萄汁酵母

在麦芽汁中 25℃培养 3 天，细胞圆形、卵形、椭圆形或腊肠形。在麦芽汁琼脂培养基上菌落为乳白色，平滑、有光泽、边缘整齐。

能产生子囊孢子，每个子囊内有孢子 1～4 个。孢子呈圆形或椭圆形，表面光滑。此菌发酵能力甚强，在液体培养中常出现混浊现象。

葡萄汁酵母与啤酒酵母相似。主要的区别在于它能发酵棉子糖和蜜二糖。葡萄汁酵母也能发酵葡萄糖、蔗糖、麦芽糖和半乳糖。不能发酵乳糖。能利用硫酸铵，不能利用硝酸钾。葡萄汁酵母常用于啤酒酿造的底层发酵，也可食用、药用或做饲料。

3. 汉逊酵母

此属酵母营养细胞的形态多样，为圆形、椭圆形、卵圆形、腊肠形不等。多边芽殖，有的种类能形成假菌丝。

子囊形状与营养细胞相同。子囊孢子1～4个，形状为帽形、土星形、圆形、半圆形，表面光滑。

异常汉逊酵母异常变种是汉逊酵母属中一个常见的种。细胞圆形，直径4～7μm。也有腊肠形的，为(2.5～6)μm×(4.5～20)μm。腊肠形中也有长达30μm者。多边芽殖，能由细胞直接形成子囊，每个子囊内有1～4个子囊孢子，但大多数为2个。子囊孢子礼帽形，由子囊内放出后常不散开。该变种生长在麦芽汁琼脂斜面上的菌落平坦，呈乳白色、无光泽，边缘丝状。在麦芽汁中培养后，液面有白色菌璞，培养液变混浊，底部有菌体沉淀。不能发酵乳糖及蜜二糖。对麦芽糖及半乳糖或弱发酵或不发酵。能同化硝酸盐，氧化烃类能力亦强，能利用煤油做碳源。

此属酵母多能产生乙酸乙酯，从而增加产品香味，可用于酿酒和食品工业。但由于它们能利用酒精做碳源，又能在饮料表面产生干皱的菌璞，所以又是酒精生产的有害菌。

4. 球拟酵母

球拟酵母的细胞为球形、卵形或略长形。多边出芽繁殖。

在麦芽汁斜面上菌落为乳白色，表面皱褶，无光泽，边缘整齐或不整齐。在液体培养基中有沉渣及酵母环出现，有时亦能产生菌璞。

此属酵母有一定的经济意义，有些种能产生不同比例的甘油、赤鲜醇、D-阿拉伯糖醇，有时还有甘露醇。在适宜条件下，能将40%葡萄糖转化成多元醇。还有的能产生有机酸、油脂等。有的能利用烃类生产蛋白质。

此属菌酒精发酵能力较弱，能产生乙酸乙酯（因菌种而异），增加白酒和酱油的风味。

5. 假丝酵母

细胞圆形、卵形或长形，多边出芽繁殖，能形成假菌丝。在麦芽汁琼脂培养基上菌落为乳白色，平滑，有光泽，边缘整齐或菌丝状。液体培养时能形成浮膜。

能发酵葡萄糖、蔗糖、棉子糖。不能发酵麦芽糖、半乳糖、乳糖、蜜二糖。不分解脂肪。能同化硝酸盐。

假丝酵母的蛋白质和B族维生素含量都比啤酒酵母高。它能以尿素和硝酸盐做氮源，在培养基中不加其他因子即可生长。它能利用造纸工业中的亚硫酸废液，也能利用糖蜜、马铃薯淀粉和木材水解液等。因此能利用假丝酵母来处理工业和农副产品加工业的废弃物生产可食用的蛋白质，在综合利用中很有价值。此属中有的菌能转化50%的糖成为甘油。

假丝酵母也是脂肪酶的生产菌种，在工业上可用于绢纺原料的脱脂。

6. 毕赤酵母

细胞为椭圆形、长椭圆形或腊肠形，单个或成短链。异形接合形成子囊孢子。子囊孢子椭圆形。在麦芽汁琼脂上菌落为乳白色，无光泽，边缘有细缺口。在麦芽汁中培养，培养液表面有白而皱的粗糙的菌璞，底内有菌体沉淀。

此菌分解糖的能力弱，不产生酒精。能氧化酒精，能耐高或较高浓度酒精。常使酒类和酱油产生白花，形成浮膜，为酿造工业中的有害菌，如粉状毕赤酵母。

7. 红酵母

细胞圆形、卵形或长形。多边芽殖，有明显的红色或黄色色素。很多种因由荚膜而形成黏质状菌落。本属中有较好产脂肪的菌种，可由菌体提取大量脂肪。有的种对烃类有弱氧化作用，并能合成β-胡萝卜素。如黏红酵母黏红变种能氧化烷烃生产脂肪，含量可达干生物量的50%～60%。在一定条件下还能产生α-丙氨酸和谷氨酸，产蛋氨酸的能力也很强，可达干生物量的1%。

8. 棉病针孢酵母

棉病针孢酵母又名棉病囊霉。在麦芽汁和马铃薯培养基上26℃培养良好。开始时湿润的匍匐菌丝蔓延生长，菌落无色或灰白色，2～3天后渐趋淡黄色，5天后呈柠檬黄色，7～10天后菌落周围的培养基因核黄素的扩散而呈黄绿色。生物素是促进该菌生长的重要因素，甘氨酸对核黄素的产生有促进作用。曾有人报道，用猪油或玉米油可以代替所有碳源培养该菌，且生长良好；棉病囊霉能危害许多重要的经济作物，如棉花、柑橘、番茄等。最早是从染病的棉桃上分离而来的。该菌具有大量合成核黄素的能力，产量可达4187μg/mL，因此它是核黄素生产的重要菌种。

9. 白地霉

白地霉是地霉属中常见的一个种。裂殖，节孢子单个或连接成链，长筒形、方形，也有椭圆形的，末端钝圆。节孢子绝大多数为（4.9～9.6）μm×（5.4～16.6）μm。

在麦芽汁中，28～30℃培养一天，生白色璞。毛绒状或粉状，韧或易碎，为真菌丝。生长温度33～37℃。对葡萄糖、甘露糖、果糖等发酵较弱。能同化甘油、乙醇、山梨醇、甘露醇。能分解果胶、油脂等。不同化硝酸盐。菌体细胞含有丰富的蛋白质、脂肪、维生素和大量的核酸。它具有适应性强、生长快、产量大、培养方法简单等特点。

白地霉菌体的蛋白质营养价值很高，可供食用和饲料用，也可用来提取核酸，在废料废水的综合利用上很有价值。在制曲中，白地霉的污染会降低糖化能力，直接影响出酒率，所以它是白酒生产中的有害菌。

第二节 育种的遗传学基础

遗传是指经由基因的传递，使后代获得亲代的特征。变异是指生物体子代与亲代之间有差异，子代个体之间有差异的现象。遗传和变异均是生物体的属性。变异分两大类，即可遗传变异与不可遗传变异。现代遗传学表明，不可遗传变异与进化无关，与进化有关的是可遗传变异，前者是由于环境变化而造成，不会遗传给后代，如由于营养条件不足而造成的生物体瘦弱矮小、发育不良等；后一变异是由于遗传物质的改变所致，其方式有突变（包括基因突变、染色体变异和质粒脱落等）与基因重组。遗传和变异是生物界的普遍规律，没有遗传则生物的特性就无法保持与传代；没有变异则生物就没有进化和发展。种瓜得瓜，种豆得豆，就形象地描述了生物的遗传性。微生物也和其他生物一样，在一定条件下，亲代总是把自身的形态特征和生理性质传给它的后代，同时，还会在不同程度上出现差异。下面主要介绍遗传物质的确定实验及存在方式。

一、典型实验

1. 肺炎双球菌转化的小鼠实验

1869年瑞士青年科学家米歇尔（F. Miescher）由脓细胞分离得到细胞核，并从中提取出一种含磷量很高的酸性化合物，称为核素，虽然还没有肯定这就是生命的遗传物质，但这是由实验方法分离得到核酸的最早记录。1928年英国的细菌学家格里菲斯（Griffith）首先发现肺炎双球菌的转化现象。肺炎双球菌存在两种类型：能致死的光滑型（S）和不能致死的粗糙型（R）。选取小白鼠做实验对象，实验如下。

① 在活的小鼠体内注射活的S型菌后小鼠死亡。

② 在活的小鼠体内注射活的R型菌或热致死的S型菌后小鼠不死亡。

③ 在活的小鼠体内注射活的R型菌和热致死的S型菌后小鼠死亡。

④ 将活的R型菌和热致死的S型菌单独培养不能获得活的S型菌。

①、②两个实验只是验证了S型菌致死、R型菌不致死这两个条件，那么④表明③中导致小鼠死亡的原因在于活的R型菌和热致死的S型菌在混合生长过程中出现了转化并最终进行了表达，有活的S型菌产生，所以导致小鼠死亡。从以上实验中，我们只能得出一个结论：死的S型菌细胞中有某种或某几种成分转移至活的R型菌细胞中，并成功实现了转化、表达。

那么，这到底是哪些成分呢？我们继续做实验来解答疑惑。

1944年，O. T. Avery、C. M. Macleod和M. Mcarty从热致死的S型菌中提纯了可能作为转化因子的各种成分，并在离体条件下进行了转化实验（图4-1）。

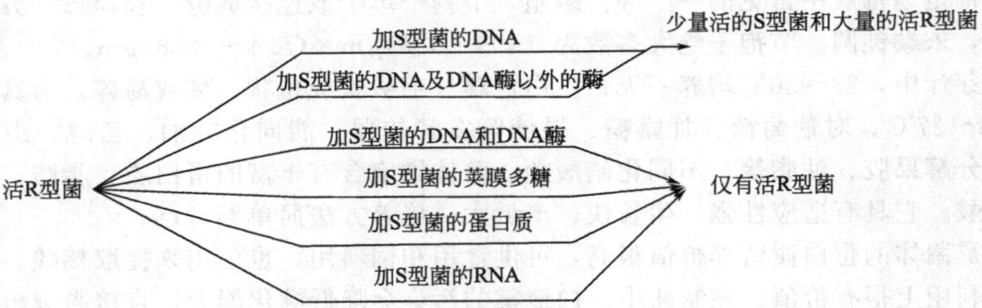

图4-1 肺炎双球菌离体转化实验

由此，我们可以得出一个结论：只有S型细菌的DNA才能将双球菌的R型转化为S型。所以，我们可以说，死的S型菌细胞中有某种或某几种成分转移至活的R型菌细胞中并成功实现了转化、表达，这一成分即DNA。因此，DNA才是遗传物质。

2. 植物病毒的重建实验

病毒只有内部的核酸和外部包裹的蛋白质外壳，成分最少，干扰也最少，因此，说服力也更强。1965年美国学者法朗克-康勒特（Fraenkel-Conrat）用含RNA的烟草花叶病毒（TMV）和另一株与TMV近似的霍氏车前花叶病毒（HRV）进行了植物病毒重建实验，如图4-2所示。

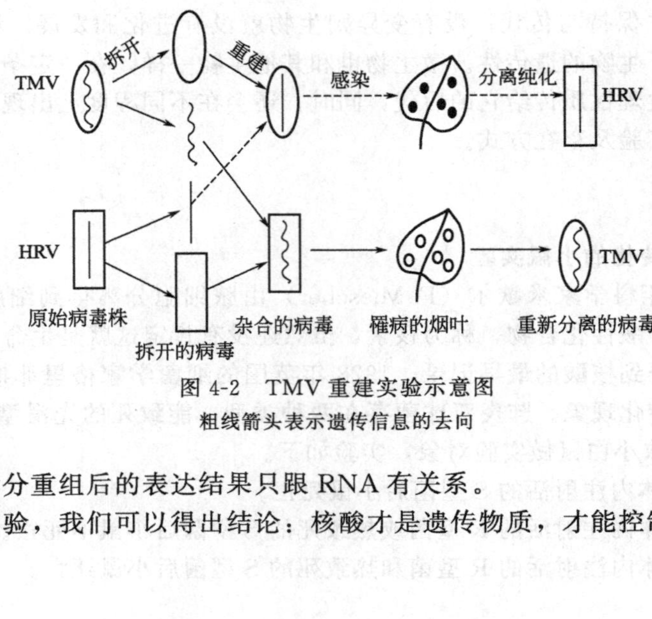

图4-2 TMV重建实验示意图

粗线箭头表示遗传信息的去向

因此，病毒拆分重组后的表达结果只跟RNA有关系。

综合这两个实验，我们可以得出结论：核酸才是遗传物质，才能控制种的传递性。

二、遗传物质的存在方式

无论是原核生物、真核生物还是病毒，遗传物质的存在方式无外乎这么两种：染色体和质粒。

1. 染色体

染色体是细胞内具有遗传性质的物体，易被碱性染料染成深色，所以叫染色体（染色质）。其本质是脱氧核甘酸，是能用碱性染料染色、有结构的线状体，是遗传物质基因的载体。

① 同源染色体，即一个来自于母体，一个来自于父体的大小相似可以配对的染色体。

② 异源染色体，即不是来自同个种的染色体（比如：大肠杆菌和啤酒酵母）。

③ 姐妹染色单体，即存在于染色体分裂间期到后期之间，由一个染色体复制而来的呈X型结合的两个染色体中的其中一个。

④ 单倍体，即具有配子染色体的细胞或个体，仅由一个基因组（对于原核生物来说，基因组就是它的整个染色体；对于二倍体的真核生物来说，基因组指能够维持其配子或配子体的正常生理功能的数目最低的一套染色体）所构成的个体（如细菌的芽孢）。

⑤ 多倍体，即体细胞中含有三个或三个以上基因组的个体，多倍体在生物界广泛存在，常见于高等植物（如三倍体无籽西瓜）中，由于基因组来源不同，可分为同源多倍体和异源多倍体。

⑥ 常染色体，即与性别无关的染色体（如人的22对常染色体）。

⑦ 性染色体，即与性别有关的染色体（如人的X染色体、Y染色体）。

2. 质粒

质粒是细菌染色体以外的遗传物质，为闭合环状的双链DNA，存在于细胞质中，质粒主要编码细菌生命所非必需的某些生物学性状，如性菌毛、毒素和耐药性等。质粒具有可自主复制、传给子代，也可丢失及在细菌之间转移等特性，与细菌的遗传变异有关。

质粒是真核细胞细胞核外能够进行自主复制的遗传单位，包括真核生物细胞器（主要指线粒体和叶绿体）中的环状DNA分子。现在习惯上用来专指细菌（大肠杆菌）、酵母菌和放线菌等生物中细胞核或拟核中的染色体DNA以外的DNA分子。在现代生物学中质粒常被用作载体，如细菌接合操作中，F质粒（即性因子）充当DNA转移传递的载体。许多细菌除了拟核中的DNA外，还有大量很小的环状DNA分子，这就是质粒（部分质粒为RNA）。质粒上常有抗生素的抗性基因，例如，卡那霉素抗性基因或四环素抗性基因等。有些质粒称为附加体，这类质粒能够整合进真菌的染色体，也能从整合位置上切离下来成为游离于染色体外的DNA分子。质粒在宿主细胞体内外都可复制。

目前，已发现有质粒的细菌有几百种，绝大多数的细菌质粒都是闭合环状DNA分子（简称cccDNA）。细菌质粒的相对分子质量一般较小，为细菌染色体的0.5%～3%。根据相对分子质量的大小，大致上可以把质粒分成大小两类：较大一类的相对分子质量是4×10^7以上，较小一类的相对分子质量是1×10^7以下，少数质粒的相对分子质量介于两者之间。

细胞中的质粒数主要决定于质粒本身的复制特性。按照复制性质，可以把质粒分为两类：一类是严紧型质粒，当细胞染色体复制一次时，质粒也复制一次，每个细胞内只有1～2个质粒；另一类是松弛型质粒，当染色体复制停止后仍然能继续复制，每一个细胞内一般有20个左右质粒。这些质粒的复制是在寄主细胞的松弛控制之下的，每个细胞中含有10～200份拷贝，如果用一定的药物处理来抑制寄主蛋白质的合成还会使质粒拷贝数增至几千份。如较早的质粒PBR322即属于松弛型质粒，要经过氯霉素处理才能达到更高拷贝数。一般分子量较大的质粒属严紧型，分子量较小的质粒属松弛型。质粒的复制有时和它们的宿主细胞有关，某些质粒在大肠杆菌内的复制属严紧型，而在变形杆菌内则属松弛型。

第三节 自然选育技术

常用的菌种选育方法见图 4-3 所示。

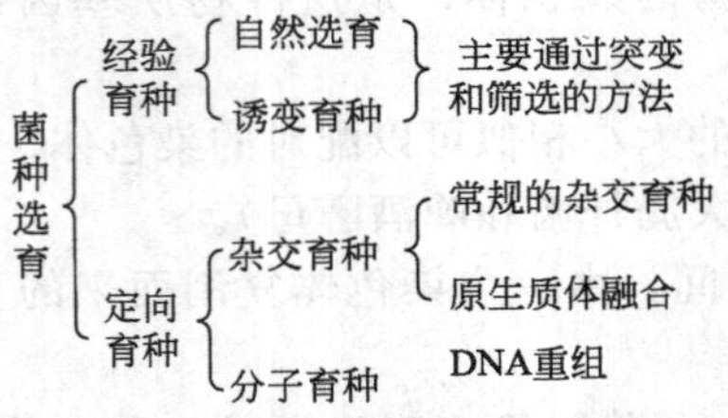

图 4-3 常用的菌种选育方法

工业微生物菌种一般可以通过以下渠道获得：

① 从微生物菌种保藏机构购买菌种；

② 从自然界或现有菌种中分离筛选菌种；

③ 对筛选出的菌种进行改良从而获得新种。

从自然界中分离微生物菌种是最初获得工业微生物菌种的主要方式，从土壤中分离微生物菌种则是其中较为典型的分离方式之一。但土壤中微生物的种类繁杂，要想获得目标菌将要花费超大量的资金和时间。一些全球性大型微生物菌株研发公司的经验充分证实了这一点。据资料记载美国辉瑞制药有限公司为了筛选一个广谱抗生素，花费了数百万美元的资金；美国默沙东公司曾经通过分离研究一万株菌株才获得一株有用的微生物；美国礼来公司花了十年时间，从 40 万株微生物中发现了三个新抗生素生产菌株。由此可见，直接从自然界中通过分离的方式获得生产菌种显然是不经济的。

利用现有生产菌株，根据特定目标设计一种合理的筛选方法，淘汰不合目标特性的菌株，有可能在相对较短的时间获得有益于提高投资效益和生产能力的优良菌株。

例如 1977 年在单细胞菌体蛋白生产的研究中，研究人员就是利用现有菌株筛选获得了一株嗜热放线菌，他们确定的具体筛选目标如下。

① 最适生长温度：55℃，可以节省冷却费用。

② 蛋白质组成：甲硫氨酸含量较高，可作为饲料蛋白质的添加剂。

③ 菌体形态：丝状，可以简化从发酵液中获取菌体的过滤技术。

从自然界中直接分离筛选菌种的过程一般分为采样、增殖培养、纯种分离及纯培养、生产性能测定四个基本步骤。从现有菌种中分离筛选则可直接从分离开始进行。

现以从土壤中分离筛选细菌菌种为例，介绍分离筛选的主要步骤。

一、采样

1. 选择采样地点

自然界中可用于工业生产的微生物样本是极其丰富的。土壤、水、植被、组织结构等都含有众多微生物。整体来看，土壤含菌量最多，是采集、分离菌种、菌株的最好介质。

一般在有机质较多的肥沃土壤中，微生物的数量最多；中性偏碱的土壤以细菌、放线菌为主；酸性红土壤及森林土壤中霉菌较多；果园、菜园和野果生长区等富含碳水化合物的土壤和沼泽地中，酵母和霉菌也较多。

2. 确定采样时间

采样应充分考虑采样的季节性和时间因素，以温度适中，雨量不多的秋初为好。如在夏季或冬季土壤中微生物存活数量较少，暴雨后土壤中微生物也会显著减少。

3. 采样

在合适的时间选好适当地点，用无菌刮铲、土样采集器等，采集有代表性的样品。具体采集土样时，就森林、旱地、草地而言，可先掘洞，由土壤自下向上层顺序采集；就水田等浸水土壤而言，一般是在不损土层结构的情况下插入圆筒采集。如果层次要求不严格，可取离地面 50～150mm 处的土。将采集到的土样盛入清洁的聚乙烯袋、牛皮纸袋或玻璃瓶中。采好的样品必须完整地标明样品的种类、采集日期、地点以及采集地点的地理、生态参数等。采好的样品应及时处理，暂不能处理的应在 4℃条件下贮存，但贮存时间不宜过长。这是因为一旦采样结束，试样中的微生物群体就脱离了原来的生态环境，其内部生态环境就会发生变化，微生物群体之间就会出现消长。

二、增殖培养

一般情况下，采来的样品可以直接进行分离。但为了扬长避短提高目标菌的数量，增加分离的概率，最好先进行增殖培养。进行增殖培养时可根据预定的技术措施和菌种特性，人为地加入一定的限制因素，以使所需的微生物增殖后在数量上占绝对优势。这些限制因素主要包括选择性的配制培养基（如营养成分、添加抑制剂等）和一定的培养条件（如培养温度、培养基酸碱度等）。

可以采用的方法如下。

1. 控制培养基中碳源的种类

在选择碳源时根据微生物利用碳源的特点，可选定糖、淀粉、纤维素或者石油等，以其中的一种为唯一碳源，那么只有能利用这种碳源的微生物才能大量正常生长，而其他微生物就可能死亡或被淘汰。

2. 添加某些抑制或促进因子

在分离细菌时，培养基中添加浓度一般为 50μg/mL 的抗真菌剂（如放线菌酮和制霉素），可以抑制真菌生长。在分离放线菌时，通常于培养基中加入 1～5mL 天然浸出汁（植物、岩石、有机混合腐质等的浸出汁）作为最初分离的促进因子，由此可以分离出更多不同类型的放线菌。

在分离霉菌和酵母时，培养基中添加浓度一般为 50μg/mL 的抑菌剂（如抗生素），可以抑制细菌生长。

3. 控制培养条件

在分离梭状芽孢杆菌时，可利用该菌的厌氧特性，控制为厌氧培养环境，这样好氧菌就不易生长而受到抑制，只有厌氧菌可以优势生长。分离霉菌和酵母时选择在适合真菌生长的培养条件均可，即 25～28℃，3～5 天。

三、纯种分离及纯培养

通过增殖培养，样品中的微生物还是处于混杂生长状态，因此还必须分离、纯化。常用的分离方法有稀释分离法、划线分离法和组织分离法。

1. 稀释分离法

将样品进行适当稀释，然后将稀释液涂布接种于培养基平板上进行培养，待长出独立的单个菌落，进行挑选分离。

2. 划线分离法

要首先铺培养基平板，然后用接种针（接种环）挑取样品，在平板上划线。划线方法可用分步划线法或一次划线法，无论用哪种方法，基本原则是确保培养出单个菌落。

经过上述分离培养成功后，会在平板上出现很多单个菌落。通过菌落形态观察，选出符合目标菌特征的菌落进行纯培养。在进行纯培养操作时，要先取目标菌落的一半进一步进行菌种鉴定，如果符合要求则可将另一半菌落转移到试管斜面进行纯培养。

四、生产性能测定

这种从自然界中分离得到的纯种称为野生型菌株，它只是筛选的第一步，所得菌种是否具有生产上的实用价值，能否作为生产菌株，还必须采用与生产相近的培养基和培养条件，通过三角瓶进行小型发酵试验，以求得到适合于工业生产用的菌种。如果所得到的野生型菌株产量偏低，达不到工业生产的要求，仍可以保留作为菌种选育的出发菌株。

第四节 诱变选育技术

诱变育种是指用人工的方法处理微生物，使它们发生突变，再从中筛选出符合要求的突变菌株，供生产和科学实验用。诱变育种有极其重要的实践意义，当今发酵工业所使用的高产菌株，几乎都是通过诱变育种而大大提高了生产性能的突变株。不仅如此，诱变育种与其他育种方法相比，具有操作简便、速度快和收效大的优点，至今仍是一种重要的、广泛应用的微生物育种方法。诱变育种包括出发菌种选择、诱变处理和筛选突变株三个主要步骤。

一、诱变选育的一般步骤

1. 选择出发菌种

出发菌种是指用于诱变的原始菌种。出发菌种可以是从自然界的土样或水样中分离出来的野生型菌种；也可以是生产中正在使用的菌种；还可以是从菌种保藏机构购买的。选择的原则是菌种要对诱变剂的敏感性强、变异幅度大、产量高。

2. 同步培养

在诱变育种前，最好选用生理状态一致的单细胞或单孢子，并尽量使菌悬液中细胞达到同步生长，即处于同一生长周期。具体做法有两类，一类是通过环境条件来诱导同步性，例如变换温度、光线，或向处于稳定期的菌悬液中添加新鲜培养基；另一类是用物理方法将同步生长中的细胞挑选出来，例如将非同步的细菌培养液通过大小不同的微孔过滤器，从而将大小不同的细胞分开，分别取滤液培养，就可获得同步生长的细胞。

3. 制备单细胞或单孢子菌悬液

为了使每个细胞都能均匀接触诱变剂，通常要将出发菌种先制成单细胞（或单孢子）菌浮液，再进行诱变处理。菌悬液一般用无菌生理盐水或缓冲溶液配制，特别是用化学诱变剂进行诱变处理时，使用缓冲溶液可以克服处理过程中 pH 值变化带来的干扰。菌悬液的细胞或孢子浓度一般可以控制在 10^6～10^8个/mL，处理酵母菌或霉菌时控制在 10^6～10^7个/mL，处理细菌或放线菌时控制在 10^8个/mL。另外为保证诱变效果，还要注意菌悬液的分散度。可采用先用玻璃珠振荡分散，再用脱脂棉或滤纸过滤，经过这样的处理分散度可以达到90%以上。

4. 诱变处理

在实践中，选用哪种诱变剂、剂量大小、处理时间长短等，都要视具体情况和条件，并经过预备实验之后才能确定。

(1) 诱变剂种类　诱变剂包括物理诱变剂、化学诱变剂和生物诱变剂。物理诱变剂有紫外线、X 射线、γ 射线、快中子等。化学诱变剂有 1-甲基-3-硝基-1-亚硝基胍（NTG)、甲基磺酸乙酯（EMS）、甲基亚硝基脲（NMU）、硫酸二乙酯（DES）和环氧乙烷等。生物诱变剂为噬菌体和基因诱变剂。目前常用的诱变剂主要有紫外线、硫酸二乙酯、1-甲基-3-硝基-1-亚硝基胍和 NMU 等。后两种的诱变效果比较突出，被誉为“超诱变剂”。

(2) 剂量　剂量一般指作用强度与作用时间的乘积。剂量的选择受处理条件、菌种情况、诱变剂种类等多种因素的影响。在育种实践中，常采用杀菌率作为各种诱变剂的相对剂量。要确定一个合适的剂量，通常要进行多次试验。在实际工作中，突变率往往随剂量的增高而提高，但达到一定程度后，再提高剂量反而会使突变率下降。根据对紫外线、X 射线和乙烯亚胺等诱变效应的研究结果，发现正向突变较多地出现在偏低的剂量中，而负向突变则较多地出现于偏高的剂量中，还发现经多次诱变而提高产量的菌株中，高剂量更容易出现负变。因此，在诱变育种工作中，目前比较倾向于采用较低的剂量。例如，过去在用紫外线做诱变剂时，常采用杀菌率为 99% 的剂量，而近年来则倾向于采用杀菌率为 30%～75% 的剂量。具体诱变剂的使用见表 4-1。

表 4-1　诱变剂的使用

诱变剂	诱变剂的剂量	处理时间	缓冲剂	中止反应方法
亚硝酸（HNO_2）	0.01～0.1mol/L	5～10min	pH 值 4.5，1mol/L 乙酸缓冲液	pH 值 8.6，0.07 磷酸二氢钠
硫酸二乙酯（DES）	0.5%～1%	10～30min，孢子 18～24h	pH 值 7.0，0.1mol/L 磷酸缓冲液	硫代硫酸钠或大量稀释
甲基磺酸乙酯（EMS）	0.05～0.5mol/L	10～60min，孢子 3～6h	pH 值 7.0，0.1mol/L 磷酸缓冲液	硫代硫酸钠或大量稀释
亚硝基胍（NTG）	0.1～1.0mol/mL，孢子 3mg/mL	15～60min，90～120min	pH 值 7.0，0.1mol/L 磷酸缓冲液或 Tris 缓冲液	大量稀释
甲基亚硝基脲（NMU）	0.1～1.0mol/mL	15～90min	pH 值 6.0～7.0，0.1mol/L 磷酸缓冲剂或 Tris 缓冲液	大量稀释
氮芥	0.1～1.0mol/mL	5～10min	$NaHCO_3$	甘氨酸或大量稀释
乙烯亚胺	1∶(1000～10000)	30～60min		硫代硫酸钠或大量稀释
羟胺（$NH_2OH \cdot HCl$）	0.1%～0.5%	数小时或生长过程中诱变		大量稀释
氯化锂（LiCl）	0.3%～0.5%	加入培养基中，在生长过程中诱变		大量稀释
秋水仙碱（$C_{22}H_{25}NO_6$）	0.01%～0.2%	加入培养基中，在生长过程中诱变		大量稀释

此外诱变剂的复合处理常呈现一定的协同效应，因而对育种有利。复合处理的方法包括两种或多种诱变剂的先后使用，同一种诱变剂的重复使用，两种或多种诱变剂的同时使用等。

5. 筛选变异菌株

菌种经诱变处理后会产生各种各样的突变类型，但其中绝大多数是负突变菌株。筛选的目标是通过尽可能少的工作，将诱变后可能出现的正突变菌株从大量的突变菌株中分离鉴定出来。要获得预定的突变类型主要靠科学的筛选方案和筛选方法，一般要采用初筛和复筛两个阶段进行筛选。

(1) 初筛　初筛的目的是快速对单个菌落进行定性。一般通过平板稀释法获得单个菌落，再确定单个菌落是否为正突变型菌株。初筛的方法有两类。一类是快速定性法，即对平板稀释法获得的各个菌落进行有关性状的初步测定，从中选出具有优良性状的菌落。

例如，对抗生素产生菌来说，选出抑菌圈大的菌落；对于蛋白酶产生菌来说，选出透明圈大的菌落。此法快速、简便，结果直观性强。缺点是培养皿的培养条件与三角瓶、发酵罐的培养条件相差大，两者结果常不一致。

另一类则是与复筛相似的较为精准的定量法。

(2) 复筛　复筛的目的是对初筛选后获得的菌株进行有关性状的精确定量。一般要在摇瓶或台式发酵罐中进行培养，经过精细的分析测定，得出准确的数据。

(3) 菌种筛选实例　现以青霉素产生菌高产突变菌种的筛选为例加以说明。将经诱变处理的菌液按一定浓度稀释后，涂布在平板培养基上。培养后，将长出的单个菌落接种到斜面培养基上。经培养后，再将每一支斜面上的培养物分别接种摇瓶，经振荡培养后测它们的抗生素效价。这就是初筛。当初筛中所得到的突变株对照效价超过10%时，再进行复筛。复筛的过程与初筛基本相同，只是复筛时一般将每支斜面上的培养物分别接种到三个摇瓶中，得出平均效价。复筛可进行1～3次。

(4) 平皿快速检测法　为了缩短筛选周期，尽量减少不必要的工作，人们一直在不断探索既简单快速又比较准确的筛选方法。目前已经有一些比较成熟的简便筛选方法，例如利用变异株的平皿反应直接挑取高产变异株就是其中的一种。

平皿快速检测法是利用菌体在特定固体培养基平板上的生理生化反应，将肉眼观察不到的产量性状转化成可见的“形态”变化。实际是指每个变异菌落产生的代谢产物与培养基内的指示物在平板上表现出的一些容易观察判断的生理效应，比如变色圈、透明圈、生长圈、抑菌圈等（图4-4）。

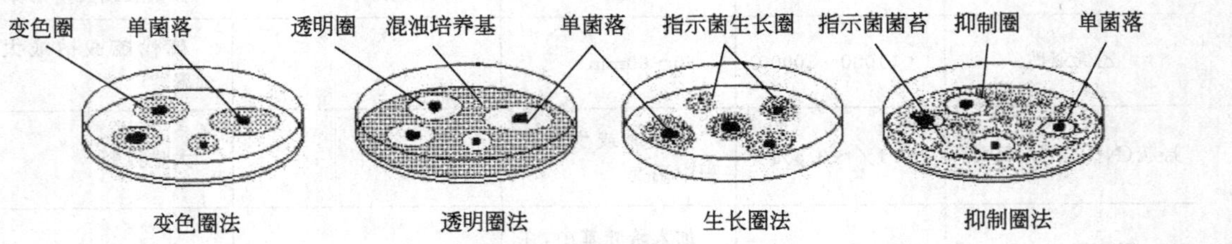

图4-4　平皿快速检测法

这些生理效应的大小，表示了变异菌株生产能力的高低。以这些生理效应的大小作为筛选的标志，从而直接将高产菌株从平皿培养物中挑选出来，以简化变异菌株的筛选工作。

常用的平皿快速检测方法如下。

① 纸片培养显色法　此法是将指示剂直接掺入或喷洒入固体培养基中，由于菌种的生长繁殖而改变了指示剂所处的环境，因而在菌落周围形成了变色圈。这种方法适合于多种生理指标的测定，如淀粉酶变色圈（用碘液使淀粉显色）大小的测定，氨基酸显色圈（转印到滤纸上再用茚三酮显色）大小的测定，柠檬酸变色圈（用溴甲酚蓝做指示剂）大小的测定

等。根据这些生理效应的大小来估计相应代谢产物的产量。下面以筛选柠檬酸产生菌为例加以说明：

将与培养皿大小一致的滤纸片浸入含有0.02%溴甲酚蓝指示剂的培养基中，再将滤纸片放在培养皿中，用牛津杯架空，中间放一小块浸有3%甘油的脱脂棉以保湿，用接种环将适当浓度的菌悬液接种到滤纸上，保温培养，培养后可在菌落周围见到因产酸而出现的变色圈。最后，根据变色圈与菌落直径的比值计算出该菌的产酸能力。

② 透明圈法　此法是在固体培养基中渗入溶解性差、可被特定菌利用的营养成分，造成不透明的培养基背景，菌种生长繁殖并形成菌落的同时由于利用了此物质而形成了透明圈。

有人将产蛋白酶的酱油曲霉突变体用紫外线处理，使之再变异，然后在含酪素的琼脂培养基上使其长出菌落，利用菌落周围透明圈的大小，选出了优良高产菌株U34，该菌的产酶活力约为出发菌株的6倍。

③ 琼脂块培养法　此法是筛选抗生素产生菌较为理想的一种方法，具体做法是：将诱变后的孢子悬液涂布在琼脂平板上，29℃培养2天，待长出稀疏的小菌落后，用打孔器取出长有单菌落的琼脂小块，并把它整齐地放入灭过菌的空培养皿中，保持一定温湿度，在29℃继续培养4～5天，使其产生抗生素并分泌在琼脂块内，然后将这些琼脂块移置于铺有实验菌的大方盘内，在29℃培养17～18h，观察抑菌圈大小，选取抑菌圈大的转接于斜面培养基。

这种方法的特点是当菌种刚长出小菌落时便用打孔器将它们分别取出培养，在这种条件下，各琼脂块所含的养料和接触空气的面积基本相同，而且产生的代谢产物也无处扩散，所以用这种方法获得的数据与摇瓶培养十分相似，然而工作效率却大大提高了。

通过上述初筛、复筛后选出的高产稳定菌种，还必须经过小型或中型的投产试验，才能用于生产。

二、营养缺陷型突变菌株的筛选

营养缺陷型突变菌株不仅在生产中可直接作为发酵生产核苷酸、氨基酸等中间产物的生产菌，而且在科学实验中也是研究代谢途径的好材料和研究杂交、转化、转导、原生质融合等遗传规律必不可少的遗传标记菌种。

1. 常用的几个术语

为方便对营养缺陷型突变菌株筛选过程的介绍，首先解释与之相关的几个术语。

(1) 营养缺陷型　是指某一野生型菌株由于发生基因突变而丧失合成一种或几种生长因子的能力，因而无法在基本培养基上正常生长繁殖的变异类型。

(2) 野生型　从自然界分离到的任何微生物在其发生营养缺陷型突变前的原始菌株。

(3) 原养型　一般指营养缺陷型突变株经回变或重组后产生的菌株，其营养要求在表型上与野生型相同。

(4) 基本培养基（MM）　指仅能满足某种微生物的野生型菌株生长最低限度需要的合成培养基。

(5) 补充培养基（SM）　指在基本培养基中添加某种营养物质，以满足该种营养缺陷型菌株生长需要的合成或半合成培养基。例如在MM中加入蛋白胨（其中含多种氨基酸）便可以用来培养各种氨基酸的缺陷型菌株；加入酵母浸膏（含多种B族维生素和核苷酸）便可以培养不同的维生素、嘌呤和嘧啶缺陷型菌株。

(6) 完全培养基（CM）　指可以满足某种微生物所有营养缺陷型生长需要的天然或半

合成培养基。

2. 筛选过程

营养缺陷型突变株的筛选一般经过诱变处理、淘汰野生型、检出营养缺陷型、营养缺陷型鉴定等步骤，最终筛选出营养缺陷型菌株。

(1) 淘汰野生型菌株（或称为浓缩缺陷型） 经诱变处理培养后的细胞中除包含营养缺陷型菌株外，仍含有大量野生型菌株。为便于筛选，必须将野生型细胞大量淘汰以浓缩营养缺陷型细胞。常用淘汰野生型细胞的方法有抗生素法和过滤法，这两种方法主要依据了野生型细胞和营养缺陷型细胞在MM上的生长特性而设计的。

① 抗生素法 抗生素法的基本原理是野生型细胞能在基本培养基上生长繁殖，可选用某种抗生素将这些处于生长状态的细胞杀死，而留下不能生长的缺陷型细胞。

② 过滤法 过滤法是使能在基本培养基上生长形成菌丝体的野生型留在滤膜上，不能生长的营养缺陷型孢子则能透过滤膜。

由此可见，缺陷型能否被浓缩，关键是细胞在MM中能否生长。为了准确地表现细胞性状，必须使细胞在浓缩前耗尽体内或体表的营养，故需用MM充分洗涤。

(2) 营养缺陷型的检出 浓缩后得到的营养缺陷型比例虽明显提高，但不是每株都是营养缺陷型，还需进一步分离，常用的方法如下。

① 逐个检出法 把浓缩的菌液（细胞或孢子）在CM上进行分离培养，然后将平板上出现的菌落逐个、同时点种到MM和CM上，经过一定时间培养后，凡是在MM上不能生长，而在CM上能生长的菌落，经重新复证后仍然如此，则这样的菌落便是营养缺陷型（图4-5）。

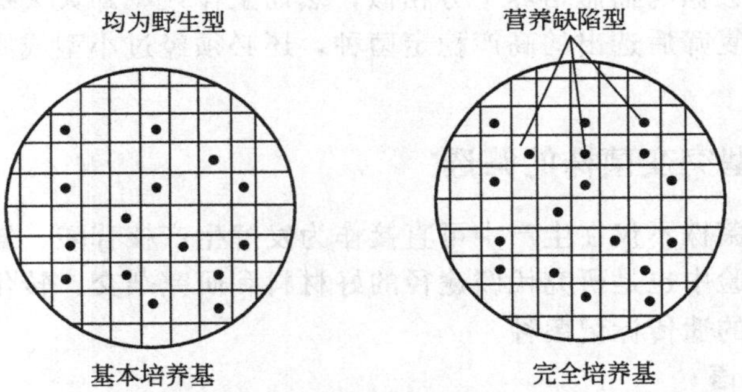

图4-5 营养缺陷型菌株逐个检出法

② 夹层检出法 在培养皿底层先倒入一层MM，待凝固后，在其上面倒入一层稀释菌液与MM的混合物（凝固后可再倒入一层MM），培养后长出的菌落为野生型，在其上面再加上一层CM，经过培养后新出现的小菌落则多数是营养缺陷型。这种方法一般适用于细菌（图4-6）。

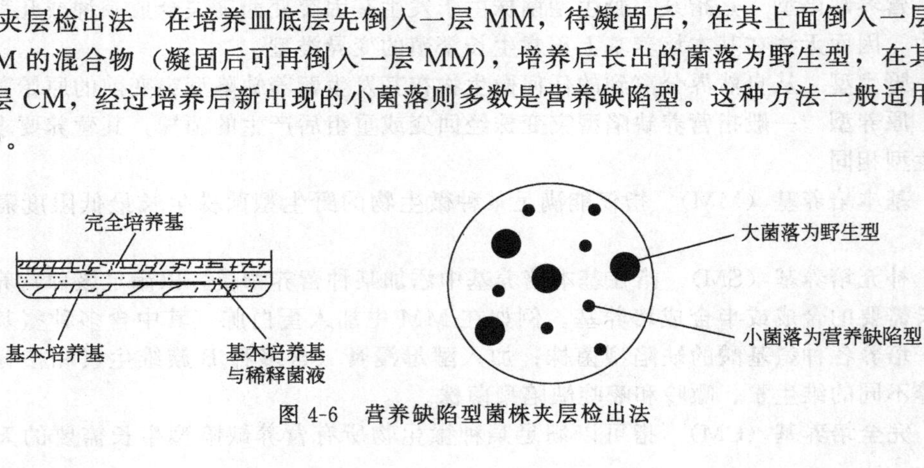

图4-6 营养缺陷型菌株夹层检出法

③ 限量补充培养基检出法 将经过浓缩的菌液接种在含有微量（0.6％或更少）蛋白胨的 MM 上培养，野生型菌株能够迅速生长成较大的菌落，而营养缺陷型菌株生长较慢，故长成小菌落从而得以检出。

④ 影印检出法 将已灭菌的丝绒布包在直径小于培养皿的小圆柱体上，这样便制成了一个类似印章的工具，它可使菌落位置不变地从一个培养皿移至另一个培养皿。具体操作方法是：把印章放在已长出菌落的平皿（完全培养基）上轻轻压一下（注意不要沾上培养基），然后轻轻地分别印在基本培养基和完全培养基上。经过培养后，在完全培养基上生长，而在基本培养基上不生长的菌落便是营养缺陷型。影印检出法是在细菌抗药性变异研究中发展起来的技术，目前已在放线菌、酵母菌等形成小菌落的微生物育种中广泛应用。因霉菌孢子容易飞散，故常引起误差（图 4-7）。

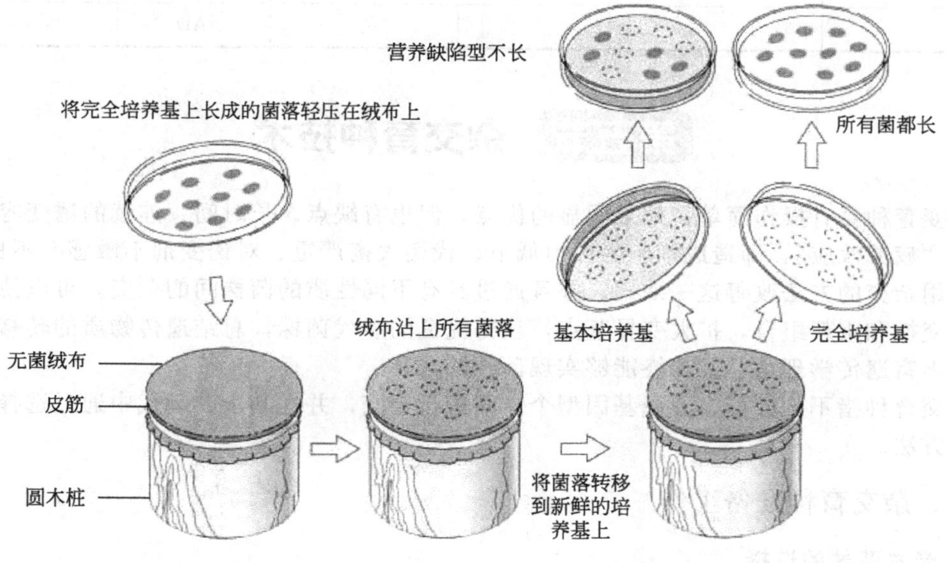

图 4-7 营养缺陷型菌株影印检出法

(3) 营养缺陷型的鉴定 营养缺陷型的种类很多，选出后需要鉴定。常用生长谱法，即在基本培养基中加入某种物质时，能生长的菌便是该种物质的缺陷型。其步骤是，首先鉴定需要哪一类生长因子，可用天然产物的混合物检测，其次鉴定具体因子。

① 缺陷营养类别的确定 常用于确定营养缺陷型类别的天然混合物有：不含维生素的酪素水解物、氨基酸混合物或蛋白胨；水溶性维生素混合物；0.1％碱水解酵母核酸液等。检测方法可用滤纸法。取直径 5mm 的滤纸片分别沾取以上混合物溶液，放在已接菌的平皿上培养，只要在滤片周围长出菌，即可判断出此营养缺陷型的类别。

② 缺陷营养因子的确定 缺陷营养因子可能是一种，也可能是两三种或更多。检测时可用上述滤纸法，也可用营养组分分组法，例如，在分析 15 种可能的营养因子时，可按表 4-2 的组合配成 5 种溶液。将分别沾有 5 组营养因子溶液的纸片放置于 MM 上，观察生长情况，根据表 4-2 营养因子的组合及其缺陷示意表中营养因子缺陷示意栏查出其营养缺陷因子，然后再通过单一因子复证以最终确定。

表 4-2 营养因子的组合及其缺陷示意表

营养因子的组合		营养因子缺陷示意			
溶液组合编号	组合的营养因子	生长组合	营养因子缺陷	生长组合	营养因子缺陷
A	1 2 3 4 5	A	1	AE	5
B	2 6 7 8 9	B	6	BC	7
C	3 7 10 11 12	C	10	BD	8
D	4 8 11 13 14	D	13	BE	9
E	5 9 12 14 15	E	15	CD	11
		AB	2	CE	12
		AC	3	DE	14
				AD	4

第五节 杂交育种技术

诱变育种具有操作简单、效果明显的优点，但也有缺点。长时间、连续的诱变容易使细胞产生“疲劳效应”，即造成细胞生活力低下、代谢失衡严重、对诱变剂不敏感等不良反应，可以采用杂交的方法改善这一缺憾。并且通过具有不同性质的菌株间的杂交，可以使遗传物质进行交换和重新组合，扩大变异基点，获得优良的后代菌株，总结遗传物质的转移和交换规律，丰富遗传学理论，并最终能够实现菌种的选育。

杂交育种指不同种群、不同基因型个体间进行杂交，并在其杂种后代中通过选择而育成纯种的方法。

一、杂交育种准备工作

1. 亲本菌株的选择

原始亲本要求具备某一或某几项值得选择的优良性状，如生产能力强、抗菌性强、产孢能力强等，而且，用于杂交的两个亲本之间可以取长补短，最后得到的重组体应该是集合了两亲本优良性状的集合体，而不良性状能全部或部分排除。两亲本是否同宗则没有严格的要求，但是为了达到大的突变幅度，应选用亲株间遗传性状差异较大者进行实验；为了杂交后菌株能快速稳定投产，则应选用遗传性状差异较小者进行杂交。具体操作中选择原则应实事求是。

选定原始亲本后，需要制备出能够直接用于杂交的细胞群，即直接亲本。直接亲本间要求具有稳定的遗传标记及亲和力才能够用于杂交实验。为了使重组体的检出能够更加高效和快速，让直接亲本带上不同的遗传标记是十分重要的。一般杂交亲本用营养缺陷型或耐药性突变型等做遗传标记。除此之外，抗逆性，包括抗高温、高盐、高酸碱等也可作为遗传标记，但不如耐药性用得普遍和效果明显。

2. 亲本的培养

主要涉及几种培养基，即培养细胞用培养基、重组体检出培养基和生产性能测定培养基。培养细胞用培养基主要有基本培养基（MM，营养成分单一，只能满足具备某种微生物的野生型菌种表型的菌种生长）、完全培养基（CM，添加有全部生长因子的基本培养基）和有限培养基（LM，专供异核体生长使用的培养基，由 10%CM 与 90%MM 混合而成）。

重组体检出培养基则除包括以上三种培养基外，还包括补充培养基（SM，又称鉴别培养基，通常在 MM 中加入已知的生长因子配制而成）。发酵培养基则用来测定杂交菌种的发酵能力。以上培养基在配制时，为了保证鉴定结果的准确性，通常对药品和仪器容器的要求较高，药品纯度为化学纯以上，器皿要严格清洗消毒，否则会使结果呈现假阳性。

3. 营养缺陷型的遗传标记

这是一种应用比较成熟的遗传标记方法，通过人工诱变使两个直接亲本分别带上不同的营养缺陷型标记，这样待杂交结束后，混合菌分离在 MM 上培养时，只有重组体和少量的回复突变成野生型的菌能够生长，亲本不能生长，从而可以快速地将重组体筛选出来，减少工作量。再看抗性标记，抗性标记中耐药性用得较多，一般耐药性标记容易获得，通过在亲本细胞内植入耐药性质粒就能达到。

下面以营养缺陷型标记制备为例来介绍遗传标记的制备方法。

第一步，诱发非缺陷型细胞发生缺陷型突变。

诱发突变常采用诱变剂来进行，这一步操作同诱变育种差别不大，选取时掌握对细胞染色体的伤害不宜过大，且突变率要高的原则即可。

第二步，富集培养。

富集的目标菌株当然为已经发生营养缺陷型突变的菌株，可通过两个途径实现：一是减少野生型菌株；另一个方法是增加目的菌株。因为营养缺陷型菌株对营养的特殊要求及野生型菌株较强的适应性，通常采用减少野生型菌株的方式来富集目的菌株。

案例一：采用青霉素法，将混合菌液投入 MM 上，青霉素抑制生长中的野生型细胞细胞壁的合成，杀死大量的野生型细胞。营养缺陷型细胞因为得不到生长所需要的生长因子，所以数量不变，因此通过减少野生型细胞的比例，达到富集目的。

案例二：采用物理参数法，杀死对逆性环境敏感的野生型细胞。如高温，对细菌来说，芽孢比营养态细胞对高温的抵抗性要强得多，在对营养态细胞诱发突变后，使之形成芽孢，转接形成的芽孢群体于基础培养基上，使野生型芽孢萌发，通过高温（80℃左右）杀死绝大多数细胞，缺陷型芽孢因未萌发，对高温依然免疫，得以存活。

第三步，检出带有标记的菌株。

经富集培养后，野生型菌株的比例大幅度下降，有利于目的菌株的检出，为得到纯的目的微生物，需采用一定的方法将带有标记的缺陷型菌株检出，介绍如下。

① 分区对比法　将混合菌液涂布在 CM 培养基上，待菌落长出，分别点接在由 MM 和 CM 制成的平板上，观察生长情况（图 4-8），如果同一株菌在 MM 上不生长，而在 CM 上能够生长，则其可能是带有营养缺陷型遗传标记的目的菌株，进一步复证。

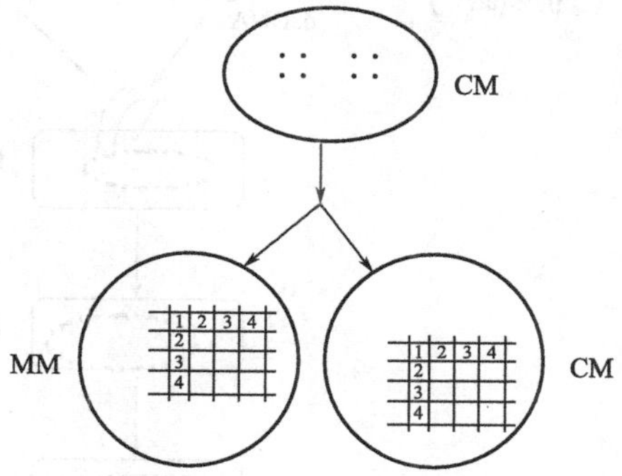

图 4-8　分区对比检出

② 影印对照法　将混合菌液涂布在 CM 培养基上（单菌落数量以小于 80 个/皿为宜），待菌落长出至成熟（称母皿），用灭菌滤纸或丝绒印模在母皿平板上轻轻一印，将相对位置固定的母皿菌落复制到空白 MM 培养基平板，培养后观察生长情况。凡在母皿上有菌落，而在 MM 培养基上没有菌落的，可能是营养缺陷型菌株，挑出进行复证，确认后，转接至 CM 空白斜面培养至成熟，保藏待用。

第四步，确认带标记菌株为双缺陷菌株。营养缺陷型标记分单缺陷、双缺陷和多缺陷。

CM单缺陷标记菌株在等待杂交实验开展过程中由于存在自然回复突变或其他因素引起的回复突变，最好不要采用单缺陷的遗传标记；多缺陷遗传标记又对缺陷鉴定无形中增加工作量且不易控制，也不适合；因此，从实际操作来看，选用双缺陷营养标记为最佳。

二、杂交育种的步骤与分析

杂交育种的基本程序如下。

选择杂交原始亲本 → 制备直接亲本 → 测定亲本间的亲和力 → 杂交 → 分离培养 → 筛选重组体 → 优良性状测定 → 鉴定重组体 → 保藏

杂交育种的基本程序几乎涵盖了全部操作步骤，下面我们简要介绍一下杂交的基本步骤：首先，选取原始亲本即出发菌种（可参见诱变育种出发菌种的选取部分），选定之后，通过诱变使原始亲本被处理成带有遗传标记的直接亲本，直接亲本通过亲和力测定（或能提前确认有亲和力）后，一般采用直接混合培养的方法，使两亲本在混合培养过程中接触、融合和传递遗传物质并整合，培养后的混合液经稀释后直接涂布在分离筛选平板上筛选重组体，筛选过程参见筛选方案，将得到的菌种进行稳定性实验和生产能力的测定，都符合后，进行菌种鉴定并保藏。

下面，我们主要讨论混合杂交实验原理和重组体筛选方案的制订。

杂交方案的确定主要是确定杂交方法，常规杂交育种中，方法主要有转化、转导、接合、溶源转换和转染等。

1. 转化

这几乎是通用的一种杂交育种方法，各种菌在条件允许的时候都会采用这种方式进行变异，主要指受体菌（感受态细胞）直接吸收了来自同源或异源的DNA片段（质粒和染色体DNA），通过交换，把它整合到自己的基因组中，再经复制就使自己变成一个转化子。

这种受体菌直接接受供体菌的DNA片段而获得部分新的遗传性状的现象就称转化或转化作用。

现已知感受态因子是一种胞外蛋白质，它可以催化外来DNA片段的吸收或降解细胞表面某种成分，以让细胞表面的DNA受体显露出来，便于接合。如图4-9，转化可分为以下几个阶段。

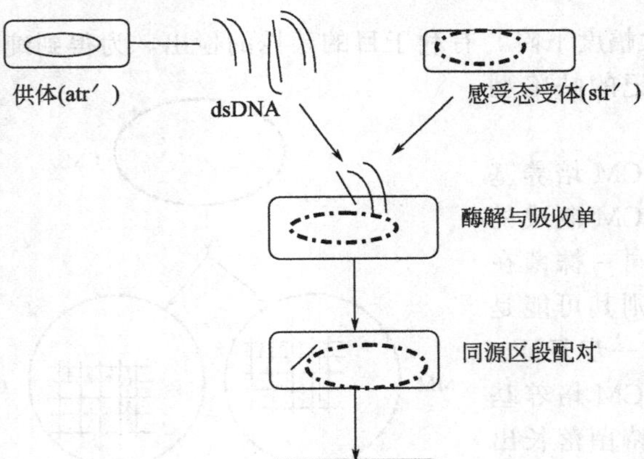

图4-9 转化示意图

第一，双链DNA片段与感受态受体菌细胞表面的特定位点结合。

第二，在吸附位点上的DNA被核酸内切酶分解，形成片段。

第三，DNA双链中的一条单链被膜上的另一种核酸酶切除，另一条单链逐步进入细胞，相对分子质量小于5×10^5的DNA片段不能进入细胞。

第四，来自供体的单链DNA片段在细胞内与受体细胞核染色体组上的同源区段配对，接着受体染色体组上的相应单链片段被切除，并被外来的单链DNA交换、整合和取代，形成一个杂合 DNA 区段。

第五，受体菌的染色体组进行复制，杂合区段分离成两个，其中之一获得了供体菌的转化基因，另一个未获得。细胞分裂后，一个是转化子，另一个细胞与原始受体菌一样。

2. 转导

1952 年 N. D. 津德和 J. 莱德伯格在研究鼠伤寒沙门菌（Salmonella typhi-murium）的重组时发现了这一现象。他们将甲硫氨酸和组氨酸营养缺陷型菌株 LT-2 以及苯丙氨酸、色氨酸和酪氨酸营养缺陷型菌株 LT-22 分别加入一支 U 形管的两臂，管的中部用一个玻璃细菌滤片将两臂隔开。培养几小时后，发现在 LT-22 这一边有不需要任何氨基酸的原养型细菌出现。由于两臂之间是用细菌滤片隔开的，所以导致原养型出现的基因重组不是通过细菌接合，而是通过某种滤过因子将 LT-2 的基因传递给 LT-22。通过对滤过因子的大小、质量、抗血清、热处理的失活速度和寄主范围方面的全面鉴定，证实它就是沙门菌的 P22 噬菌体。进一步的研究证明 LT-2 菌株在没有游离噬菌体存在的条件下偶尔能裂解并释放有感染力的噬菌体 P22。这种特性称为溶源性，是一种相当稳定的遗传性状。凡能使细菌溶源化的噬菌体都称为温和噬菌体，以不活动的状态存在于细菌细胞中的温和噬菌体称为原噬菌体。原噬菌体在一定条件下可以进入营养生长状态而复制繁殖，并终于导致细胞裂解而释放出噬菌体。因此，可以对上述转导现象的过程作这样的推断：当在 LT-2 细胞中的 P22 原噬菌体进行 DNA 复制和繁殖时，它们的外壳蛋白偶尔会错误地将 LT-2 染色体的某些 DNA 片段（这上面有苯丙氨酸基因、酪氨酸基因和色氨酸基因）包装到噬菌体内。这种噬菌体在从 LT-2 细胞释放出来后可以通过滤片去感染 LT-22 细胞，由此导入的基因再经重组整合到 LT-22 的染色体上使 LT-22 原来的缺陷型变成原养型细菌。

以噬菌体为载体，把 DNA 片段携带到受体细胞中，通过交换与整合使后者获得前者部分遗传性状的现象称为转导。获得新遗传性状的受体细胞就称为转导子。

以噬菌体为媒介，把供体菌的基因转移到受体菌内，导致后者基因改变的过程称为转导。当噬菌体在细菌中增殖并裂解细菌时，某些 DNA 噬菌体（称为普遍性转导噬菌体）可在罕见的情况下（10^5～10^7次包装中发生一次），将细菌的 DNA 误作为噬菌体本身的 DNA 包入头部蛋白衣壳内。当裂解细菌后，释放出来的噬菌体通过感染易感细菌则可将供体菌的 DNA 携带进入受体菌内。如发生重组则受体菌获得了噬菌体媒介转移的供体菌 DNA 片段。这一过程称为普遍性转导。质粒也有可能被包入衣壳进行转导。不具有转移装置的质粒依赖噬菌体媒介进行转移，转导可转移比转化更大片段的 DNA，转移 DNA 的效率较转化为高。

只有温和噬菌体可进行局限性转导。当温和噬菌体进入溶源期时，则以前噬菌体形式整合于细菌染色体的一个部位。当其受激活或自发进入裂解期时，如果该噬菌体 DNA 在脱离细菌染色体时发生偏离，则仅为与前噬菌体邻近的细菌染色体 DNA 有可能被包装入噬菌体蛋白质衣壳内。因此，局限性转导噬菌体所携带的细菌基因只限于插入部位附近的基因。由于局限性转导噬菌体常缺少噬菌体正常所需的基因，因此常需要与野生型噬菌体共同感染宿主后，进入受体菌细胞，这样才能将携带的基因转移至受体菌，并获得该段基因所决定的新特性的表达。

3. 接合

供体菌（雄）通过直接接触（依靠其性菌毛）受体菌（雌）的完整细胞而传递大段 DNA（包括质粒）遗传信息的现象叫接合（图 4-10）。前者传递不同长度的单链 DNA 给后者，并在后者细胞中进行双链化或进一步与核染色体发生交换、整合，从而使后者获得供体菌的遗传性状。把通过接合而获得新性状的受体细胞称为接合子。此类方式实现杂交的代表菌为细菌（以大肠杆菌为例，见图 4-10）。部分细菌含有性因子（F 因子），它的实质是一种

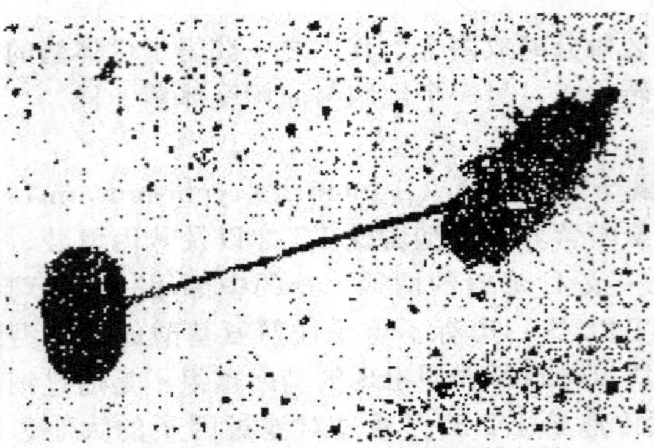

图 4-10　两个 *E. coli* 细胞的电镜相片

右面是供体细胞（F^+，也包括下述的 Hfr），左面是受体细胞（F^-）。两者形态上不同，不是由于 F^+ 和 F^- 的不同，而是为了便于区别，在实验室中所用的细胞不同。F^+ 细菌和 F^- 细菌的特征性区别是 F^+ 细菌的表面有伞毛的存在，而 F^- 细菌没有伞毛。F^+ 细菌跟 F^- 细菌的接触可能通过一条伞毛。一旦接触后，伞毛发生改变，成为两细胞间的原生质通道，由于它的性质，特称为结合管（conjugation tube）。结合管外面附着有对它特异性结合的噬菌体，所以在电镜下看得更清楚了（从 Ayala 等，1984）

质粒，存在于细胞质中，一般为游离状态，它是细菌实现杂交的关键因素，能促进供体和受体的接合及遗传物质的转移传递。含有游离态 F 因子的细胞称为雄性菌株（F^+），细胞内含有（1～4 个）游离的 F 因子，细胞表面存在与 F 因子数目相当的性菌毛，与 F^- 相接触时，可通过性菌毛将 F 因子转移到 F^- 细胞中，使之也变成 F^+ 菌株。F 因子以很高的频率传递，但含 F 因子的宿主细胞的染色体 DNA 一般并不被转移。

接合的一般过程如下。

① 接合时 F^+ 细胞与 F^- 细胞相遇，性菌毛与 F^- 细胞表面发生吸附而形成接合管。

② F^+ 细胞内，F 因子的一条 DNA 单链在特定的位点上发生断裂。

③ 断裂后的单链逐步解开，同时以另一条留存的环状单链做模板，通过模板的滚动，一方面把解开的单链以 5′端为先导通过性菌毛推入 F^- 细胞中；另一方面，在供体细胞内以滚动的环状模板重新合成一条互补的环状单链，以取代传递到 F^- 细胞中的那条单链。这种 DNA 复制机制称为滚环模型。

④ 在 F^- 细胞中，以外来的供体 DNA 线状单链为模板合成一条互补单链，并随之恢复成环状双链 F 因子。

⑤ 至此，原来的 F^- 菌株变成了 F^+ 菌株。原来的供体仍为 F^+ 菌株。

含有结合态 F 因子的细胞称为高频重组雄性菌株（Hfr），含有与染色体特定位点整合的 F 因子，因该菌株与 F^- 接合后的重组频率比 F^+ 菌株高几百倍而得名。Hfr 菌株与 F^- 菌株接合时，Hfr 染色体双链中的一条单链在 F 因子处发生断裂，F 因子位于线状单链 DNA 的两端，整段单链线状染色体从 5′端开始等速进入 F^- 细胞。在没有外界干扰的情况下，全部转移过程的完成需要约 120min。由于种种原因 DNA 转移过程常会发生中断，所以越是前端的基因进入 F^- 细胞的机会越大。F 因子位于线状 DNA 的末端，进入受体细胞的机会最小，故这种接合引起转性的频率最低，但可以出现各种重组子。

不含有 F 因子的细胞称为雌性菌株（F^-），细胞中不含有 F 因子，细胞表面不具有有性纤毛。可以通过与 F^+、F^-、Hfr 菌株接合而接受供体菌的 F 因子、F^- 因子或 Hfr 菌株的部分或全部遗传信息，相应地可以转变成 F^+ 菌株、F^- 菌株或重组子。据估计，从自然界分离到的 2000 株 *E. coli* 中约有 30%是 F^- 菌株。

接合杂交必须发生在有 F 因子的细胞与没有 F 因子的细胞之间（图 4-11）。

4. 溶源转换

类似于温和噬菌体的生活史过程，即噬菌体吸附、侵入宿主细胞（即这里的受体细胞）后，其 DNA 整合进宿主细胞的染色体中，并随着宿主细胞的繁殖而繁殖，且可以稳定存在。同时，宿主细胞获得了针对同类噬菌体的免疫性，这就是受体细胞获得的新性状。

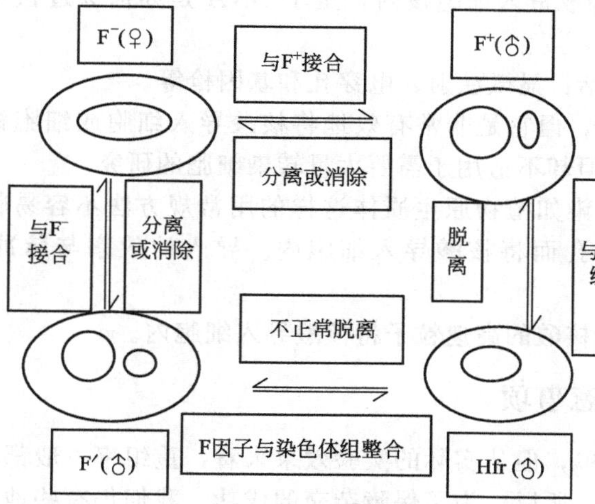

图 4-11　F 因子相关菌株间的关系

5. 转染

转染指真核细胞由于外源 DNA 掺入而获得新的遗传标记的过程，是原核细胞中转化的同义词。

常规转染技术可分为两大类：一类是瞬时转染；一类是稳定转染（永久转染）。前者外源 DNA/RNA 不整合到宿主染色体中，因此一个宿主细胞中可存在多个拷贝数，产生高水平的表达，但通常只持续几天，多用于启动子和其他调控元件的分析。一般来说，超螺旋质粒 DNA 转染效率较高，在转染后 24～72h 内（依赖于各种不同的构建）分析结果，常常用到一些报告系统（如荧光蛋白、β-半乳糖苷酶等）来帮助检测。后者也称稳定转染，外源 DNA 既可以整合到宿主染色体中，也可能作为一种游离体存在。尽管线性 DNA 比超螺旋 DNA 转入量低，但整合率高。外源 DNA 整合到染色体中的概率很小，大约有 $1/10^4$ 转染细胞能整合，通常需要通过一些选择性标记，如来氨丙基转移酶（APH，新霉素抗性基因）、潮霉素 B 磷酸转移酶（HPH）、胸苷激酶（TK）等反复筛选，得到稳定转染的同源细胞系。转染技术的选择对转染结果影响也很大，许多转染方法需要优化 DNA 与转染试剂比例、细胞数量、培养及检测时间等。

转染大致分为两类：化学转染法和物理转染法。

（1）化学转染法　包括：DEAE-葡聚糖法、磷酸钙法和人工脂质体法。

① DEAE-葡聚糖是最早应用哺乳动物细胞转染的试剂之一，DEAE-葡聚糖是阳离子多聚物，它与带负电的核酸结合后接近细胞膜而被摄取，DEAE-葡聚糖转染成功地应用于瞬时表达的研究，但用于稳定转染却不是十分可靠。

② 磷酸钙法是磷酸钙共沉淀转染法，因为试剂易取得，价格便宜而被广泛用于瞬时转染和稳定转染的研究。先将 DNA 和氯化钙混合，然后加入到 PBS 中慢慢形成 DNA 磷酸钙沉淀，最后把含有沉淀的混悬液加到培养的细胞上，通过细胞膜的内吞作用摄入 DNA。磷酸钙似乎还通过抑制血清中和细胞内的核酸酶活性而保护外源 DNA 免受降解。

③ 人工脂质体法采用阳离子脂质体，具有较高的转染效率，不但可以转染其他化学方法不易转染的细胞系，而且还能转染从寡核苷酸到人工酵母染色体不同长度的 DNA、RNA 和蛋白质。此外，脂质体体外转染同时适用于瞬时表达和稳定表达，与以往不同的是，脂质体还可以介导 DNA 和 RNA 转入动物和人的体内，用于基因治疗。人工合成的阳离子脂质体和带负电荷的核酸结合后形成复合物，当复合物接近细胞膜时被内吞成为内体进入细胞

质，随后 DNA 复合物被释放进入细胞核内，至于 DNA 是如何穿过核膜的，其机理目前还不十分清楚。

（2）物理转染法　包括：显微注射、电穿孔和基因枪等。

① 显微注射虽然费力，但它是非常有效地将核酸导入细胞或细胞核的方法。这种方法常用来制备转基因动物，但却不适用于需要大量转染细胞的研究。

② 电穿孔法常用来转染如植物原生质体这样的用常规方法不容易转染的细胞。电穿孔靠脉冲电流在细胞膜上打孔而将核酸导入细胞内。导入的效率与脉冲的强度和持续时间有关。

③ 基因枪依靠携带了核酸的高速粒子将核酸导入细胞内。

三、杂交育种的注意事项

杂交育种过程相对简单，但从实际的实验效果来看，重组率一般都不高，而且，获得新遗传性状个体的周期较长。所以，为了保障杂交的成功，我们仍有些地方需要注意，主要集中在以下几点：直接亲本中遗传标记的好坏（这主要看带有标记的直接亲本在直接亲本中占有的比例）；亲本最好是近亲配对，有利于产生高产菌株；混合培养过程中环境条件设定至最佳，摇瓶验证和扩大规模模拟生产时条件尽量一致等。

第六节　原生质体融合育种技术

常规杂交由于受到亲和力的限制，杂交反应受到一定程度的限制，难以推广。为此，在前人探索的基础上，得到了更加有效、容易推广的基因重组方式——原生质体融合育种。

细胞壁被酶解或突变脱落后，剩下原生质膜包裹着的球状体为原生质体，简单来说，就是没有细胞壁的细胞。与正常细胞相比，原生质体具备一些新的生理特征：没有细胞壁的包裹，细胞缺少形态的支撑结构，故而，所有细胞均呈球状，与含有细胞壁时的细胞形态无关；缺少细胞壁的支撑保护，环境中的大量小分子物质和具有诱变作用的成分得以顺利通过原生质膜，使细胞对外界环境因素的改变变得更加敏感；没有细胞壁的存在，物种的生物信号间便没有办法互相识别，破除了杂交亲本间对亲和力的要求，使得杂交应用范围更广。

原生质体融合育种一般包含六大步骤（图 4-12）。

(选择不同的营养缺陷型，或利用对药物抗性的差异)(A: [a^+b^-]，B: [a^-b^+])

↓

原生质体的制备(高渗条件)

↓

原生质体再生(测定再生率)

↓

融合[聚乙二醇(PEG)、离心沉淀、电脉冲等]

↓

融合子的检出(直接检出法和间接检出法)

↓

实用性菌株的筛选(遗传特性分析与测定)

图 4-12　原生质体融合育种

1. 两亲本菌株的选择和遗传标记的制作

融合育种也是为了得到具备双亲本优良性状的子代菌株，一般情况下，应选用贮藏活化的正变株作为亲本，进行原生质体融合，通过遗传物质交换、重组、表达，使子代细胞获得优良性状的传承。但是，从实验结果来看，更应该注意选用亲本，最好应选存在较大遗传背景差异的近亲菌种，重组后，优势更明显。

类似于杂交育种的亲本选择要求，应用于原生质体融合的两亲本也应该带有遗传标记，这样有利于检出融合子。前面已经学过，通常选用营养缺陷型或耐药性作为亲本菌株的遗传标记，除此之外，不常用的还有一些，例如热敏型、色素等，都可以作为亲本的遗传标记。在实际应用中，要依据融合目的及实际情况进行适当选取。

2. 原生质体的制备（高渗条件）

制备出大量高活力的原生质体是进行原生质体融合的基本条件和前提。制备过程主要包括以下几个步骤。

原生质体的分离⟶原生质体的收集⟶原生质体的洗涤⟶原生质体的纯化

↓

原生质体的保存⟵原生质体的活力测定

操作基本流程见图 4-13。

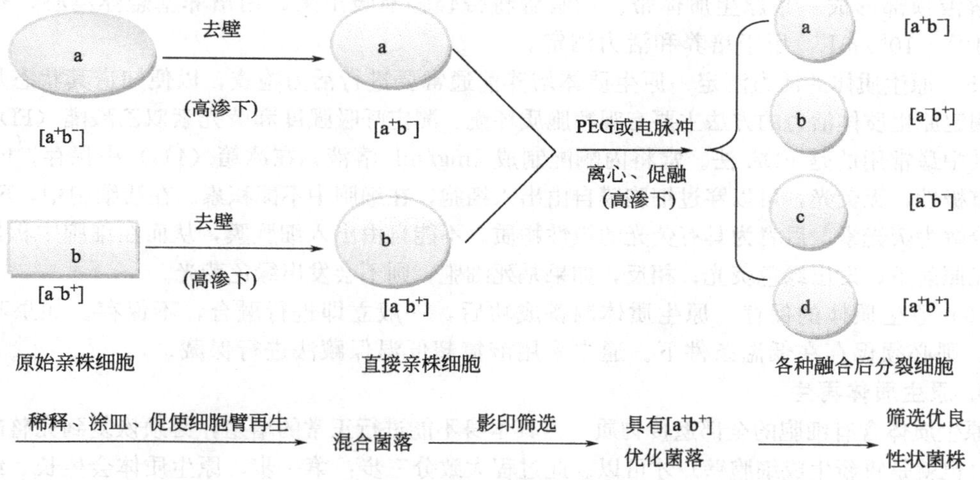

图 4-13 原生质体融合流程图

a、b 代表实验两亲本的某种特性，“+”代表优良性状；“—”代表非优良性状，最终应该筛选出具有［a^+b^+］性状的子代性状

(1) 原生质体的分离 运用有效手段去除亲本细胞的细胞壁，使原生质体得以脱离释放，此过程为原生质体的分离。原生质体分离的最基本原则是保证原生质体不受伤害及不损害它的再生能力。此手段包括机械法和酶法。见图 4-14。

① 机械法 其缺点明显：产量极低，应用的材料受限制，操作极费力。因此，目前此法基本不采用，这里不再赘述。

② 酶法分离原生质体 经常规操作标记好直接亲本后，取年轻的菌体接入高渗溶液中，加入相关水解酶，在最佳条件下酶解细胞壁；酶解后，即可实现原生质体的分离（图 4-14）。该法克服了机械法分离的缺陷，可以在短时间内获得大量的原生质体，但酶制剂中的杂质可能会对原生质体产生一定程度的危害。

同培养微生物需要营养、控制培养物理参数等条件类似，要想获得活的微生物原生质体细胞，必须要为其提供最佳的操作条件，包括培养基选取、菌体的培养方式、菌龄、稳定剂、预处理、酶的种类及浓度选取、环境条件等因素。

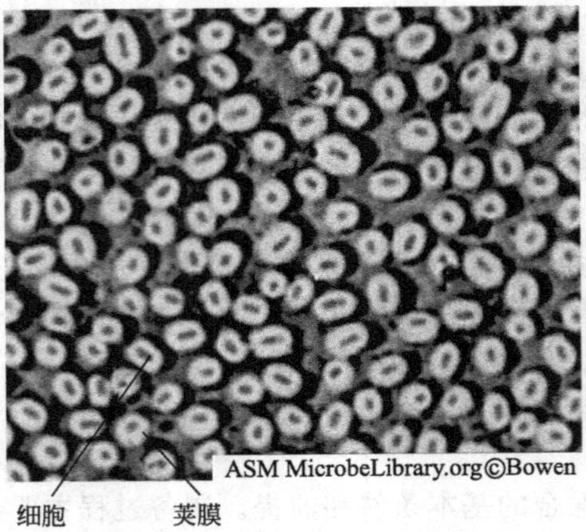

图 4-14　原生质体的分离

（2）原生质体的收集　酶解后，释放的原生质体、未酶解的菌体及细胞壁的碎片混合液经无菌过滤介质过滤后，除去大部分的碎片和菌丝，低速离心后弃去上清液，收集沉淀。

（3）原生质体的洗涤　转接沉淀于同一种高渗溶液中，均匀打散，经低速离心后，转接至同一高渗溶液中。洗涤几次可以达到满意的效果。要根据实际情况来定，次数不能过多，过多容易引起原生质体的破裂。

（4）原生质体的纯化　采用上浮法和下沉法两种纯化方法。上浮法是将酶解的原生质体与蔗糖溶液（23%左右）混合，下沉法是先将原生质体与13%的甘露醇混合，然后加到23%的蔗糖溶液顶部，形成一个界面。两种方法中，均在100r/min下离心5～10min，会在蔗糖溶液顶部形成一条原生质体带。用吸管将带轻轻地吸出来，用培养基悬浮离心，然后稀释到10^4～10^5/mL，用于培养和活力测定。

（5）原生质体的活力测定　原生质体培养前通常要进行活力检查，以便知道其状态是否正常。测定原生质体活力的方法主要有观察胞质环流、测定呼吸强度和荧光素双乙酸酯（FDA）染色，其中最常用的是FDA法。常将丙酮配制成2mg/mL溶液，在冰箱（4℃）中保存。FDA本身没有极性，无荧光，可以穿过细胞膜自由出入细胞，在细胞中不能积累。在活细胞中，FDA经酯酶分解为荧光素，后者为具有荧光的极性物质，不能自由出入细胞膜，从而在细胞中积累，在紫外光照射下，发出绿色荧光；相反，如果是死细胞，则不会发出绿色荧光。

（6）原生质体的保存　原生质体制备成功后，一般立即进行融合，不保存。如果不立即融合，则必须保存在低温条件下。通常采用液氮超低温保藏法进行保藏。

3. 原生质体再生

原生质体含有细胞的全部遗传物质，但其本身不能进行正常的增殖，必须恢复到完整的细胞形态（也就是重新生成细胞壁）才可以。此过程大致分三步：第一步，原生质体会生长，细胞也要调动各种酶类和成分合成细胞器的组成大分子物质；第二步，合成生成细胞壁，包括细胞壁组成大分子的合成、组装与恢复；第三步即是完整细胞的分裂繁殖、生长和特征再现。

影响原生质体再生的因素有很多，主要都是此过程中涉及的方方面面，首要因素是原生质体本身的特性，这决定了其再生能力的大小。其他因素如下。

① 菌体的生理状态。细胞要处于活化状态，年轻菌再生能力要相对强一些。

② 稳定剂的选取加入。原生质体没有细胞壁的保护，要想存活必须生活在高渗溶液中，否则容易破裂，稳定剂的种类有糖系统、醇系统和无机盐系统。前两者主要应用于细菌、放线菌和酵母菌，后者主要用于霉菌。

③ 作用酶的浓度和时间。酶的浓度不宜过大，作用时间也不宜过长。

④ 原生质体再生时的密度。密度过大，因为生长争营养、争空间的缘故，先生长起来的会抑制后生长起来的。

⑤ 再生方法。因为原生质体没有细胞壁的支撑保护，不能够抵抗高强度的涂布摩擦，

所以不能用玻璃涂布器，否则易于破裂。一般采用类似噬菌体检验时的噬菌斑夹层法。

另外，培养基的组成等也是很重要的影响因素，在操作时要注意。

4. 融合

原生质体的融合一般可以采用以下几种方法来进行。

(1) 化学法——PEG 结合高 Ca^{2+}、pH 诱导法　亲本原生质体制备好后，即可进行融合。在自然条件下融合概率极低，所以要人为促进融合。现在主要采用的化学试剂为聚乙二醇（PEG）。聚乙二醇是一种多聚化合物，常用浓度为 30%～50%，随微生物种类不同而异：酵母菌原生质体融合时采用低浓度，常用浓度在 20%～35%；真菌在 30%左右效果较好，低于 20%失去稳定性，导致原生质体破裂，高于 30%会引起原生质体皱缩，过高还会产生中毒现象；链霉菌适宜浓度为 0～50%。

(2) 物理法——电融合和激光融合

① 原生质体电融合是起始于 20 世纪 80 年代的细胞改良技术。在交流非均匀电场作用下，细胞受到电介质的作用，脉冲冲击原生质膜使其分子式打散，原生质膜在自我恢复过程中出错，造成分子重排，从而发生融合。

② 激光融合是让细胞或原生质体紧密贴在一起，再用高峰值功率激光照射，击穿原生质膜，质膜在恢复过程中处于高张力状态，弯曲融合。该方法毒性小，损伤也小，但所需设备复杂昂贵，操作难度大。

5. 融合子的检出

经融合再生，生成的细胞中有融合子，有杂合体等非真正意义上的重组体，这些形态的细胞都能在平板上形成菌落，还需要进一步应用确切手段进行检出鉴定。常用方法如下。

(1) 利用做好的遗传标记检出融合子　该法是根据在分离的培养基上只有融合子生长而不能让双亲本原生质体生长并形成菌落。对于以营养缺陷做遗传标记的菌株来说，将混合菌直接用基本培养基就能检出融合子，因为双亲本本身是营养缺陷型，其表型表现为在基本培养基上不能生长，必须在添加了生长因子的基本培养基或完全培养基上才能生长成菌落；对以耐药性作为遗传标记的菌株来说，则需要用加有抗生素的筛选培养基平板来进行分离检出。

(2) 荧光染色法检出融合子　准备双亲本时，提前使其各染上不同的荧光色素标记，然后在显微镜和荧光显微镜下，挑取同时具有两种荧光标记的细胞，转接培养即可。

在双亲本菌株中加入的荧光色素对原生质体活力无影响，携带色素的亲本原生质体能正常进行融合并再生。操作时注意，两种荧光染料的区分要明显，易分辨。

(3) 利用双亲本对营养成分的要求不同检出融合子　利用亲本菌株对各种营养成分的利用差异，尤其是碳源的利用差异，结合其他特性分离筛选融合子。

6. 实用性菌株的筛选

实用性菌株的筛选主要是对各种原生质体融合子的优良性状的筛选操作。其中主要包括：细菌原生质体融合子的筛选等。下面以细菌为例，来讨论融合子的筛选。

(1) 原生质体的制备。选择好带有遗传标记的双亲本后，分别接种于 CM 斜面或平板，37℃下活化 2～3 代，按照 2%的接种量转至空白培养液中，活化至对数期。3000r/min 离心收集细胞，加入溶菌酶液进行破壁，每间隔一段时间检测破壁效果，直至生成原生质体，酶解结束。

(2) 原生质体再生　将制成的原生质体调整浓度至合适，取适量（0.1～0.2mL）接种于再生平板，再加入半固体的同配方培养基覆盖、摇匀，30℃培养 3 天，计算再生菌落。

(3) 原生质体融合　取等量两亲本原生质体悬浮液混匀，离心，收集混合细胞转入新鲜的保存液，加入 40% PEG4000，40℃下静置 3min，稀释后，离心、收集细胞，接种于基本培养基上再生。

(4) 融合子检出　利用前面已经讲过的检出方法进行检出。

(5) 融合子鉴定　将分离得到的融合子在基本培养基上进行连续传代实验，防止互养或非融合子杂合体的干扰。如有必要，可以测定融合子的生理生化特性和宏观培养特征等指标。

(6) 将确认的融合子保存。

[知识链接]

营养缺陷型的鉴定及应用

生长因子共分为四大类：氨基酸类，由氨基酸混合物、酪素水解物或蛋白胨组成；维生素类，由维生素混合组成；嘌呤、嘧啶类，由核酸碱基混合物或酵母核酸（0.1%碱解物）组成；完全生长因子，由酵母浸出液充当，其中含有氨基酸、维生素、嘌呤、嘧啶。

鉴定过程涉及操作，包括：制备大类生长因子，确定缺陷型所属的生长因子大类，进一步复证所缺陷的生长因子。将待测微生物离心、洗涤后，计数调整至适当浓度，一般在10^6/mL即可，取0.1mL或0.2mL涂布在基本培养基制成的平板上，用无菌圆滤纸片分别浸取以上四大生长因子液，标以"①完全生长因子；②氨基酸类；③维生素类；④嘌呤、嘧啶类"，贴在平板表面，在适当温度条件下培养，观察待测微生物的生长情况。如出现生长圈，则可以判定所缺陷的生长因子大类。具体的缺陷因子需要进一步鉴定。

[课堂互动]

设计一个实验，如何从土壤中获得纯培养？

互动

一、土壤样品采集

在待测田块上，若田块面积小于$50m^2$则按对角线三点采样，若田块面积大于$50m^2$按对角线五点采样。采样一般定点于耕作层0～20cm，先除去表土1～2cm，以无菌铲采土足量充分混匀后用无菌塑料袋分装。

二、好气性细菌的分离纯化及测数

1. 制备土样稀释液（图4-15）

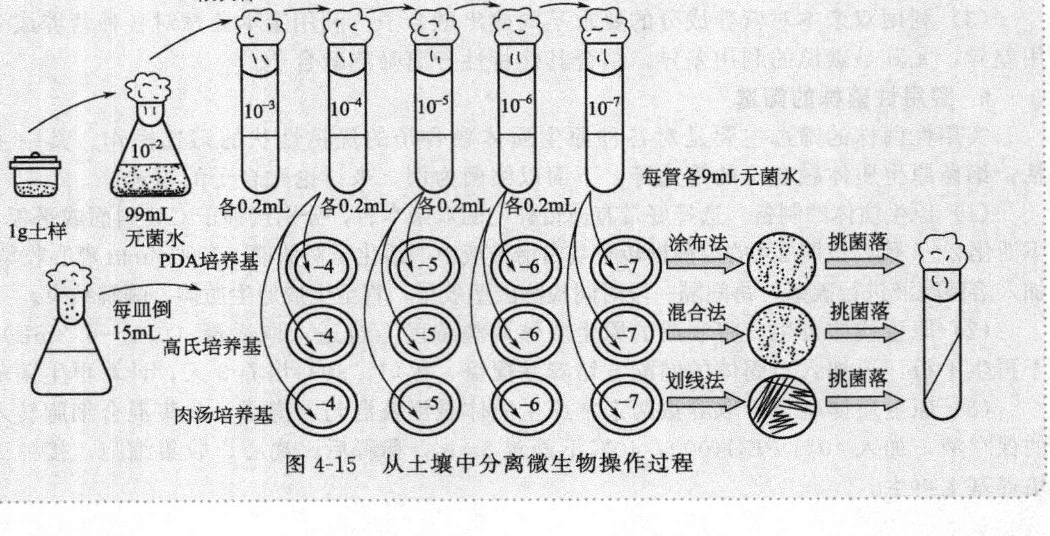

图4-15　从土壤中分离微生物操作过程

吹吸三次混匀，无菌操作。

2. 培养基的准备

融化牛肉膏蛋白胨培养基，融化后保温在48℃。并取6个无菌培养皿，分别在皿底贴好标签，将稀释后的10^{-5}、10^{-6}分别接种到培养皿中（每个稀释度要两个平行皿，对照要两个平行皿）。

3. 保温培养

将已经接种的平皿静置10min后，放入温箱倒置培养3～5日（30℃），观察结果。

4. 菌种纯化

准备另一批培养皿，从上述培养皿中挑取单一菌落通过划线法分离、纯化。

[案例分析]

怎样进行原生质体融合育种？

分析　通过人为的方法，使遗传性状不同的两细胞的原生质体发生融合，并进而发生遗传物质的传递、融合、重组，以产生同时带有双亲优良性状的、遗传性稳定的融合子的过程，称为原生质体融合。原生质体融合育种是杂交育种的一个特例，是没有细胞壁的细胞间的杂交。细菌原生质体融合实验具体操作如下。

一、实验目的

(1) 了解原生质体融合技术的原理。

(2) 学习并掌握以细菌为材料的原生质体融合技术。

二、实验原理

原核微生物基因重组主要通过转化、转导、接合等途径，但有些微生物不适于采用这些途径，从而使育种工作受到一定的限制。1978年第三届国际工业微生物遗传学讨论会上，有人提出微生物细胞原生质体融合这一新的基因重组手段。由于它具有许多特殊优点，所以，目前已为国内外微生物育种工作所广泛研究和应用。

1. 原生质体融合的优点

(1) 克服种属间杂交的“不育性”，可以进行远缘杂交。由于用酶解除去细胞壁，因此，即使相同接合型的真菌或不同种属间的微生物，皆可发生原生质体融合，产生重组子。

(2) 基因重组频率高，重组类型多。原生质体融合时，由于聚乙二醇（PEG）起促融合的作用，使细胞相互聚集，可以提高基因重组率。原生质体融合后，两个亲株的整套基因组（包括细胞核、细胞质）相互接触，发生多位点的交换，从而产生各种各样的基因组合，获得多种类型的重组子。

(3) 可将由其他育种方法获得的优良性状，经原生质体融合而组合到一个菌株中。

(4) 存在着两个以上亲株同时参与融合，可形成多种性状的融合子。

2. 原生质体融合步骤

(1) 选择亲本　选择两个具有育种价值并带有选择性遗传标记的菌株作为亲本。

(2) 制备原生质体　经溶菌酶除去细胞壁，释放出原生质体，并置高渗液中维持其稳定。

(3) 促融合　聚乙二醇加入到原生质体以促进融合。聚乙二醇为一种表面活性剂，能强制性的促进原生质体融合。在有Ca^{2+}、Mg^{2+}存在时，更能促进融合。

(4) 原生质体再生　原生质体已失去细胞壁，虽有生物活性，但在普通培养基上不生长，必须涂布在再生培养基上，使之再生。

(5) 检出融合子　利用选择培养基上的遗传标记，确定是否为融合子。

(6) 融合子筛选　产生的融合子中可能有杂合双倍体和单倍重组体不同的类型，前者性能不稳定，要选出性能稳定的单倍重组体，反复筛选出生产性能良好的融合子。

3. 原生质体再生率和融合率计算

数每个梯度两个平板的细胞数，并计算其平均数，分别计算两亲株的原生质体的再生率。

融合率＝融合子细胞数/未经过处理的细胞总数。

三、实验材料

1. 菌种

枯草芽孢杆菌 T4412 ade-his-、枯草芽孢杆菌 TT2 ade-pro-。

2. 培养基

(1) 完全培养基（CM，液体）　KNO_3 3g，KH_2PO_4 1g，$MgSO_4 \cdot 7H_2O$ 0.5g，蛋白胨 10g，酵母粉 5g，葡萄糖 20g，蒸馏水 1000mL，pH 值 6.5～6.8，121℃灭菌 20min。

(2) 完全培养基（CM，固体）　液体培养基中加入 2.0%琼脂。

(3) 基本培养基（MM）　$(NH_4)_2SO_4$ 1g，K_2HPO_4 10.5g，KH_2PO_4 4.5g，二水柠檬酸钠 0.5g，蒸馏水 1000mL，121℃灭菌 20min。需要时灭菌后加入：葡萄糖（20%）10mL、维生素 B_1（硫胺素 0.1%）0.5mL、$MgSO_4 \cdot 7H_2O$（20%）1mL、链霉素（50mg/mL）4mL，终浓度 200μg/mL 氨基酸（10mg/mL）4mL，终浓度 40μg/mL、pH 自然。

(4) 补充基本培养基（SM）　在基本培养基中加入 20g/mL 的腺嘌呤及 2%的纯化琼脂，121℃灭菌 20min。

(5) 再生补充基本培养基（SMR）　在补充基本培养基中加入 0.5mol/L 蔗糖，1.0%纯化琼脂做上层平板，2.0%纯化琼脂做底层平板，121℃灭菌 20min。

(6) 酪蛋白培养基（测蛋白酶活性用）　酪蛋白 10g，牛肉膏 3g，磷酸氢二钠 2g，氯化钠 5g，琼脂 15～20g，蒸馏水 1000mL，0.4%溴麝香草酚蓝溶液 12.5mL，pH 值 7.4。

制法：将除指示剂外的各成分混合，加热溶解（但酪蛋白不溶解），校正 pH 值。加入指示剂，分装烧瓶，121℃高压灭菌 15min。临用时加热溶化琼脂，冷至 50℃，倾注平板。

注：将菌株划线接种于平板上，如沿菌落周围有透明圈形成，即为能水解酪蛋白。

3. 缓冲液

(1) 0.1mol/L pH 值 6.0 磷酸缓冲液 100mL。

(2) 高渗缓冲液（10mL）：于上述缓冲液中加入 0.8mol/L 甘露醇。

(3) 0.9%生理盐水 100mL。

4. 原生质体稳定液（SMM）（100mL）

0.5mol/L 蔗糖、20mol/L $MgCl_2$、0.02mol/L 顺丁烯二酸，调 pH 值至 6.5。

5. 促融合剂

40%聚乙二醇（PEG-4000）的 SMM 溶液。

6. 溶菌酶液

酶粉酶活为4000U/g，用SMM溶液配制，终浓度为2mg/mL，过滤除菌备用。

7. 器皿

培养皿、移液管、试管、容量瓶、锥形瓶、烧杯、离心管、吸管、显微镜、台式离心机、721比色计、细菌过滤器。

四、实验步骤

（一）原生质体的制备

1. 培养枯草芽孢杆菌

取亲本菌株T4412、TT2新鲜斜面分别接一环到装有液体完全培养基（CM）的试管中，36℃振荡培养14h，各取1mL菌液转接入装有20mL液体完全培养基的250mL锥形瓶中，36℃振荡培养3h，使细胞生长进入对数前期，各加入25U/mL青霉素，使其终浓度为0.3U/mL，继续振荡培养2h。

2. 收集细胞

各取菌液10mL，4000r/min离心10min，弃上清液，将菌体悬浮于磷酸缓冲液中，离心。如此洗涤两次，将菌体悬浮于10mL SMM中，以每1mL含10^8～10^9活菌为宜。

3. 总菌数测定

各取菌液0.5mL，用生理盐水稀释，取10^{-5}、10^{-6}、10^{-7}各1mL（每稀释度做两个平板）、倾注完全培养基，36℃培养24h后计数。此为未经酶处理的总菌数。

4. 脱壁

二株亲本菌株各取5mL菌悬液，加入5mL溶菌酶溶液，溶菌酶浓度为100μg/mL，混匀后于36℃水浴保温处理30min，定时取样，镜检观察原生质体形成情况，当95%以上细胞变成球状原生质体时，用4000r/min离心10min，弃上清液，用高渗缓冲液洗涤除酶，然后将原生质体悬浮于5mL高渗缓冲液中，立即进行剩余菌数的测定。

5. 剩余菌数测定

取0.5mL上述原生质体悬液，用无菌水稀释，使原生质体裂解死亡，取10^{-2}、10^{-3}、10^{-4}稀释液各0.1mL，涂布于完全培养基平板上，36℃培养24～48h，生长出的菌落应是未被酶裂解的剩余细胞。

计算酶处理后剩余细胞数，并分别计算二亲株的原生质体形成率。

原生质体形成率＝未经酶处理的总菌数－酶处理后剩余细胞数

（二）原生质体再生

用双层培养法，先倒再生补充基本固体培养基做底层，取0.5mL原生质体悬液，用SMM做适当稀释，取10^{-3}、10^{-4}、10^{-5}稀释液各1mL，加入底层平板培养基的中央，再倒入上层再生补充半固体培养基混匀，36℃培养48h。分别计算二亲株的原生质体的再生率，并计算其平均数。

（三）原生质体融合

取两个亲本的原生质体悬液各1mL混合，放置5min后，2500r/min离心10min，弃上清液。于沉淀中加入0.2mL SMM溶液混匀，再加入1.8mL PEG溶液，轻轻摇匀，置36℃水浴保温处理2min，2500r/min离心10min，收集菌体，将沉淀充分悬浮于2mL SMM液中。

（四）检出融合子

取0.5mL融合液，用SMM液做适当稀释，取0.1mL菌液于灭菌并冷却至50℃的再生补充基本培养基软琼脂中混匀，迅速倾入底层为再生补充基本培养基的平板上，36℃培养2天，检出融合子，转接传代，并进行计数，计算融合率。

（五）融合子的筛选

挑选遗传标记稳定的融合子，凡是在再生补充基本培养基平板上生出的菌落，初步认为是融合子，可接入到酪蛋白培养基平板上，再挑选蛋白酶活性高于亲本的融合子。由于原生质体融合后会出现两种情况：一种是真正的融合，即产生杂核二倍体或单倍重组体，另一种只发生质配，而无核配，形成异核体。两者都能在再生基本培养基平板上形成菌落，但前者稳定，而后者则不稳定。故在传代中将会分离为亲本类型。所以要获得真正融合子，必须进行几代的分离、纯化和选择。

[思考题]

1. 叙述从自然界分离筛选菌种的主要步骤及注意事项。
2. 工业菌种育种的方法有哪些?
3. 什么叫诱变育种?
4. 请具体介绍诱变育种的主要步骤及注意事项。
5. 什么叫营养缺陷型菌株?
6. 研究营养缺陷型菌株的实际意义是什么?

第五章 工业菌种的分离和纯培养技术

【知识目标】

（1）了解微生物纯培养及接种技术的相关概念和重要意义，并会无菌室的建立及净化工作台等无菌操作仪器设备的使用。

（2）掌握纯培养的常见分离方法和工业微生物菌种纯种培养的相关方法，熟悉无菌操作的注意事项和相关要求。

【能力目标】

能按照企业菌种岗位、发酵岗位对能力要求在无菌操作下完成工业微生物接种，能熟练进行工业微生物的纯种培养操作，能分析和解决生产过程中实际遇到的困难和问题。

第一节 工业微生物菌种的分离

分离是指从含微生物的样品（如土壤、水等）中获得纯的或混合的培养物，是筛选具有潜在工业应用价值的微生物的第一个阶段，接着才能从以上分离物中筛选出那些能产生所需产物或具有某种生化反应的菌种。

一、无菌技术

微生物通常是肉眼看不到的微小生物，而且无处不在。因此，在微生物的研究及应用中，不仅需要通过分离纯化技术从混杂的天然微生物群中分离出特定的微生物，而且还必须随时注意保持微生物纯培养物的“纯洁”，防止其他微生物的混入。在分离、转接及培养纯培养物时防止其被其他微生物污染的技术被称为无菌技术，它是保证微生物学研究正常进行的关键。

1. 微生物培养的常用器具及其灭菌

试管、玻璃烧瓶、平皿等是最为常用的培养微生物的器具，在使用前必须先行灭菌，使容器中不含任何生物。培养基可以加到器皿中后一起灭菌，也可在单独灭菌后加到无菌的器具中。最常用的灭菌方法是高压蒸汽灭菌，它可以杀灭所有的生物，包括最耐热的某些微生物的休眠体，同时可以基本保持培养基的营养成分不被破坏。有些玻璃器皿也可采用高温干热灭菌。为了防止杂菌，特别是空气中的杂菌污染，试管及玻璃烧瓶都需采用适宜的塞子塞口，通常采用棉花塞，也可采用各种金属、塑料及硅胶帽，它们只可让空气通过，而空气中的其他微生物不能通过。而平皿是由正反两平面板互扣而成，这种器具是专为防止空气中微生物污染而设计的。

2. 接种操作

用接种环或接种针分离微生物，或在无菌条件下把微生物由一个培养器皿转接到另一个培养容器进行培养，是微生物学研究中最常用的基本操作。由于打开器皿就可能引起器皿内部被环境中的其他微生物污染，因此微生物实验的所有操作均应在无菌条件下进行，其要点是在火焰附近进行熟练的无菌操作，或在无菌箱或操作室内无菌的环境下进行操作。操作箱或操作室内的空气可在使用前一段时间内用紫外灯或化学药剂灭菌。有的无菌室通无菌空气维持无菌状态。

用以挑取和转接微生物材料的接种环及接种针，一般采用易于迅速加热和冷却的镍铬合金等金属制备，使用时用火焰灼烧灭菌。而转移液体培养物可采用无菌吸管或移液枪。

二、用固体培养基分离纯培养物

不同微生物在特定培养基上生长形成的菌落或菌苔一般都具有稳定的特征，可以成为对该微生物进行分类、鉴定的重要依据。大多数细菌、酵母菌，以及许多真菌和单细胞藻类能在固体培养基上形成孤立的菌落，采用适宜的平板分离法很容易得到纯培养。所谓平板，即培养平板的简称，它是指熔化的固体培养基倒入无菌平皿，冷却凝固后，盛有固体培养基的平皿。这方法包括将单个微生物分离和固定在固体培养基表面或里面。固体培养基是用琼脂或其他凝胶物质固化的培养基，每个孤立的活微生物体生长、繁殖形成菌落，形成的菌落便于移植。最常用的分离、培养微生物的固体培养基是琼脂固体培养基平板。这种由 Koch 建立的采用平板分离微生物纯培养的技术简便易行，100 多年来一直是各种菌种分离的最常用手段。

1. 平板划线分离法

平板法采用 Petri 培养皿（简称培养皿），它是副互扣的玻璃平面盘。互扣的培养皿经过灭菌，内部保持无菌。将经过灭菌的培养基注入无菌的培养皿中，培养基内含有凝固剂(最常用的琼脂)，可制成固体培养基平板。

用接种环以无菌操作沾取少许待分离的材料，在无菌平板表面进行平行划线、扇形划线或其他形式的连续划线，见图 5-1，微生物细胞数量将随着划线次数的增加而逐渐减少，并逐步分散开来，如果划线适宜的话，微生物能一一分散，经培养后，可在平板表面得到单菌落，获得纯培养物。

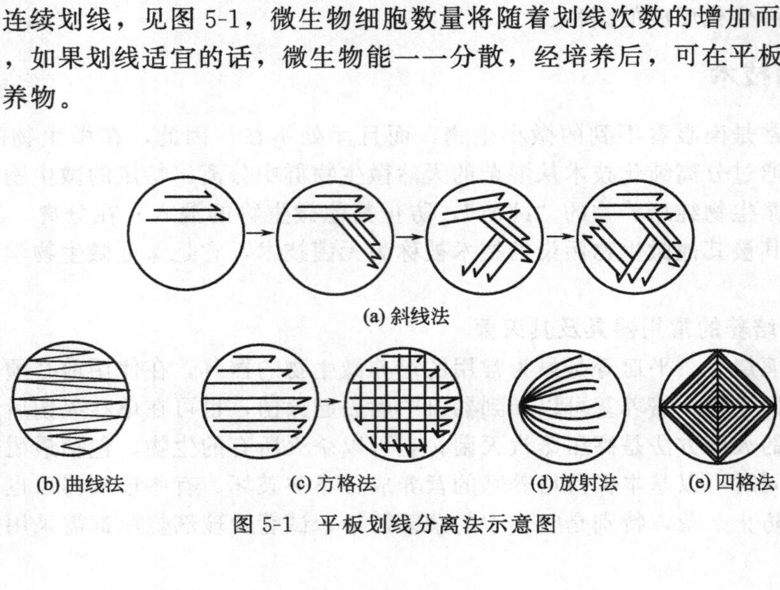

图 5-1 平板划线分离法示意图

2. 稀释法

稀释法是一种将样品梯度稀释，直至能在平板培养基上形成单菌落，再挑取单菌落进行培养以获得纯培养物的方法。

(1) 稀释倒平板法　先将待分离的材料用无菌水做一系列的稀释（如1∶10、1∶100、1∶1000、1∶10000等，见图5-2），然后分别取不同浓度的稀释液少许，与已熔化并冷却至45℃左右的琼脂培养基混合，摇匀后，倒入灭过菌的培养皿中，待琼脂凝固后，制成可能含菌的琼脂平板，保温培养一段时间即可出现菌落。如果稀释得当，在平板培养基表面或琼脂培养基中就可出现分散的单个菌落，这个菌落可能不是由一个细菌细胞繁殖形成的。随后挑取该单个菌落，或重复以上操作数次，进行培养，即可得到纯培养物。

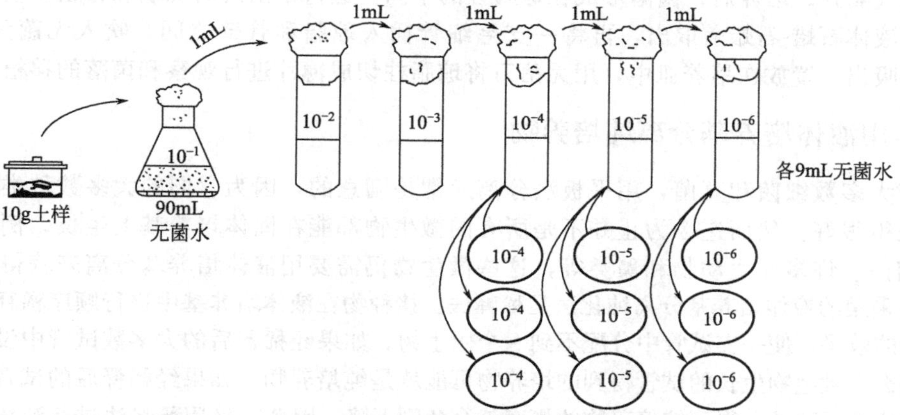

图5-2　样品的稀释和稀释液的取样培养

(2) 稀释混合平板法　稀释混合平板法是将待分离的样品进行一系列的梯度稀释（如1∶10、1∶100、1∶1000等），后用无菌吸管吸取经过稀释的菌悬液1mL注入培养皿，再倒入已熔化并冷却到45℃左右的培养基中，加盖后轻轻摇动培养皿，使培养基均匀分布，平置于桌面上，待凝固后在一定的温度下培养，若出现单菌落，则可挑取单个菌落重复以上操作或划线，即可得到纯培养，见图5-3。

(3) 稀释涂布平板法　此法与稀释混合平板法大致相同，见图5-3。所不同的是，此法先将高温的液态固体培养基摇匀，在火焰旁注入培养皿，静置冷却后制成平板，然后用无菌吸管吸取不同稀释度的菌悬液0.1mL对号放入已写好稀释度的平板中，用无菌玻璃涂布器在培养基表面轻轻涂布均匀，置于适宜条件下，倒置培养一段时间，出现分散菌落后，再挑取单个菌落，划线直至获得纯培养。

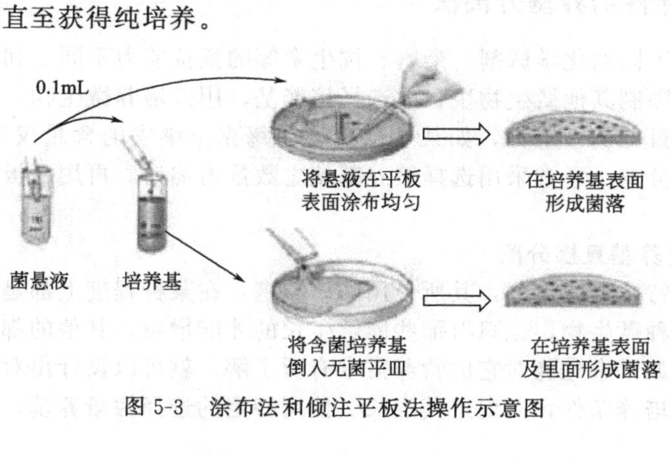

图5-3　涂布法和倾注平板法操作示意图

以上稀释方法均适用于好氧微生物的纯培养分离，而厌氧微生物的纯培养获得则需使用其他的方法，如稀释摇管法。

3. 稀释摇管法

用固体培养基分离严格厌氧菌有它特殊的地方。如果该微生物暴露于空气中不立即死亡，可以采用通常的方法制备平板，然后置放在封闭的容器中培养，容器中的氧气可采用化学、物理或生物的方法清除。对于那些对氧气更为敏感的厌氧性微生物，纯培养的分离则可采用稀释摇管法进行，它是稀释倒平板法的一种变通形式。先将一系列盛无菌琼脂培养基的试管加热使琼脂熔化后冷却并保持在50℃左右，将待分离的材料用这些试管进行梯度稀释，试管迅速摇动均匀，冷凝后，在琼脂柱表面倾倒一层灭菌液体石蜡和固体石蜡的混合物，将培养基和空气隔开。培养后，菌落形成在琼脂柱的中间。进行单菌落的挑取和移植，需先用一个灭菌针将液体石蜡-石蜡盖取出，再将一支毛细管插入琼脂和管壁之间，吹入无菌无氧气体，将琼脂柱吸出，置放在培养皿中，用无菌刀将琼脂柱切成薄片进行观察和菌落的移植。

三、用液体培养基分离纯培养物

对于大多数细菌和真菌，用平板法分离通常是满意的，因为它们的大多数种类在固体培养基上长得很好。然而迄今为止并不是所有的微生物都能在固体培养基上生长，例如一些细胞大的细菌、许多原生动物和藻类等，这些微生物仍需要用液体培养基分离来获得纯培养。

通常采用的液体培养基分离纯化法是稀释法。接种物在液体培养基中进行顺序稀释，以得到高度稀释的效果，使一支试管中分配不到一个微生物。如果经稀释后的大多数试管中没有微生物生长，那么有微生物生长的试管得到的培养物可能就是纯培养物。如果经稀释后的试管中有微生物生长的比例提高了，得到纯培养物的概率就会急剧下降。因此，采用稀释法进行液体分离，必须在同一个稀释度的许多平行试管中，大多数（一般应超过95%）表现为不生长。

四、单孢子或单细胞分离法

采取显微分离法从混杂群体中直接分离单个细胞或单个个体进行培养以获得纯培养的方法，称为单细胞（单孢子）分离法。单细胞分离法的难度与细胞或个体的大小成反比，较大的微生物如藻类、原生动物较容易，个体较小的细菌则较难。在显微镜下使用单孢子分离器进行机械操作，挑取单孢子或单细胞进行培养。也可以采用特制的毛细管在载玻片的琼脂涂层上选取单孢子并切割下来，然后移到合适的培养基进行培养。单细胞分离法对操作技术有比较高的要求，多限于高度专业化的科学研究中应用。

五、利用选择性培养基分离法

各种微生物对不同的化学试剂、染料、抗生素等的抵抗能力不同，利用这些特性可配制适于某种微生物而限制其他微生物生长的选择培养基，用来培养微生物，以获得纯培养。这种方法非常适合含量低的微生物，如某一微生物在每克土壤中的含量仅为10^2～10^3，则用平板稀释法就难以分离。通常采用选择培养基使之数量增加后，再用平板稀释法分离。常用以下两种方式。

1. 利用选择培养基直接分离

分离任何一种特定的微生物，其所使用的培养基，在某种程度上都是有选择性的。如果在培养基中接种多种微生物，也只有那些能够生长的才能增殖，其他的都要受到抑制。在分离某种微生物时，如果事先能对它的营养需求有所了解，就可以设计出对这个微生物比其他微生物更为优越的培养条件，以促进其生长。使用特定的选择性培养基，可以从自然界分离出预期的有用微生物。为此，首先要设计一个通过物理或化学手段使目的微生物能很好生长，而其他微生物不易生长的条件筛选分离，即根据待分离微生物的特点选择不同的培养条件。如在土壤中筛选蛋白酶产生菌，可在培养基中加牛乳或酪素，微生物生长时若产生蛋白酶，则会水解牛乳或酪素，产生蛋白质水解圈，这样可将大量非产蛋白酶的微生物淘汰。也可用高温、抗生素等分离一些特定的微生物。

应用这种选择性培养基可以有效地达到分离的预期目的，这样分离出来的微生物还要进行多次单菌落分离，以达到完全纯化的目的。工业上，为了筛选有用微生物，往往制备多种不同的选择性培养基。

值得注意的是，当一个混合菌群（包括不同种类的各种微生物）分布在有选择性的固体培养基表面时，各种能生长的微生物开始产生各自的群体。在培养基上分散开来的微生物，很大程度上消除了它们之间对营养物质的竞争。这样导致生长慢的微生物同样能在同一环境下存在。为了减少后期单菌落分离的次数，可以对待分离材料进行预先处理。例如，分离芽孢杆菌时，可将样品预先在80℃加热5～15min，即可达到目的。

2. 富集培养

其原理是利用不同微生物间生命活动特点的不同，制订特定的环境条件，使仅适应于该条件的微生物生长旺盛，从而使其在群落中的数量大大增加，更容易分离出特定的微生物。富集培养的条件可根据所需分离的微生物的特点，从物理、化学、生物及综合因素等多个方面进行选择，如温度、pH值、紫外线、压力、光照、氧气、营养等许多方面。如在土壤中分离能降解对羟基苯甲酸的微生物，可以使用此方法。首先配制以对羟基苯甲酸为唯一碳源的选择培养基，接种少量土样，经适宜培养后，取少量培养物转接到另一新鲜培养基中，在同样条件下培养，如此重复多次，使该种微生物得到富集，再在平板上涂布，获得单菌落，挑取单菌落分别培养在没有该底物的培养基中和有该底物的培养基上，在有底物的培养基上能生长，则为该种微生物。

在实际操作时，富集培养往往需要设计一个基础培养基，以适应绝大多数微生物的需要，然后根据需分离的目的微生物的特定要求，配入其所需的碳、氮源，必要时还可加入少量维生素、生物素等。以细菌的富集培养为例，基础培养基见表5-1，富集培养条件见表5-2。

表5-1 细菌富集培养基础培养基

成分	用量/mL	成分	用量/mL
K_2HPO_4	0.1	$CaCl_2$	0.02
$MgSO_4 \cdot 7H_2O$	0.2	$MnCl_2 \cdot 4H_2O$	0.002
$FeSO_4 \cdot 7H_2O$	0.05	$Na_2MoO_4 \cdot 2H_2O$	0.01
蒸馏水加至	1000		

表5-2 细菌富集培养的条件

基础培养基中的添加物/(g/L)	培养条件		接种试样	被富集的微生物
	pH值	气相		
—	7.0	需氧	土壤	需氧的氨基酸氧化菌
—	7.0	需氧	80℃、10min热处理土壤	芽孢杆菌
—	7.0	厌氧	80℃、10min热处理土壤	梭状芽孢杆菌
尿素50.0	8.5	需氧	80℃、10min热处理土壤	耐碱性分解尿素酶
葡萄糖20.0	2.0～3.0	厌氧	土壤	厌氧性八叠球菌
葡萄糖20.0	6.5	厌氧	植物体，牛乳	乳酸菌
葡萄糖20.0		需氧	动物粪便	大肠菌
乙醇40.0	6.0	需氧	果实，未灭菌的啤酒	醋酸菌

在工业微生物的纯培养处理中，由于待分离微生物与混杂微生物在数量、营养要求、生理状态等方面的关系较为复杂，因此经常需要几种方法相互配合才能取得理想的分离结果。

几种纯培养分离方法的应用范围见表 5-3。

表 5-3 微生物纯培养分离方法的比较

分离方法	应用范围	分离方法	应用范围
平皿划线法	方法简便，多用于分离细菌	单细胞挑取法	局限于高度专业化的科学研究
稀释倒平皿法	既可定性，又可定量，用途广泛	利用选择培养基法	适用于分离某些生理类型较特殊的微生物

六、二元培养物

分离的目的通常是要得到纯培养，然而，在有些情况下这是做不到的或是很难做到。但可用二元培养物作为纯化培养的替代物。只有一种微生物的培养物称为纯培养物，含有两种以上微生物的培养物称为混合培养物，而如果培养物中只含有两种微生物，而且是有意识地保持两者之间的特定关系的培养物称为二元培养物。例如二元培养物是保存病毒的最有效途径，因为病毒是细胞生物的严格的细胞内寄生物。有一些具有细胞的微生物也是严格的其他生物的细胞内寄生物，或特殊的共生关系。对于这些生物，二元培养物是在实验室控制条件下可能达到的最接近于纯培养的培养方法。

在自然环境中，猎食细小微生物的原生动物也很容易用二元培养法在实验室培养，培养物由原生动物和它猎食的微生物组成，例如，纤毛虫、变形虫和黏菌。对于这些生物，两者的关系可能并不是严格的。这些生物中有些能够纯培养，但是其营养要求往往极端复杂，制备纯培养的培养基很困难、很费事。

第二节 工业菌种纯培养方法

一个良好的微生物培养装置的基本条件是：按目标微生物的生长规律和营养要求进行科学的设计，能在提供丰富而充足的营养物质的基础上，保证微生物获得适宜的温度和良好的通气条件（只有厌氧菌例外）。此外，还要为微生物提供一个适宜的物理化学条件，且严防杂菌污染等。

从历史发展的角度来看，微生物培养技术发展的轨迹有以下特点：①从小量培养到大规模培养；②从浅层培养发展到厚层（固体制曲）或深层（液体搅拌）培养；③从以固体培养为主到以液体培养为主；④从静止式液体培养发展到通气搅拌式液体培养；⑤从单批培养发展到连续培养以至多级连续培养；⑥从利用分散的微生物细胞发展到利用固定化细胞；⑦从单纯利用微生物细胞到利用动物、植物细胞进行大规模培养；⑧从利用野生型菌种发展到利用变异株直至遗传工程菌株；⑨从单菌发酵发展到混菌发酵；⑩从低密度培养发展到高密度培养；⑪从人工控制的发酵罐到多传感器、计算机在线控制的自动化发酵罐等。

在培养工业微生物的过程中，除大规模的反应器培养外，在孢子及种子制备阶段也常常需要进行实验室培养。以下就实验室和生产实践中一些较有代表性的微生物培养法作一简要介绍。

一、实验室培养法

1. 固体培养法

（1）好氧菌的固体培养　将微生物接种在固体培养基表面进行生长繁殖的方法，称固体培养法。广泛用于好氧微生物菌种的分离、纯化、保藏和生产种子的制备。主要包括：

a. 试管斜面，用于微生物形态观察或菌种保藏；b. 培养皿琼脂平板，用于微生物形态观察、分离和活菌计数、菌种保藏，如图 5-4 所示。

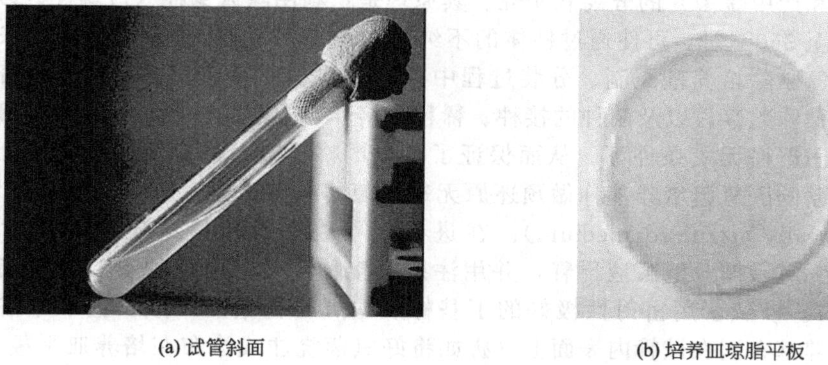

(a) 试管斜面　　(b) 培养皿琼脂平板

图 5-4　小量固体培养示意图

为了获得较多菌体提高培养效率，常采用增大培养表面积的办法，实验室多采用较大型的克氏扁瓶、茄形瓶斜面等，如图 5-5。工厂也有采用曲盘、帘子以及通风制曲池等方法培养菌体的。

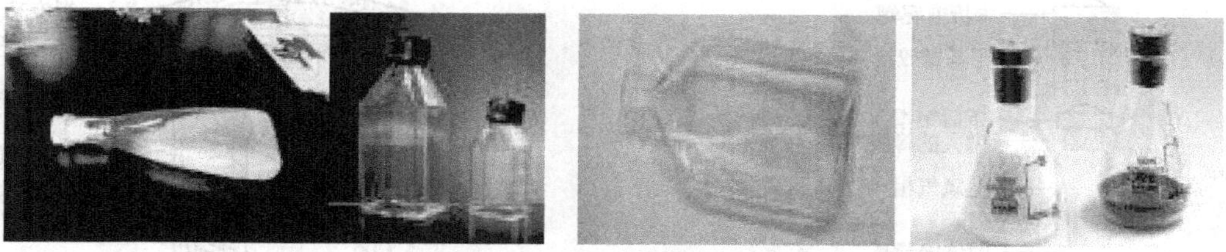

图 5-5　大量固体培养示意图

(2) 厌氧菌的固体培养　实验室中培养厌氧菌除了需要特殊的培养装置或器皿外，首先应配制特殊的培养基。在厌氧菌培养基中，除保证提供 6 种营养要素外，还得加入适当的还原剂，必要时，还要加入刃天青等氧化还原指示剂。具体培养方法如下。

① 高层琼脂柱　把含有还原剂的固体或半固体培养基装入试管中，经灭菌后，除表层尚有一些溶解氧外，越是深层，其氧化还原电势越低，故有利于厌氧菌的生长。例如，韦荣管就是由一根长 25cm、内径 1cm，两端可用橡胶塞封闭的玻璃管，可作稀释分离厌氧菌，并对其进行菌落计数。

② 厌氧培养皿　用于培养厌氧菌的培养皿有几种：有的是利用特制皿盖去创造一个狭窄空间，再加上还原性培养基的配合使用而达到厌氧培养的目的，如 Brewer 皿（图 5-6）；

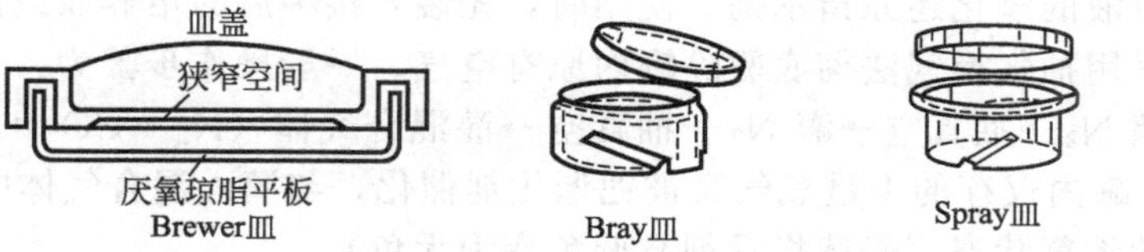

图 5-6　几种厌氧培养皿

有的利用特制皿底——有两个相互隔开的空间，其一是放焦性没食子酸，另一则放 NaOH 溶液，待在皿盖的平板上接入待培养的厌氧菌后，立即密闭，经轻摇动，上述两试剂因接触而发生吸氧反应，于是造成无氧环境，例如图 5-6 中的 Spray 皿或 Bray 皿。

③ 亨盖特滚管技术　此法由著名美国微生物学家 R. E. Hungate 于 1950 年设计而得名。这一技术是厌氧菌微生物学发展历史上的一项划时代的创造，由此推动了严格厌氧菌（如瘤胃微生物区系和产甲烷菌）的分离和研究。其原理是：利用除氧铜柱（玻璃柱内装有大量密集铜丝，加温至 350℃时，可使通过柱体的不纯氮中的 O_2 和铜反应而被除去）来制备高纯氮，再用高纯氮驱除培养基配制、分装过程中各种容器和小环境中的空气，使培养基的配制、分装、灭菌和贮存，以及菌种的接种、稀释、培养、观察、分离、移种和保藏等操作的全过程始终处于严格无氧条件下，从而保证了各类严格厌氧菌的存活。用严格厌氧方法配制、分装、灭菌的厌氧菌培养基称做预还原无氧灭菌培养基，即“PRAS 培养基”（pre-reduced anaerobically sterilized medium）。在进行产甲烷菌等严格厌氧菌分离时，可先用 Hungate 的“无氧操作”把菌液稀释，并用注射器接种到装有融化的 PRAS 琼脂培养基试管中，见图 5-7。该试管用密封性极好的丁基橡胶塞严密塞紧后平放，置于冰浴中均匀滚动，使含菌培养基布满在试管内表面上（犹如将好氧菌浇注或涂布在培养皿平板上），培养后，即可长出许多单菌落。Hungate 滚管技术的优点是：试管内壁上的琼脂层有较大的表面积可供厌氧菌长出单菌落，且试管口的面积和试管腔体积都极小，特别有利于阻止氧与厌氧菌接触。

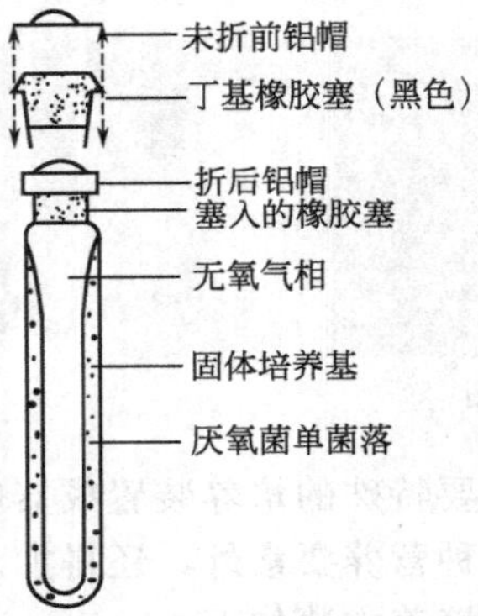

图 5-7　用于 Hungate 滚管技术中的厌氧试管（剖面）

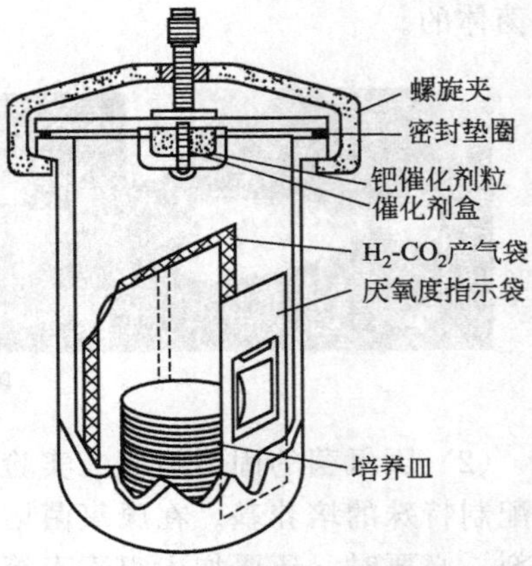

图 5-8　厌氧罐的一般构造

④ 厌氧罐技术　这是一种经常使用，但不是很严格的厌氧菌培养技术，原因是它仅能保证厌氧菌在培养过程中处于良好的无氧环境，但无法使培养基配制、接种、观察、分离、保藏等操作也不接触氧气。其装置如图 5-8 所示，厌氧罐的类型和大小不一，通常都有一个用聚碳酸酯制成的圆柱形透明罐体（内可放 10 个常规培养皿），其上有一个可用螺旋夹紧紧夹牢的罐盖，盖内的中央有一个用不锈钢丝织成的催化剂室，内放置钯催化剂，罐内还放有一种含有美蓝溶液的氧化还原指示剂。使用时，先装入接种后的培养皿或试管菌样，然后封闭罐盖，接着采用抽气换气法彻底驱除罐内原有空气，一般操作步骤为：

抽真空→灌 N_2→抽真空→灌 N_2→抽真空→灌混合气体（N_2：CO_2：H_2 体积比为 80：10：10）之后，罐内仅存的少量氧气又被钯催化剂催化，与灌入混合气体中的 H_2 生成 H_2O，从而形成良好的无氧状态（美蓝指示剂从蓝色变为无色）。

国际上早已盛行用方便快捷的“GasPak”内源性产气袋商品来取代上述烦琐的抽气换气过程。只要把这种产气袋剪去一角并注入适量水后投入厌氧罐，并立即封闭罐盖，它就会自动缓缓放出足够的 CO_2 和 H_2。

⑤ 厌氧手套箱技术 这是 20 世纪 50 年代末问世的一种用于培养、研究严格厌氧菌用的箱形装置和相关的技术措施。手套箱箱体结构严密、不透气，其内充满 N_2 ∶ CO_2 ∶ H_2 = 85 ∶ 5 ∶ 10（体积比）的惰性气体，并有钯催化剂维持箱内处于严格无氧状态。通过塑料手套可对箱内进行各种操作，此外箱内还设有恒温培养箱，以随时进行厌氧菌的培养。外界物品进出箱体可通过有密闭和抽气换气装置的交换室（由计算机自控）进行。厌氧手套箱的外观见图 5-9 所示。

图 5-9 厌氧手套箱外观图

上述的厌氧罐技术、厌氧手套箱技术和亨盖特滚管技术已成为现代实验室中研究厌氧菌最有效的 3 种技术，有各自的特点，其原理、构造、操作要点和优缺点的比较见表 5-4。

表 5-4 3 种现代常用厌氧培养技术的比较

比较项目	厌氧罐技术	亨盖特滚管技术	厌氧手套箱技术
除氧原理	以氮取代空气，残氧用氢去除	用高纯氮驱除各小环境中的空气	以氮取代空气，残氧用氢去除
基本构造	透明可密闭罐体；钯催化剂盒；美蓝指示剂；外源或内源法供氮、二氧化碳和氢气（或内源气袋供气）斗恒温培养	制纯氮的铜柱；专用试管；“滚管”装置	附有 2 个操作手套和交换室的大型密闭箱体；箱内有恒温培养箱和钯催化剂盒等；另有供氮、氢和 CO_2 等附件
操作要点	放入物件→紧闭罐盖→抽气换气（或内源气袋换气）→恒温培养	用铜柱制高纯氮斗配 PRAS 培养基→接种制“滚管”→恒温培养	物体经交换室入箱→自动抽气换气→接种→培养
优缺点	设备价廉，操作较简便；除培养时为无氧外，其余过程无法避氧	各环节能达到严格驱氧；操作烦琐；技术要求极高	各环节能达到严格除氧；设备昂贵；操作、维护较烦琐

2. 液体培养法

(1) 好氧菌的液体培养 由于大多数微生物都是好氧菌，而且微生物一般只能利用溶于水中的氧，故如何保证在培养液中始终有较高的溶解氧浓度就成为重要的生长条件之一。在一般情况下（1atm，20℃），氧在水中的溶解度仅为 6.2mL/L（0.28mmoL），这些氧气仅能保证氧化 8.3mg（0.046mmoL）的葡萄糖，这一数值仅相当于培养基中常用葡萄糖浓度的千分之一。除葡萄糖外，培养基中的其他有机或无机营养物质一般都可保证微生物使用几小时至几天。因此，氧的供应始终是好氧菌生长繁殖过程的限制因子。解决这一矛盾，就必须设法增加培养液与氧的接触面积或提高氧分压，以提高溶氧速率，具体措施有：①浅层液体静止培养；②将锥形瓶内培养物放置于摇床上做摇瓶培养；③在深层培养液底部通入加压空气，并用气体分布器使其形成均匀、密集的小气泡；④对培养液进行机械搅拌，且在培养器的壁上设置阻挡装置等。

实验室中常用的好氧菌培养法有以下几类。

① 试管液体培养　装液量可多可少。此法通气效果不够理想，仅适合培养兼性厌氧菌。

② 锥形瓶浅层液体培养　在静止状态下，其通气量与装液量和通气塞的状态有密切的关系，见表 5-5。此法一般仅适用于兼性厌氧菌的培养。

表 5-5　培养液的装量对粪壳菌的生长速度和生长量的影响　　单位：mg

培养时间/天	250mL 锥形瓶中的装液量			
	6.25mL	12.5mL	25.0mL	50.0mL
3	47	80	63	22
4	75	99	129	99
5	71	113	166	160
6	65	100	156	238
9	57	107	166	269

③ 摇瓶培养　摇瓶培养又称振动培养。将装有培养液的锥形瓶的瓶口用 8 层纱包扎，以利于通气和防止杂菌污染，同时减少瓶内装液量，把它放在往复式或旋转式摇床上振荡，以达到提高溶氧浓度的目的。此法最早由著名荷兰学者 Kluyver A. J. 于 1933 年发明，目前仍广泛用于菌种筛选以及生理生化，发酵和生命科学诸多领域的研究工作中。

④ 台式发酵罐　这是一种利用现代高科技制成的实验室研究用微生物发酵罐，体积通常为数升至数十升，有良好的通气，搅拌及其他各种必要装置，并配有多种传感器，自动记录和计算机调控装置。现成的商品种类很多，应用较为广泛。

(2) 厌氧菌的液体培养　在实验室中对厌氧菌进行液体培养时，若进入上述厌氧罐或厌氧手套箱等设备中，就不必提供额外的培养条件，若是置于有氧环境下培养，则在培养基中必须加入巯基乙酸、半胱氨酸、维生素 C 或庖肉（牛肉小颗粒）等有机还原剂，或加入铁丝等可以明显降低氧化还原电位的无机还原剂。在此基础上，再采用深层培养或同时在液面上加一层石蜡油或凡士林-石蜡油混合物，则可保证培养基的氧化还原电位（E_b）降至－150～420mV，可适合严格厌氧菌的生长。

二、生产实践中微生物的培养方法

1. 固态培养法（主要适合霉菌和酵母培养）

(1) 好氧菌的曲法培养　在生产实践中，好氧真菌的固体培养方法都将接种后的固体基质薄薄地铺在容器的表面，这样既可使菌体获得充足的氧气，又可以将生长过程中产生的热量及时释放，对真菌来说，还十分有利于产生大量孢子，这就是传统的曲法培养的原理。

原始的曲法培养基本培养原料是麸皮、碎麦或豆饼等固态基质，将麸皮和水混合，必要时添加一些辅助营养物和缓冲剂，灭菌，待冷却到适宜温度便可接种，疏松的麸皮培养基便于空气进入，为好氧微生物提供必需的氧气，含水量控制在 40％～80％。由于细菌和酵母菌不能在该含水量环境下生长，故被其污染的可能性降低，这也是生产实践中固体培养主要用于霉菌进行食品酿造及其酶制剂生产的原因。

曲的定义可通过图 5-10 来理解。

根据制曲容器的形状和生产规模，可把各种制曲方法分成瓶曲、袋曲（一般用塑料袋制曲）、盘曲（用木盘制曲）、帘子曲（用竹帘子制曲）、转鼓曲（用大型木质空心转鼓横向转动制曲）和通风曲（即厚层制曲）等。其中瓶曲、袋曲形式在目前的食用菌制种和培养中仍有广泛应用。通风曲是一种机械化程度和生产效率都比较高的现代大规模制曲技术，在我国酱油酿造业中被广泛应用。一般是由一个面积 $10m^2$ 左右的水泥曲槽组成，槽上有曲架和用适当材料编织成的筛板，其上可摊一层约 30cm 厚的曲料，曲架下部不断通以低温、湿润的新鲜过滤空气，以此制备半无菌状态的固体曲，如图 5-11 所示。

- 能源谱
  - 固体基质
    - 提供营养源
    - 有利疏松通气
    - 赋予曲的外形
  - 菌体（菌丝、孢子活细胞）：可用作种子
  - 代谢产物
    - 外酶类：可用作粗酶制剂
    - 其他：如柠檬酸、赤霉素和抗生素等

图 5-10　曲的定义

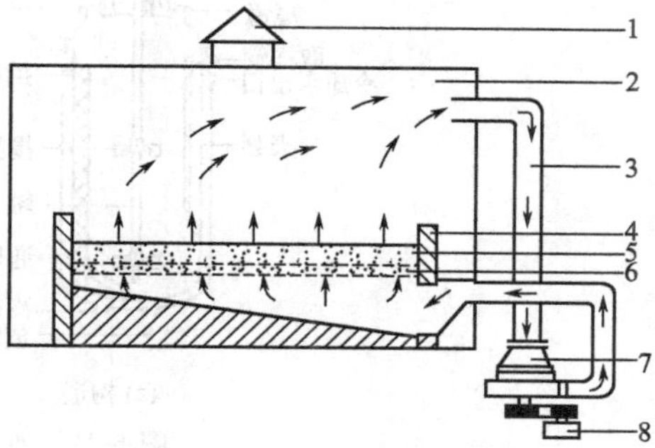

图 5-11　通风曲槽结构模式图

1—天窗；2—曲室；3—风道；4—曲槽；5—曲料；6—篦架；7—鼓风机；8—电动机

（2）厌氧菌的堆积培养法　生产实践上对厌氧菌进行大规模固态培养的例子较为少见，在我国传统白酒生产中，一向采用大型深层地窖对固态发酵物料进行堆积式固态发酵，这对酵母菌的酒精发酵和己酸菌的己酸发酵等较为有利，因此可生产名优大曲酒（蒸馏白酒）。

总之，固体培养的设备简单，生产成本低，但是 pH 值、溶解氧和温度等不易控制，耗费劳动力较多，占地面积大，容易污染，生产规模难以扩大。

2. 液体培养法

液体培养生产效率高，适于机械化和自动化，所以它是当前微生物发酵工业的主要生产方式，液体培养有静置培养和通气培养两种类型：静置培养通常适于厌氧菌发酵，如酒精、丙酮-丁醇、乳酸等发酵；通气培养适于好氧菌发酵，如抗生素、氨基酸、核苷酸等产品发酵。

（1）好氧菌的培养

① 浅盘培养　这是一种用大型盘子对好氧菌进行浅层液体静止培养的方法。由于没有通气搅拌设备，全靠液体表面与空气接触进行氧气交换，是最原始的液体培养形式，在早期的青霉素和柠檬酸等发酵中，均使用过这种方法，但因存在劳动强度大、生产效率低以及易污染杂菌等缺点，故未能广泛使用。

② 深层液体通气培养　这是一类应用大型发酵罐进行深层液体通气搅拌的培养技术，是在青霉素等抗生素发酵中发展起来的技术，其生产效率高，易于控制，产品质量稳定，但其动力较大，设备复杂，需要大量投资。它的发明在微生物培养技术发展史上具有革命性的意义，并成为现代发酵工业的标志。

发酵罐是一种最常见的生物反应器，结构如图 5-12 所示。通常是一钢质圆筒形直立容器，其底和盖为扁球形，高与直径之比一般为 1∶（2～2.5）。容积可大可小，大型发酵罐一般为 50～500m^3，目前世界上最大的为英国用于甲醇蛋白生产的巨型发酵罐，其有效容积达 1500m^3。

发酵罐的主要作用是要为微生物提供丰富、充足的养料，良好的通气搅拌，适宜的温度

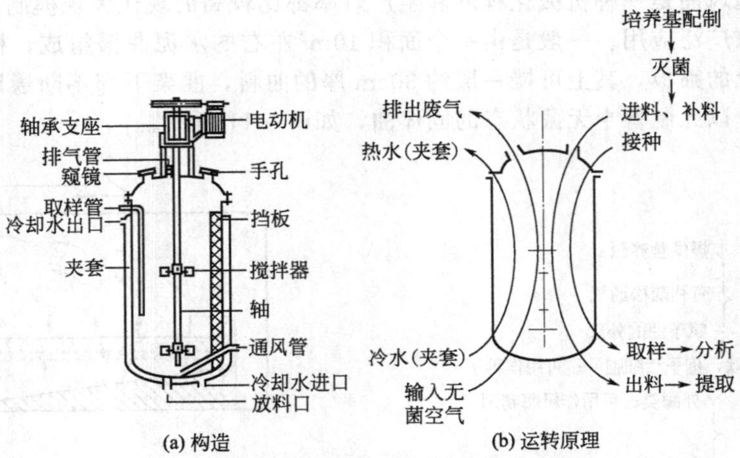

图 5-12 典型发酵罐的构造及其运转原理

和酸碱度，并能消除泡沫和确保防止污染杂菌等。除了罐体相应的各种结构外，还要有一套附属装置。例如培养基配制系统，蒸汽灭菌系统，空气无菌过滤系统，传感器和自动控制系统，以及发酵产物的后处理系统（俗称“下游加工工程”）等。除了上述典型发酵罐可作为好氧菌的深层液体培养装置外，还有各种多种形式的发酵罐、连续发酵罐和用于固定化细胞发酵的各种生物反应器。

(2) 厌氧菌的培养 迄今为止，能做大规模液体培养的厌氧菌仅局限于丙酮丁醇梭菌的丙酮-丁醇发酵一种，由于该菌严格厌氧，故不但可省去通气、搅拌装置，简化工艺过程，还能大大节约能源消耗。由于厌氧发酵罐无通气搅拌装置，所以其体积明显大于好氧发酵罐，可达到 2000m^3，从而提高了生产效率，也有利于进行连续发酵。

[知识链接]

无菌操作技术的要求

一、无菌室的准备

在微生物实验中，一般小规模的接种操作使用无菌接种箱或超净工作台；工作量大时使用无菌室接种，要求严格的在无菌室内，再结合使用超净工作台。

1. 无菌室的设计

无菌室的设计可因地制宜，但应具备下列基本条件。

① 无菌室要求严密、避光，隔板以用玻璃为佳。但为了在使用后排湿通风，应在顶部设立百叶排气窗。窗口加密封盖板，可以启闭，也可在窗口用数层纱布和棉花蒙罩。无菌室侧面底部应设进气孔，最好能通入过滤的无菌空气。

② 无菌室一般应有里外两间。较小的外间为缓冲间，以提高隔离效果。

③ 无菌室应安装拉门，以减少空气流动。必要时，在向外一侧的玻璃隔板上安装一个双层的小型玻璃橱窗，便于内外传递物品，减少进出无菌室的次数。

④ 室内应有照明、电热和动力用的电源。

⑤ 工作台台面应抗热、抗腐蚀，便于清洗消毒。可采用橡胶板或塑料板铺数台面，见图 5-13。

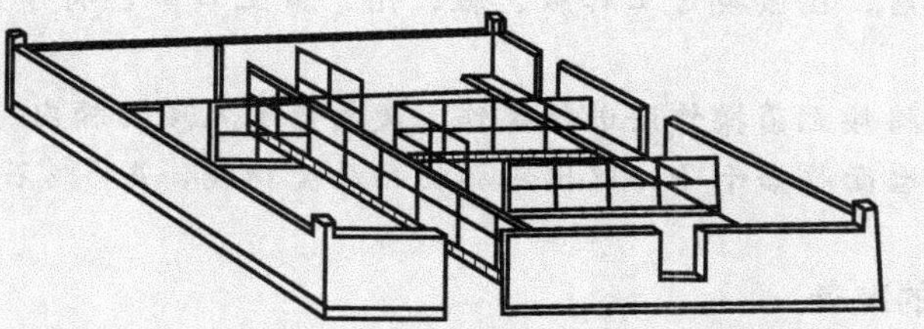

图 5-13　无菌室的立视图

2. 无菌室内的设备

① 无菌室的里外两间均应安装日光灯和紫外线杀菌灯，紫外灯常用规格为 30W，吊装在经常工作位置的上方，距地高度 2.0～2.2m。

② 缓冲间内应安排工作台供放置工作服、鞋、帽、口罩、消毒用药物、手持式喷雾器等，并备有废物桶等。

③ 无菌室内应备有接种用的常用器具，如酒精灯、接种环、接种针、不锈钢刀、剪刀、镊子、酒精棉球瓶、记号笔等。

3. 无菌室的灭菌

(1) 熏蒸　在无菌室全面彻底灭菌时使用。先将室内打扫干净，打开进气孔和排气窗通风干燥后，重新关闭，进行熏蒸灭菌。常用的灭菌药剂为福尔马林（含 37%～40% 甲醛的水溶液）。按 6～10mL/m^3 的标准用量，取出后，盛于铁制容器中，利用电炉或酒精灯直接加热（应能随时在室外中止热源）或加半量高锰酸钾，通过氧化作用加热，使福尔马林蒸发。熏蒸后应保持密闭 12h 以上。由于甲醛气体具有较强的刺激作用，所以在使用无菌室前 1～2h 在一搪瓷盘内加入与所用甲醛溶液等量的氨水，放入无菌室，使其挥发中和甲醛，以减轻刺激作用。除甲醛外，也可用乳酸、硫黄等进行熏蒸灭菌。

(2) 紫外灯照射　在每次工作前后均应打开紫外灯，分别照射 30min，进行灭菌。在无菌室内工作时，切记要关闭紫外灯。

(3) 石炭酸溶液喷雾　每次临操作前，用手持喷雾器喷 5% 石炭酸溶液，主要喷于台面和地面，兼有灭菌和防止微尘飞扬的作用。

4. 无菌室空气污染情况的检验

为了检验无菌室灭菌的效果以及在操作过程中空气的污染程度，需要定期在无菌室内进行空气中杂菌的检验。一般可在两个时间进行：一是在灭菌后使用前；二是在操作完毕后。

取牛肉膏蛋白胨琼脂和马铃薯蔗糖琼脂两种培养基的平板各 3 个，于无菌室使用前（或在使用后），在无菌室内揭开，放置台面上，半小时后重新盖好；另有一份不打开的做对照。一并放 30℃ 下培养，48h 后检验有无杂菌生长以及杂菌数量的多少，根据检验结果确定应采取的措施。

无菌室灭菌后使用前检验时，应无杂菌。如果长出的杂菌多为霉菌时，表明室内湿度过大，应先通风干燥，再重新进行灭菌；如杂菌以细菌为主时，可采用乳酸熏蒸，效果较好。

5. 无菌室操作规则

① 将所用的实验器材和用品一次性全部放入无菌室（如同时放入培养基则需用牛皮纸遮盖）。应尽量避免在操作过程中进出无菌室或传递物品。操作前先打开紫外灯照射半小时，关闭紫外灯后，再开始工作。

② 进入缓冲间后，应该换好工作服、鞋、帽，戴上口罩，将手用消毒液清洁后，再进入工作间。

③ 操作时，严格按无菌操作法进行操作，废物应丢入废物桶内。

④ 工作后应将台面收拾干净，取出培养物品及废物桶，用5%石炭酸喷雾，再打开紫外灯照半小时。

二、接种工具的准备

最常用的接种或移植工具为接种环。接种环是将一段铂金丝安装在防锈的金属杆上制成。市售商品多以镍铬丝（或细电炉丝）作为铂丝的代用品。也可以用粗塑胶铜芯电线加镍铬丝自制，简便适用。

接种环供挑取菌苔或液体培养物接种用。环前端要求圆而闭合，否则液体不会在环内形成菌膜。根据不同用途，接种环的顶端可以改换为其他形式，如接种针等，常用接种工具见图 5-14 和图 5-15。

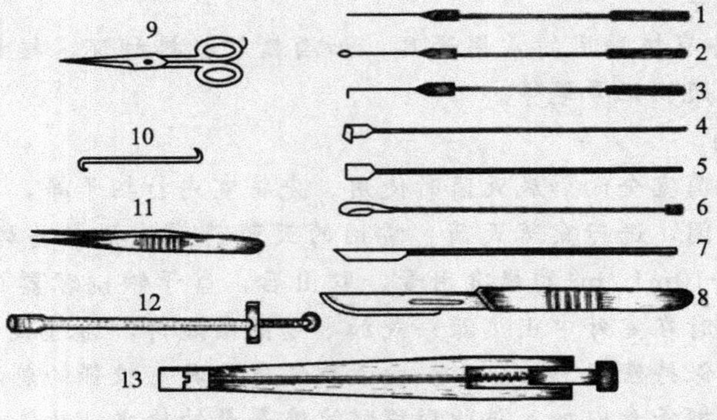

图 5-14　常用接种工具

1—接种针；2—接种环；3—接种钩；4—接种锄；5—接种铲；6—接种匙；7,8—接种刀
9—剪刀；10—钢钩；11—镊子；12—弹簧接种枪；13—接种、枪（日本式）

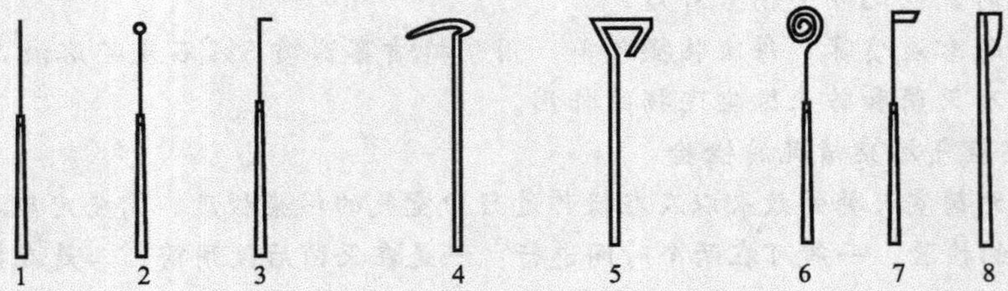

图 5-15　接种和分离工具

1—接种针；2—接种环；3—接种钩；4,5—玻璃涂棒；6—接种圈；7—接种锄；8—小解剖刀

玻璃刮铲（涂布器）是稀释平板涂抹法进行菌种分离或微生物计数时常用的工具。将定量（一般为 0.1mL）菌悬液置于平板表面涂布均匀，该操作过程需要用玻璃刮铲完成。用一段长约 30cm、直径 5～6mm 的玻璃棒，在喷灯火焰上把一端弯成“了”形或倒“△”形，并使柄与“△”端的平面呈 30°左右，见图 5-15。玻璃刮铲接触平板的一侧，要求平直光滑，使之既能进行均匀涂布，又不会刮伤平板的琼脂表面。

移液管（吸管）的准备：无菌操作接种用的移液管常为 1mL 或 10mL 的刻度吸管。吸管在使用前应进行包裹灭菌，移液管的包裹如图 5-16 所示。

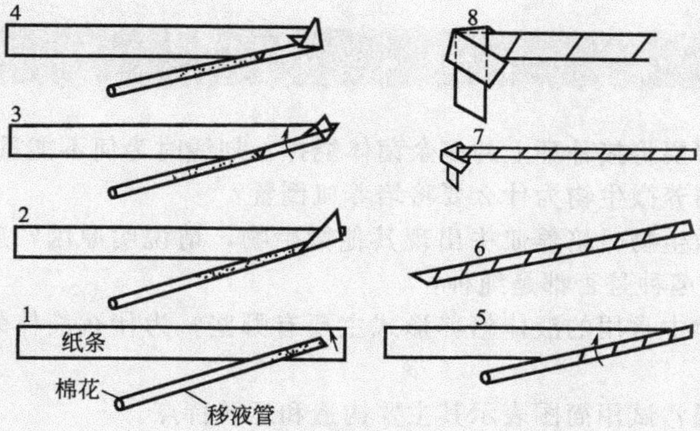

图 5-16　移液管包裹法

三、稀释摇管法

稀释摇管法是用固体培养基来培养严格厌氧的微生物的一种纯培养方法。如果微生物暴露于空气中不立即死亡，可以采用通常的方法制备平板，然后放在封闭的容器中，采用化学、物理或生物的方法清除。对于那些对氧气敏感的微生物，纯培养分离可采用稀释摇管法，它是稀释平板法的一种变通形式。

熔化固体培养基并冷却到 50℃左右，将待分离的材料用此培养基梯度稀释（同稀释平板法），迅速摇匀，凝固后在试管中倒入一层固体石蜡和液体石蜡的混合无菌液，在适宜条件下培养，在琼脂柱中形成菌落后，用无菌无氧的空气将琼脂柱吸出，用无菌刀将琼脂柱切成段，进行观察或移植。

[课堂互动]

稀释分离时为什么要将已融化的琼脂培养基冷却到 45～50℃才能倾入到装有菌液的培养皿内呢？

互动　因为琼脂凝固点一般是 40～45℃，过高的温度会杀死微生物，而过低的温度（<40℃）培养基凝固。

[案例分析]

1. 有四种细菌，分别属于金黄色葡萄球菌、大肠杆菌、乳酸杆菌及梭状芽孢杆菌。由于保存菌种时标签失落，需要重新鉴别，你怎样鉴别这四种微生物？

分析　首先做革兰染色能分出：金黄色葡萄球菌（球状、革兰阳性）、大肠杆菌（杆状、革兰阴性）、乳酸杆菌（杆状、革兰阳性）、梭状芽孢杆菌（杆状、革兰阳性、有芽孢）；其次再进行生化实验作进一步的鉴别。

2. 为什么缺水比饥饿更易导致生物死亡？

分析　(1) 水直接参与一些反应，如蓝细菌利用水作为 CO_2 的还原剂；(2) 作为机体内一系列生理生化反应的介质，代谢物只有先溶于水才能反应；(3) 营养物质的吸收、代谢产物的排泄都需通过水，特别是微生物没有特殊的摄食器官和排泄器官，这些物质只有溶于水才能通过细胞表面；(4) 由于水的比热高，又是良好的热导体，能有效吸收代谢释放的热量，并将热量迅速散发出去，从而有效控制细胞的温度。

[思考题]

1. 为什么每次都要将接种环上的多余菌体烧掉？划线时为何不能重叠？

2. 在恒温箱中培养微生物为什么要将培养皿倒置？

3. 在分离某类微生物时培养皿中出现其他微生物，请说明原因？应如何进一步分离纯化？经一次分离后的菌种是否都是纯种？

4. 工业微生物学中常用的液体培养形式主要有哪些？为什么液体培养是当前发酵工业首选的发酵形式？

5. 什么是发酵罐？试用简图表示其主要构造和运转特点。

6. 在工业微生物中，为什么一直要保持无菌操作？无菌操作的要点包括哪些？如何控制环境无菌？

7. 工业微生物常用的接种方法有哪些？适用于哪些情况？

8. 在工业微生物接种工作中，需要做哪些准备工作？有什么注意事项？这些工作的现实意义是什么？

9. 工业微生物好氧培养与厌氧培养有什么区别？如何实现严格厌氧环境？

第六章

工业菌种保藏技术

【知识目标】

了解菌种保藏的基本原理和保藏方法，能够根据菌种的特点选择相应的保藏方法。

【能力目标】

能按照要求采用不同方法进行菌种保藏。

第一节 菌种的衰退和复壮

一、菌种的衰退

在进化中，变异性是绝对的，而遗传前稳定性则是相对的，退化性的变异是大量的，而进化性的变异却是个别的。但是，在自然情况下，个别的适应性变异通过自然选择却可保存和发展，最后成为进化的方向；在人为条件下，人们也可以通过人工选择法去有意识地筛选出个别的正变体用于生产实践中。相反，如不进行有意识的人工选择，则大量的自发突变菌株就会随意生长；如果对已经获得的高效菌种长期不进行复壮、育种，反映到生产上就会出现持续的低产、不稳产。

对产量性状来说，菌种的负变就是衰退。另外，如果菌种的其他原有典型性状变得不典型了，也是衰退。最易觉察到的是菌落和细胞形态的改变。如菌落从原来的凸形变成扇形、帽形或小山形，孢子丝从原有的螺旋状变成波曲状或直丝状，孢子从椭圆变成短柱形，芽孢与伴孢晶体变得小而少等。其次，就是生长变得缓慢，产孢子越来越少。如菌苔变薄，生长缓慢（半个月以上才长出菌落），不产生丰富的孢子层，有时甚至只长些基内菌丝。再次，就是代谢产物生产能力或其对寄主的寄生能力下降。如赤霉素生产菌产赤霉素能力下降，杀螟杆菌或白僵菌等对寄主致病能力降低等。最后，衰退还表现在抗不良环境条件（抗噬菌体、抗低温等）能力的减弱等。

菌种的衰退是一个从量变到质变的逐步演变过程。开始时，在群体中只有个别细胞发生负变，这时如不及时发现并采取有效措施，而是继续移种传代，则群体中这种负变的个体比例逐步增高。最后由于它们占了一定的数量，从而使整个群体表现出衰退。所以，开始时的菌株实际上已包含了一些退化的个体，到了后来，整个菌群虽然衰退了，但其中还有少数尚未衰退的个体存在。

引起菌种退化的主要原因如下。

1. 基因突变

菌种退化的主要原因是有关基因的负突变。如果控制产量的基因发生负突变则会引起产量下降，如果控制孢子生成的基因发生负突变则孢子性能就会下降。当然，这些负突变都是自发形成的。经常处于旺盛生长状态的细胞比休眠状态细胞发生突变的概率大得多。在发酵生产中常用营养缺陷型突变株，如缺陷型发生回复突变就会使产量水平下降。如黏质赛杆菌（*Serratia marcescens*）H-2892 菌株生产力为 18g/L 组氨酸，经 5 次传代后因回复突变型增多，产量下降至 4g/L。很多抗生素生物合成、产生气生菌丝和色素等性状都部分或全部受质粒基因控制。当菌株连续传代、菌体发生质粒脱落而出现大量光秃型菌落，则生产能力也显著下降。

2. 变异菌株性状分离

变异菌株性状分离也会引起高产性状的丧失。在菌种筛选工作中经常遇到初筛摇瓶产量很高，复筛产量逐渐下降而被淘汰的现象，在霉菌中更为常见。这是一种广义的退化现象。当诱变的单菌落是由一个以上孢子或细胞形成，而其中只有一个孢子或细胞是高产时，在移接传代过程中，这个高产菌株数量减少，当然产量也就下降。即使菌落是由一个孢子或单个细胞形成，只要它是多核细胞，在诱发突变中核的变化不会都一样，随着菌种传代和核的分离也会使性状表现多样化，产量也会随之变化，即使是单核孢子发生突变时，如果双链 DNA 上仅一条链上某个位点发生变化，经移植后也会出现性状分离。因此一个较稳定的变异株的获得必须经过多次分离纯化。为了得到较多纯种，有人考虑提高诱变剂量，使单核细胞 DNA 双链中一条链的某一点发生突变，另一条链完全失活不再复制来提高纯菌产生率。通过实验得到表 6-1 所示数据。

表 6-1 不同剂量紫外线处理裂殖酵母时不纯菌落百分数

剂量（以存活率计）/%	菌落总数	突变菌落数		突变频率/（突变菌落/10^3）	不纯菌落/%
		纯	不纯		
100（对照）	12165	1	—	0.08	—
80～100	12060	13	12	2	43
60～80	8553	46	20	27	30
20～60	4922	65	17	16.7	21
1～20	9884	195	28	22.6	13

诱变突变株的稳定性和诱变剂作用机制有关，一般认为诱发 DNA 碱基转换或颠换时不稳定菌株出现较多，而诱发缺失交界时不稳定菌株出现较少，因为缺失是不能回复的。

3. 连续传代

连续传代也是菌种退化的直接原因。个别细胞性状改变不足以引起菌种退化，经多次传代，退化细胞在数量上占优势，于是退化性状表现逐步明朗化，最终成为一株退化菌株。以芽孢杆菌的黄嘌呤缺陷型在斜面上移植代数对回复突变率和产量的关系为例，如表 6-2 所示。

表 6-2 产腺苷的黄嘌呤缺陷型菌株在接种传代过程中产量和回复子数量间的关系

实验	移接代数	每代斜面保存时间/天	回复子比数	腺苷产量/(g/L)
1	0	147	$1/4.5\times10^6$	13.5
2	2	133,14	$1/2.4\times10^6$	14.9
3	6	47,3,9,3,71,14	$1/2.2\times10^5$	10.7
4	7	47,3,9,3,13,58,14	$1/3.5\times10^5$	13.1
5	9	47,3,9,3,13,8,3,47,4	$1/5.3\times10^3$	8.1
6	12	47,3,9,3,13,8,3,4,14,6,6,31	$1/1.0\times10^3$	7.4

由表 6-2 可见，虽菌种总的保存时间都是 147 天，但随着移植代数的增加，回复突变率也增加，腺苷产量下降。这也说明，退化并不突然明显，而是当退化细胞在繁殖速率上大于正常细胞时，每移植一代，使退化细胞的优势更为显著，从而导致退化。

4. 其他因素

其他如温度、湿度、培养基成分及各种培养条件都会引起菌种的基因突变。例在保藏菌种中基因突变率就随温度降低而减少，又例在产腺苷的黄嘌呤缺陷型中，若在培养基中加入黄嘌呤、鸟嘌呤及组氨酸和苏氨酸可降低回复突变的数量。

二、防止菌种衰退和退化菌种的复壮

1. 防止菌种衰退

(1) 控制传代次数　基因的变化往往发生在复制和繁殖过程中，繁殖越频繁，复制的次数越多，基因发生变化的机会也就越多。因此应该尽量避免不必要的接种和传代，把传代次数控制在最低水平，以降低突变概率。一般情况下，斜面每移植一代，霉菌、放线菌、芽孢杆菌在低温下可保藏半年左右，酵母可保藏 3 个月左右，无芽孢细菌可保藏 1 个月左右。为此，生产菌种每移植一代，最好同时移植较多的斜面，以供一段时间生产之需，这样移植次数就可减少。

(2) 选择合适的培养条件　培养条件对菌种衰退有一定影响，选择一个适合原种生长的条件可以防止菌种衰退。另外，生产上应避免使用陈旧的斜面菌种。

(3) 利用不同类型的细胞进行传代　在放线菌和霉菌中，由于它们的菌丝细胞常含有许多核，甚至是异核体，因此用菌丝接种时就会出现衰退和不纯的子代。而孢子一般是单核的，利用孢子来接种，可以达到防止衰退的目的。但是这也必须注意到微生物细胞本身的特点。对构巢曲霉来说，利用它的分生孢子传代易发生衰退，而用它的子囊孢子移种则不易退化。

(4) 选择合适的保藏方法　采用有效的菌种保藏方法也可以防止菌种衰退。

由于菌种衰退的情况不同，对有些衰退原因还不甚了解，因此要切实解决具体问题，需根据实际情况，通过实验正确地加以运用。

2. 退化菌种的复壮

当退化已经发生以后，就必须采用一些方法使其复壮，恢复其性能，目前所采取的主要复壮方法如下。

(1) 纯种分离　通过纯种分离，可把退化菌种中的一部分仍保持原有典型性状的单细胞分离出来，经过扩大培养，就可恢复原菌株的典型性状。常用的菌种分离纯化方法很多，大体上可把它们归纳成两类：一类较粗放，只能达到“菌落纯”的水平，即从种的水平上来说是纯的，例如在琼脂平板上进行划线分离、表面涂布或与琼脂培养基混匀，以获得单菌落等方法；另一类是较精细的单细胞或单孢子分离方法，它可以达到“细胞纯”（即菌株纯）的水平。后一类方法应用较广，种类很多，既有简单的利用培养皿或凹玻片等做分离室的方法，也有利用复杂的显微操纵器的菌种分离方法。如果遇到不长孢子的丝状菌，则可用无菌小刀取菌落边缘的菌丝尖端进行分离移植，也可用无菌毛细管插入菌丝尖端以截取单细胞而进行纯种分离。

（2）通过寄主体进行复壮　对于寄生性微生物的退化菌株，可通过接种到相应的寄主体内以提高菌株的毒性。如经过长期人工培养的杀螟杆菌，会发生毒力减退、杀虫率降低等现象，这时可用退化的菌株去感染菜青虫的幼虫，然后再从病死的虫体内重新分离菌株。如此反复多次，就可提高菌株的杀虫效率。

（3）淘汰已衰退的个体　有人曾对“5406”菌种采用在低温（－30～－10℃）下处理其分生孢子5～7天，使其死亡率达到80%，结果发现在抗低温的存活个体中留下了未退化的健壮个体。在使用这类方法之前，首先必须仔细分析和判断一下该菌种究竟是衰退、污染还是仅属一般性的表型改变，然后采用相应的手段才能使复壮工作奏效。

第二节　菌种保藏

一、菌种保藏的意义

菌种是从事微生物学以及生命科学研究的基本材料，特别是利用微生物进行有关生产如抗生素、氨基酸、酿造等工业，更离不开菌种。所以菌种保藏是进行微生物学研究和微生物育种工作的重要组成部分。其任务首先是使菌种不致死亡，同时还要尽可能设法把菌种的优良特性保持下来而不致向坏的方面转化。

二、菌种保藏的原理

菌种保藏主要是根据菌种的生理生化特点人工创造条件使孢子或菌体的生长代谢活动尽量降低，以减少其变异。一般可通过保持培养基营养成分在最低水平缺氧状态，干燥和低温，使菌种处于“休眠”状态，抑制其繁殖能力。

一种好的保藏方法，首先应能长期保持菌种原有的优良性状不变，同时还需考虑到方法本身的简便和经济，以便生产上能推广使用。菌种保藏的方法很多，但其基本原理是大同小异的，主要是使微生物处于代谢不活泼、生长繁殖受抑制的休眠状态。这些人工造成的环境主要是低温、干燥、缺氧三方面，并尽量减少传代的次数，使菌株尽可能少发生突变，以达到保持纯种的目的。

微生物的生长周期短，能用于工业生产，但是人为进行不断传代的缺陷是容易引起遗传变异。因此，从20世纪30年代开始就有菌种保藏的研究报告，并探索出了很多方法。许多国家都已建立了专门的菌种保藏机构，如美国典型培养物保藏中心（ATCC)、英国国立标准菌种收藏所（NCTC)、日本大阪发酵研究所（IFO)，还有全球性的世界微生物菌种保藏联合会（WFCC)。这些机构都出售和交换菌种并出版菌种目录。全世界的菌种保藏机构在300个以上。我国在1979年成立了中国微生物菌种保藏管理委员会（CCCCM)，制定了组织和管理条例，并设立6个保藏中心。菌种保藏的目的明确，在基础研究工作中，同一菌种在工作过程及结束后，均可获得重复的实验结果。对于有经济价值的生产菌，需要保持其高产的性能。

通过生物工程技术所得的重组菌必须保持其遗传特性的稳定性。总之，在保藏期内，既要随时可以使用这些菌种，又要尽可能减少甚至不产生遗传变异。

三、菌种保藏的一般方法

常用保藏法：斜面传代保藏法、穿刺保藏法、液体石蜡保藏法、甘油管保藏法、沙土管保藏法、冷冻真空干燥保藏法等。由于这些保藏方法通常不需要特殊实验设备，操作简便易行，故为一般实验室及生产单位所广泛采用。

1. 斜面传代保藏法

这是一种最基本的方法，适用范围广，细菌、真菌及放线菌都可应用。当微生物在适宜的斜面培养基和温度条件下生长良好后，一般在4℃左右可保藏3～6个月。到期后重新移种一次。当然保藏温度和时间都不是绝对的，个别菌种甚至在37℃保藏为宜，也有的需要1～2周传代一次。这种方法的弊端是传代次数多了容易发生变异，如产生孢子能力下降、发酵能力减弱、毒力减小甚至基因失落等；传代次数多也容易使污染机会增加。目前许多实验室采用密封性能较好的螺旋口试管替代传统的棉塞和减少碳水化合物含量的方法，更有利于菌种的保藏。

2. 穿刺保藏法

此法是斜面保藏的一种改进方法，常用于保藏各种需气性细菌。方法是将培养基制成软琼脂（琼脂含量为斜面的1/2，一般为1%），盛入1.2cm×10cm的小试管或螺旋口小试管内，高度为试管的1/3。121℃高压灭菌后不制成斜面，用接种针将菌种穿刺接入培养基的1/2处。培养后的微生物在穿刺处及琼脂表面均可生长。然后覆盖以2～3mm的无菌液体石蜡。液体石蜡必须高压灭菌2次。这样的小管可在冰箱中保存以减少微生物的代谢作用，因此保藏效果较斜面为好。如果不用穿刺法而直接将液体石蜡加入生长好的斜面上亦可得到相似的效果，而且适用的范围较广，真菌、放线菌都适用，但发现液体石蜡减少应及时补充。

穿刺保藏法及液体石蜡保藏法都很简便，但保藏期却因微生物种类不同而有很大的差异，真菌有的可保藏达10年之久，对一些形成孢子能力很差的丝状真菌，液体石蜡保藏法行之有效。而另一些菌种如固氮菌、分枝杆菌、沙门菌、毛霉等却不适宜。此外，从液体石蜡覆盖层下移种时，接种针在火焰上烧灼时菌体会随着液蜡四溅，如果培养物是病原菌时，应予注意。第一代的培养物会有液蜡的残迹和复壮问题，第二代才适于实验用。

3. 液体石蜡保藏法

此法是在新鲜的斜面培养物上，覆盖一层已灭菌的液体石蜡，再置于4～5℃冰箱保存。液体石蜡主要起隔绝空气的作用，使外界空气不与培养物直接接触，从而降低对微生物氧的供应量。培养物上面的液体石蜡层也能减少培养基水分的蒸发。故此法是利用缺氧及低温双重抑制微生物生长，从而延长保藏时间的方法，亦称矿物油保藏法。

此方法简便有效，保藏时间2～10年，可用于丝状真菌、酵母菌、细菌和放线菌的保藏。特别对难于冷冻干燥的丝状真菌和难以在固体培养基上形成孢子的担子菌等的保藏更为有效。缺点是必须直立存放，占空间大，不便携带。某些以石蜡为碳源，或对液体石蜡保藏敏感的菌株都不能用此法保藏。

4. 甘油管保藏法

在液体的新鲜培养物中加入15%已灭菌的甘油，然后再置于－20℃或－70℃冰箱中保藏。此法是利用甘油作为保护剂，甘油透入细胞后，能强烈降低细胞的脱水作用，而且在－20℃或－70℃条件下，可大大降低细胞代谢水平，但却仍能维持生命活动状态，达到延长保藏时间的目的。此法可保藏1～10年。

5. 砂土管保藏法

将待保藏菌种接种于适当的斜面培养基上，经培养后，制成孢子悬液，无菌操作将孢子悬液滴入已灭菌的砂土管中，孢子被吸附在砂石上，将砂土管置于真空干燥器中，通过抽真空吸干砂土管中水分，然后将干燥器置于4℃冰箱中保存。此法利用干燥、缺氧、缺乏营养、低温等因素综合抑制微生物生长繁殖，从而延长保藏时间。本法方法简便，设备简单，适用于产孢子和有芽孢的菌种保藏，可保存两年，但对营养细胞不适用。由于在真空干燥过程中，机械力容易造成孢子的死亡，因此在保藏放线菌和部分真菌的孢子时最好用干法接种。

6. 冷冻保藏法

包括低温冰箱（－30～－20℃，－80～－50℃）、干冰酒精快速冻结（约－70℃）和液氮（－196℃）等保藏法。

7. 冷冻真空干燥保藏法

此法集中了菌种保藏的有利条件，如低温、缺氧、干燥和添加保护剂。此法包括三个步骤。首先将待保藏菌种的细胞或孢子菌悬液悬浮于保护剂（如脱脂牛乳）中，目的是减少因冷冻或水分不断升华对微生物所造成的损害；继而在低温下（－70℃左右）使微生物细胞快速冷冻；然后在真空条件下使冰升华，以除去大部分水分。冷冻真空干燥保藏法是目前最有效的菌种保藏方法之一。它的优点是：适用范围广，保藏期长，存活率高。据报道，除少数不产生孢子只产生菌丝体的丝状真菌不宜采用此法保藏外，其他各大类微生物如细菌、放线菌、酵母菌、丝状真菌以及病毒都可采用此法保藏；而且采用此法保藏的菌种其保藏期一般可长达数年至十几年，均能取得良好保藏效果。缺点是设备昂贵，操作复杂。

由于微生物的多样性，不同的微生物往往对不同的保藏方法有不同的适应性，迄今为止尚没有一种方法对所有的微生物均适宜。因此，在具体选择保藏方法时必须对被保藏菌株的特性、保藏物的使用特点及现有条件等进行综合考虑。对于一些比较重要的微生物菌株，则要尽可能多地采用各种不同的手段进行保藏，以免因某种方法的失败而导致菌种的丧失。

8. 菌种保藏方法比较

霉菌7种常用菌种保藏方法比较见表6-3。

表6-3 霉菌7种常用菌种保藏方法比较

方法	主要措施	适宜菌种	保藏期	评价
冰箱保藏法（斜面）	低温(4℃)	各大类	1～6月	简便
冰箱保藏法（半固体）	低温(4℃)，避氧	细菌，酵母菌	6～12月	简便
液体石蜡保藏法①	低温(4℃)，阻氧	各大类②	1～2年	简便
甘油管保藏法	低温(－70℃)，保护剂(15%～50%甘油)	细菌，酵母菌	约10年	较简便
砂土管保藏法	干燥，无营养	产孢子的微生物	1～10年	简便有效
冷冻真空干燥保藏法	干燥、低温、无氧，有保护剂	各大类	＞5～15年	繁而高效
液氮保藏法	超低温(－196℃)，有保护剂	各大类	＞15年	繁而高效

① 用斜面或半固体穿刺培养物均可，一般置于4℃下。

② 对于可利用石油做碳源的微生物不适宜。

四、菌种保藏的注意事项

（1）菌种在保藏前所处的状态。

（2）菌种保藏所用的基质。

（3）操作过程对细胞结构的损害。

[知识链接]

主要的菌种保藏机构

作用：① 从事原始菌株的保藏，进行有关保藏的研究；

② 提供保藏菌种的品种目录，定期（或不定期）出刊沟通信息；

③ 提供菌种，促进微生物菌种的交流。

世界上有许多菌种收藏服务机构，它们除了主要的工作职能（收集、保存和提供菌种）外还提供一系列其他服务，包括菌种鉴定及保藏、知识产权管理、专利存放、安全存放以及教育培训等服务项目。国内用户可以直接从国内的菌种保藏机构购买菌种，也可以通过国内大型微生物菌种保藏机构代购国外菌种。

（一）国内主要菌种保藏机构

1979 年我国原国家科委主持成立了普通、农业、工业、兽医、林业、医学、药用 7 个国家专业微生物菌种保藏中心，这是微生物菌种保藏工作划时代的事件。随着科学研究和生产的发展，一些科研机构和高校的实验室也增设了菌种保藏室。目前中国在世界微生物菌种保藏联合会注册的菌种保藏中心达 20 个，除此之外，许多其他的科研或生产机构也保藏有大量的微生物菌种。目前我国保藏的 10 万株微生物菌种分散在近 30 多个单位。

1. 中国工业微生物菌种保藏管理中心（CICC）

CICC 是中国国家级工业微生物菌种保藏中心，也是世界微生物菌种保藏联合会和中国微生物菌种保藏管理委员会成员之一，负责全国工业生产与研究应用微生物菌种的收集、鉴定、保藏与供应，微生物菌种保藏技术与应用技术的研究与培训等。

目前该中心保藏国内外各类工业微生物菌种 1750 余株，包括细菌 380 余株，酵母菌 750 余株，丝状真菌 620 余株，基本覆盖了食品与发酵行业各类生产和科研用微生物，其中许多优良菌株的生产性能具有较高水平。

CICC 与日本、美国、英国、韩国、中国台湾省及中国香港特区等数十个国家和地区的菌种保藏机构建立有广泛的联系，每年可以为国内外生产企业和科研机构提供数千株生产和实验用菌株。该中心以工业微生物菌种资源为基础，开展工业微生物菌种的保藏、销售、分离、鉴定、培训和咨询五个方面的工作。中心还编辑出版了《中国工业微生物菌种目录》并备有几十种世界微生物菌种保藏联合会成员机构的菌种目录以供查询。

2. 中国科学院典型培养物保藏委员会

中国科学院于 1996 年 4 月成立了中国科学院典型培养物保藏委员会。该委员会下设 9 个库，它们分别是：中国普通微生物保藏管理中心（CGMCC）；中国病毒保藏中心（CCGVCC）；细胞库；昆明细胞库；基因库；植物离体种质库（IVPGC）；稀有濒危特有植物种质库（REPE）；海洋生物种质库及淡水藻种库（FACHB）。此外，该委员会还成立了信息网络中心，以建立生物信息数据库并致力于实现生物信息资源的网络共享。

该委员会共收录各种培养物约16000个株系，包括菌株13000株、细胞280株、基因及基因元件460个、珍稀濒危动物细胞300多株、组织400多块、病毒760株、植物离体种质298种、淡水藻类600多株、海洋藻类100多种及珍稀濒危植物种质370多株。作为主要的培养物保藏中心之一，该委员会每年向社会所提供的培养物株系超过19000株，在中国生物多样性的保藏、研究和保护中起着关键作用。

(二) 国外主要菌种保藏机构

1. 世界微生物菌种保藏联合会

世界微生物菌种保藏联合会是国际生物科学联合会（IUBS）和国际微生物学协会的一家综合性代理机构。它的主要任务是收集、鉴定、保藏和销售微生物菌种及细胞培养物，其宗旨是支持菌种收集及相关服务机构，在这些机构与用户之间建立信息沟通平台。通过组织论坛和研讨会、出版发行和时事通讯的方式，确保人类所收集的重要菌种及细胞培养物资源能够获得长期有效的保藏。

2. 美国典型培养物保藏中心（ATCC）

ATCC主要从事农业、遗传学、应用微生物、免疫学、细胞生物学、工业微生物学、菌种保藏方法、医学微生物学、分子生物学、植物病理学、普通微生物学、分类学、食品科学等方面的研究。

该中心保藏有藻类111株，细菌和抗生素16865株，细胞和杂合细胞4300株，丝状真菌和酵母46000株，植物组织79株，种子600株，原生动物1800株，动物病毒、衣原体和病原体2189株，植物病毒1563种。另外，该中心还提供菌种的分离、鉴定及保藏服务。该中心保藏的菌种可出售。

3. 美国农业研究菌种保藏中心（NRRL）

NRRL是由美国农业部农业研究中心支持的政府性质的菌种保藏中心。主要从事农业、应用微生物、基因工程、工业微生物、菌种保藏方法、环境保护、分子生物学、食品安全、普通微生物、分类学方面的研究。

该中心保藏有细菌10500株，真菌45000株，酵母14500株，放线菌9500株。另外，该中心还提供细菌、真菌、酵母的鉴定服务。

4. 日本技术评价研究所生物资源中心（NBRC）

NBRC是由日本经济部、商业部、工业部支持的半政府性质菌种保藏中心。主要从事农业、应用微生物、菌种保藏方法、环境保护、工业微生物、普通微生物、分子生物学等的研究。

该中心保藏有细菌1446株，真菌568株，酵母164株。这些菌种主要来自日本的其他菌种保藏中心。该中心保藏的菌种可出售。

5. 荷兰微生物菌种保藏中心（CBS）

CBS是半政府性质的保藏机构，主要保藏真菌、酵母菌种。

该中心主要从事菌种保藏方法、分类学、分子生物学、医学微生物学等方面的研究。

该中心保藏有真菌35000株、酵母5500株。该中心保藏的菌种可出售。

6. 德国微生物菌种保藏中心（DSMZ）

DSMZ成立于1969年，是德国的国家菌种保藏中心。该中心一直致力于细菌、真菌、质粒、抗生素、人体和动物细胞、植物病毒等的分类、鉴定和保藏工作。

该中心是欧洲规模最大的生物资源中心，保藏有细菌9400株，真菌2400株，酵母500株，质粒300株，动物细胞500株，植物细胞500株，植物病毒600株，细菌病毒90

株等。该中心保藏的菌种可出售。

另外，该中心还提供菌种的分离、鉴定、保藏服务。

7. 英国国立标准菌种收藏所（NCTC）

该中心保藏有细菌 5000 株，支原体 100 余种，质粒、抗生素、转位子合计达 500 余种，细菌和噬菌体 15000 株，丝状真菌 4400 株，酵母菌 600 株及其他菌种千余株，原生动物 1200 种及重组物品等。

[课堂互动]

你尝试通过互联网订购微生物菌种吗？

菌种订购程序：中国工业微生物菌种保藏管理中心

(China Center of Industrial Culture Collection，CICC)

(1) CGMCC 仅向注册用户提供菌种。计划订购 CGMCC 菌种的单位或个人，应首先填写“新用户注册登记表”，与 CGMCC 签订《微生物遗传资源提供和利用协议书》和《数据利用协议》，在 CGMCC 进行用户注册。

“新用户注册登记表”与协议书等有关文件获得途径：①登录 CGMCC 的主页，在“表格下载区”下载；②直接向 CGMCC 索取。

(2) 将签字盖章后的《新用户注册登记表》、《微生物遗传资源提供和利用协议书》、《数据利用协议》（各一式二份），邮寄至 CGMCC。个人用户应提交身份证复印件。

(3) CGMCC 审核用户注册信息，签署协议，分配用户注册编号，发出新用户注册通知书，寄回完成签订的《微生物遗传资源提供和利用协议书》和《数据利用协议》各一份。

(4) 检索 CGMCC 出版的菌种目录或在线菌种数据库，选择所需购买的菌种，记录菌株名称及 CGMCC 保藏编号，填写《菌种订购单》，签字（盖章）后邮寄或传真至 CGMCC。CGMCC 不受理未签字（盖章）的《菌种订购单》。为缩短新用户第一次订购菌种的时间，建议用户将菌种订购单和准备好的用户注册材料一同提交到 CGMCC。

(5) 支付所需费用。可采用现金、支票、汇票等方式或通过银行、邮局汇款的方式支付，目前暂不接受信用卡。

(6) CGMCC 收到汇款（以收到银行的汇款到账通知单或汇款单为准）后，根据订购单准备和寄出菌种。冻干安瓿菌种，一般不超过 4 个工作日交付邮局；试管斜面菌种需要 2～3 周甚至更长的培养、质量检查时间。

(7) 已注册用户订购菌种，只需完成第（4)～(6）步骤。

支付费用：可采用现金、支票、汇票等方式或通过银行、邮局汇款的方式支付，目前暂不接受信用卡。

通过银行汇款：

开户银行：北京工商银行海淀西区支行

开户单位：中国科学院微生物研究所

账　　号：0200004509089117425

注　　意：请在附言中注明“某某购菌种”字样。

通过邮局汇款：

单位地址：北京市朝阳区大屯路，中国科学院微生物研究所

邮政编码：100101

收 款 人：索桂英

[案例分析]

怎样进行微生物菌种的穿刺保藏和液体石蜡保藏?

一、菌种的穿刺保藏

1. 材料和工具准备

(1) 菌种 细菌、酵母菌、放线菌和霉菌斜面菌种。

(2) 培养基 牛肉膏蛋白胨培养基，麦芽汁培养基，高氏Ⅰ号培养基，马铃薯蔗糖培养基。

(3) 器材 无菌试管，无菌吸管，接种针，冰箱，超净工作台，恒温培养箱，高压蒸汽灭菌锅等。

2. 操作实例

(1) 接种 方法是将培养基制成软琼脂(琼脂含量为斜面的1/2，一般为1%)，盛入1.2cm ×10cm的小试管内，高度为试管的1/3。121℃高压灭菌后不制成斜面，用针形接种针将菌种穿刺接入培养基的1/2处，注意不要穿透底部。培养后的微生物在穿刺处及琼脂表面均可生长，然后覆盖以2～3mm的无菌液体石蜡。

(2) 培养 在适宜的温度下培养，使其充分生长。

(3) 保藏 将培养好的菌种试管塞上橡胶塞或熔封后，置于4℃冰箱保藏。

这种保藏方法一般用于保藏兼性厌氧细菌或酵母菌，保藏期在0.5～1年。

二、液体石蜡保藏

1. 材料和工具准备

(1) 菌种 细菌、酵母菌、放线菌和霉菌斜面菌种。

(2) 培养基 牛肉膏蛋白胨培养基，麦芽汁培养基，高氏Ⅰ号培养基，马铃薯蔗糖培养基。

(3) 试剂 液体石蜡。

(4) 器材 无菌试管，无菌吸管，接种环，锥形瓶，冰箱，超净工作台，恒温培养箱，高压蒸汽灭菌锅。

2. 操作实例

(1) 液体石蜡灭菌 在250mL锥形瓶中装入100mL液体石蜡，塞上棉塞，并用牛皮纸包扎，121℃湿热灭菌30min，然后于40℃恒温箱中放置14天(或置于105～110℃烘箱中1h)，以除去石蜡中的水分备用。

(2) 接种培养 将待保藏的菌种用接种环以无菌操作法移至相应的试管斜面上，细菌和酵母菌宜采用对数生长期的细胞，而放线菌和丝状真菌宜采用成熟的孢子。

(3) 加液体石蜡 用无菌滴管吸取液体石蜡，以无菌操作加到已长好的菌种斜面上，加入量以高出斜面顶端约1cm为宜。

(4) 保藏 棉塞外包牛皮纸，将试管直立放置于4℃冰箱中保存。

(5) 恢复培养 用接种环从液体石蜡下挑取少量菌种，在试管壁上轻靠几下，尽量使油滴净，再接种于新鲜培养基中培养。由于菌体表面粘有液体石蜡，生长较慢且有黏性，故一般须转接2次才能获得良好菌种。

利用这种保藏方法，霉菌、放线菌、有芽孢细菌可保藏2年左右，酵母菌可保藏1～2年，一般无芽孢细菌也可保藏1年左右。

[思考题]

1. 微生物菌种的保藏方法有哪些？
2. 请列表具体说明常用保藏法的操作要点、保藏期限及优缺点。
3. 试述菌种退化的现象、原因及预防措施。
4. 叙述菌种复壮的具体方法。
5. 实验室中最常用哪一种既简单又方便的保藏法保藏细菌菌体？
6. 沙土管保藏法适合于何种类型微生物的保藏？灭菌后的沙土管为什么必须进行无菌检查？
7. 如何防止菌种管棉塞受潮和杂菌污染？
8. 为什么在冷冻时一般用牛乳作为保护剂？
9. 在冷冻干燥法中为什么必须先将菌悬液预冻才能进行真空干燥？

第七章

工业菌种扩大培养技术

【知识目标】

了解工业微生物菌种生长繁殖各个生长时期的特点及各个时期的影响因素，掌握工业微生物菌种对数生长期和稳定期的特征及主要影响因素。

【能力目标】

根据发酵企业菌种岗位和发酵工岗位要求，会进行各种工业菌种活化和逐级扩大培养，通过实验室种子制备和生产车间孢子制备，生产各种工业用微生物菌种。

目前工业规模的发酵罐容积已达到几十立方米或几百立方米。如按百分之十左右的种子量计算，就要投入几立方米或几十立方米的种子。要从保藏在试管中的微生物菌种逐级扩大为生产用种子是一个由实验室制备到车间生产的过程。其生产方法与条件随不同的生产品种和菌种种类而异。如细菌生长的快慢；对营养、温度、需氧等条件的要求均有所不同。因此，种子扩大培养应根据菌种的生理特性，选择合适的培养条件来获得代谢旺盛、数量足够的种子。这种种子接入发酵罐后，将使发酵生产周期缩短，设备利用率提高。种子液质量的优劣对发酵生产起着关键性的作用。

种子扩大培养：是指将保存在砂土管、冷冻干燥管中处于休眠状态的生产菌种接入试管斜面活化后，再经过扁瓶或摇瓶及种子罐逐级放大培养而获得一定数量和质量的纯种过程。这些纯种培养物称为种子。

发酵工业生产过程中的种子必须满足以下条件：

① 菌种细胞的生长活力强，移种至发酵罐后能迅速生长，迟缓期短；

② 生理形状稳定；

③ 菌体总量及浓度能满足大容量发酵罐的要求；

④ 无杂菌污染；

⑤ 保持稳定的生产能力。

第一节 种子的制备过程

在发酵生产过程中，种子制备的过程大致可分为两个阶段：①实验室种子制备阶段，

②生产车间种子制备阶段，见图 7-1。

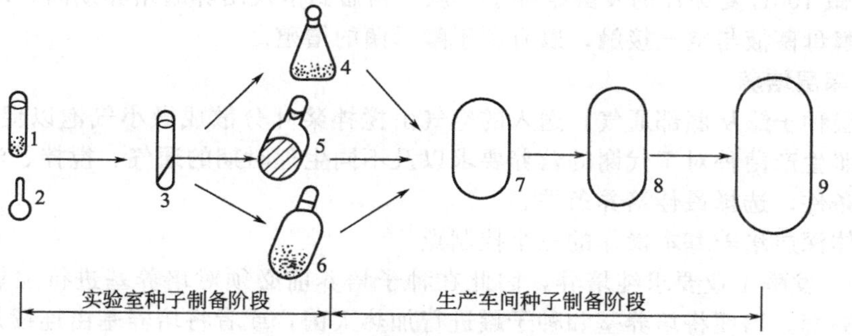

图 7-1 种子扩大培养流程图

1—砂土孢子；2—冷冻干燥孢子；3—斜面孢子；4—摇瓶液体培养（菌丝体）；5—茄子瓶斜面培养；6—固体培养基培养；7，8—种子罐培养；9—发酵罐

一、实验室种子的制备

实验室种子的制备一般采用两种方式：对于产孢子能力强的及孢子发芽、生长繁殖快的菌种可以采用固体培养基培养孢子，孢子可直接作为种子罐的种子，这样操作简便，不易污染杂菌；对于产孢子能力不强或孢子发芽慢的菌种，可以用液体培养法。

（一）孢子的制备

1. 细菌孢子的制备

细菌的斜面培养基多采用碳源限量而氮源丰富的配方。培养温度一般为 37℃。细菌菌体培养时间一般为 1～2 天，产芽孢的细菌培养则需要 5～10 天。

2. 霉菌孢子的制备

霉菌孢子的培养一般以大米、小米、玉米、麸皮、麦粒等天然农产品为培养基。培养的温度一般为 25～28℃。培养时间一般为 4～14 天。

3. 放线菌孢子的制备

放线菌孢子培养一般采用琼脂斜面培养基，培养基中含有一些适合产孢子的营养成分，如麸皮、豌豆浸汁、蛋白胨和一些无机盐等。培养温度一般为 28℃。培养时间为 5～14 天。

（二）液体种子制备

1. 好氧培养

对于产孢子能力不强或孢子发芽慢的菌种，如产链霉素的灰色链霉菌、产卡那霉素的卡那链霉菌可以用摇瓶液体培养法。将孢子接入含液体培养基的摇瓶中，于摇瓶机上恒温振荡培养，获得菌丝体，作为种子。其过程如下。

试管→三角瓶→摇床→种子罐

2. 厌氧培养

对于酵母菌（啤酒、葡萄酒、清酒等），其种子的制备过程如下。

试管→三角瓶→卡式培养罐→种子罐

例如生产啤酒的酵母菌一般保存在麦芽汁琼脂或 MYPG 培养基（培养基配制：3g 麦芽浸出物，3g 酵母浸出物，5g 蛋白胨，10g 葡萄糖和 20g 琼脂与 1L 水中）的斜面上，于 4℃冰箱内保藏。每年移种 3～4 次。将保存的酵母菌种接入含 10mL 麦芽汁的 500～1000mL 三角瓶中，再于 25℃培养 2～3 天后，再扩大至含有 250～500mL 麦芽汁的 500～1000mL 三角瓶中，再于25℃培养2天后，移种至含有5～10L麦芽汁的卡氏培养罐中，于15～20℃培养3～5天即可做100L麦芽汁的发酵罐种子。从三角瓶到卡氏培养罐培养期间，均需定时摇动或通气，使酵母菌液与空气接触，以有利于酵母菌的增殖。

3. 液体深层培养

液体深层种子罐从底部通气，送入的空气由搅拌桨叶分散成微小气泡以促进氧的溶解。该法容易按照生产菌种对于代谢的营养要求以及不同生理时期的通气、搅拌、温度与培养基中氢离子等条件，选择最佳培养条件。

(1) 液体深层培养基本操作的三个控制点

① 灭菌　发酵工业要求纯培养，因此在种子培养前必须对培养基进行加热灭菌。种子罐具有蒸汽夹套，以便将培养基和种子罐进行加热灭菌，或者将培养基由连续加热灭菌器灭菌，并连续输送至种子罐内。

② 温度控制　培养基灭菌后，冷却至培养温度进行种子培养，由于随着微生物生长和繁殖会产生热量，搅拌也会产热，所以要维持温度恒定需在夹套中或盘管中通冷却水循环。

③ 通气、搅拌　空气进入种子罐前先经过空气过滤器除去杂菌，制成无菌空气，而后由罐底部进入，再通过搅拌将空气分散成微小气泡。为了延长气泡滞留时间，可在罐内装挡板产生涡流。搅拌底部的目的除增加溶解氧以外，可使培养液中的微生物均匀分散在种子罐内，促进热传递，以及pH值均匀，并使加入的酸和碱均匀分散等。

(2) 几种深层培养

① 控制培养法　根据罐内部的变化情况，掌握短暂时间内状态变量的变化以及可能测定的环境因子对微生物代谢活动的影响，并以此为基础进行控制培养，以达到产物的最优培养条件。

② 载体培养法　载体培养法脱胎于曲法培养，同时又吸收了液体培养的优点，是近年来新发展的一种培养方法。以天然或人工合成的多孔材料代替麸皮之类的固体基质作为微生物的载体，营养成分可以严格控制。发酵结束后，只要将菌体和培养基挤压出来进行抽提，载体可重新使用。

③ 两步法　在酶制剂的两步法液体深层培养中，每一步菌体相同而培养条件不同，因为微生物生长与产酶的最适条件有很大的差异。菌体先在丰富的培养基上大量繁殖，然后收集菌体浓缩物，洗涤后再转入添加诱导物的产酶培养基，在此期间，菌体积累大量的酶，一般不再繁殖，营养成分或诱导物得到充分的利用。

(3) 厌氧培养（静置培养）

对于厌氧放线菌需要厌氧培养，其过程如下。

试管→三角瓶→卡式培养罐→种子罐

二、生产车间种子制备

实验室制备的孢子或液体种子移种至种子罐扩大培养，种子罐的培养基虽因不同菌种而异，但其原则为采用易被菌利用的成分如葡萄糖、玉米浆、磷酸盐等，如果是需氧菌，同时还需供给足够的无菌空气，并不断搅拌，使菌（丝）体在培养液中均匀分布，获得相同的培养条件。

1. 种子罐的作用

主要是使孢子发芽，生长繁殖成菌（丝）体，接入发酵罐能迅速生长，达到一定的菌体量，以利于产物的合成。

2. 种子罐级数的确定

种子罐级数：是指制备种子需逐级扩大培养的次数，取决于：

① 菌种生长特性、孢子发芽及菌体繁殖速度；

② 所采用发酵罐的容积。

比如：

细菌：生长快，种子用量比例少，级数也较少，二级发酵。

茄子瓶→种子罐→发酵罐

霉菌：生长较慢，如青霉菌，三级发酵。

孢子悬浮液→一级种子罐（27℃，40h 孢子发芽，产生菌丝）→二级种子罐（27℃，10～24h，菌体迅速繁殖，粗壮菌丝体）→发酵罐

放线菌：生长更慢，采用四级发酵。

酵母：比细菌慢，比霉菌，放线菌快，通常用一级种子。

3. 确定种子罐级数需注意的问题

（1）种子级数越少越好，可简化工艺和控制，减少染菌机会。

（2）种子级数太少，接种量小，发酵时间延长，降低发酵罐的生产率，增加染菌机会

（3）虽然种子罐级数随产物的品种及生产规模而定，但也与所选用工艺条件有关。如改变种子罐的培养条件，加速了孢子发芽及菌体的繁殖，也可相应地减少种子罐的级数。

第二节 种子质量的控制

一、影响孢子质量的因素及控制

影响孢子质量的因素通常有：培养基、培养条件、培养时间和冷藏时间等。

1. 培养基

生产过程中经常出现种子质量不稳定的现象，其主要原因是原材料质量波动。例如在四环素、土霉素生产中，配制产孢子斜面培养基用的麸皮，因小麦产地、品种、加工方法及用量的不同对孢子质量的影响也不同。蛋白胨加工原料不同如鱼胨或骨胨对孢子影响也不同。原材料质量的波动，起主要作用的是其中无机离子含量不同，如微量元素 Mg^{2+}、Cu^{2+}、Ba^{2+} 能刺激孢子的形成。磷含量太多或太少也会影响孢子的质量。

水质的影响：地区不同、季节变化和水源污染，均可造成水质波动，影响种子质量。

菌种在固体培养基上可呈现多种不同代谢类型的菌落，氮源品种越多，出现的菌落类型也越多，不利于生产的稳定。

解决措施：

（1）培养基所用原料要经过发酵试验合格才可使用；

（2）严格控制灭菌后培养基的质量；

（3）斜面培养基使用前，需在适当温度下放置一定时间；

（4）供生产用的孢子培养基要用比较单一的氮源，作为选种或分离用的培养基则采用较复杂的有机氮源。

2. 培养条件

（1）温度　温度对多数品种斜面孢子质量有显著影响。细菌的培养温度多数是（36±1）℃，过高或过低都会受到影响。如土霉素生产菌种在高于 37℃ 培养时，孢子接入发酵罐后出现糖代谢变慢、氨基氮回升提前、菌丝过早自溶、效价降低等现象。一般各生产单位都

严格控制孢子子斜面的培养温度。

（2）湿度　斜面孢子培养基的湿度对孢子的数量和质量有较大影响。例如土霉素生产菌种龟裂链霉菌，孢子制备时发现：在北方气候干燥地区孢子斜面长得较快，在含有少量水分的试管斜面培养基下部孢子长得较好，而斜面上部由于水分迅速蒸发呈干瘪状，孢子稀少。在气温高湿度大的地区，斜面孢子长得慢，主要由于试管下部冷凝水多而不利于孢子的形成。从表 7-1 看出相对湿度在 40%～45%时孢子数量最多，且孢子颜色均匀，质量较好。

表 7-1　不同相对湿度对龟裂链霉菌斜面生长的影响

相对湿度/%	斜面外观	活孢子计数/(亿/支)
16.5～19	上部稀薄、下部稠略黄	1.2
25～36	上部薄、中部均匀发白	2.3
40～45	一片白，孢子丰富，稍皱	5.7

3. 培养时间和冷藏时间

（1）培养时间　一般来说，衰老的孢子不如年轻的孢子，因为衰老的孢子已在逐步进入发芽阶段，核物质趋于分化状态。过于衰老的孢子会导致生产能力的下降。

解决措施　孢子培养的时间应该控制在孢子量多、孢子成熟、发酵产量正常的阶段终止培养。

（2）冷藏时间　斜面冷藏对孢子质量的影响与孢子成熟程度有关。如土霉素生产菌种孢子斜面培养 4 天左右即于 4℃冰箱保存，发现冷藏 7～8 天菌体细胞开始自溶。而培养 5 天以后冷藏，20 天未发现自溶。

冷藏时间对孢子的生产能力也有影响。例如在链霉素生产中，斜面孢子在 6℃冷藏两个月后的发酵单位比冷藏一个月降低 18%，冷藏 3 个月后降低 35%。

4. 接种量

接种量大小影响到培养基中孢子的数量，进而影响菌体的生理状况。

二、影响种子质量的因素及控制

生产过程中影响种子质量的因素通常有：孢子的质量、培养基、培养条件、种龄、接种量。

1. 培养基

种子培养基要满足以下要求：

① 营养成分适合种子培养的需要；

② 选择有利于孢子发芽和菌体生长的培养基；

③ 营养上要易于被菌体直接吸收和利用；

④ 营养成分要适当丰富和完全，氮源和维生素含量要高；

⑤ 营养成分要尽可能与发酵培养基相近。

2. 培养条件

（1）温度　温度对多数品种斜面孢子质量有显著的影响。细菌的培养温度多数是（36±1)℃，过高或过低都会受到影响。如土霉素生产菌种在高于 37℃培养时，孢子接入发酵罐后出现糖代谢变慢，氨基氮回升提前，菌丝过早自溶，效价降低等现象。一般各生产单位都严格控制孢子斜面的培养温度。

（2）通气量　在种子罐中培养的种子除保证供给易被利用的培养基外，有足够的通气量可以提高种子质量。例如，青霉素的生产菌种在制备过程中将通气充足和不足两种情况下得到的种子分别接入发酵罐内，它们的发酵单位可相差 1 倍。但也有例外，例如土霉素生产菌，一级种子罐的通气量小对发酵有利。

3. 种龄

种龄：是指种子罐中培养的菌丝体开始移入下一级种子罐或发酵罐时的培养时间。

通常种龄是以处于生命力极旺盛的对数生长期，菌体量还未达到最大值时的培养时间较为合适。时间太长，菌种趋于老化，生产能力下降，菌体自溶；种龄太短，造成发酵前期生长缓慢。

不同菌种或同一菌种工艺条件不同，种龄是不一样的，一般需经过多种实验来确定。最适种龄因菌种不同而有很大差异：霉菌种龄一般为 16～50h。

如嗜碱性芽孢杆菌生产碱性蛋白酶，12h 最好（图 7-2）。

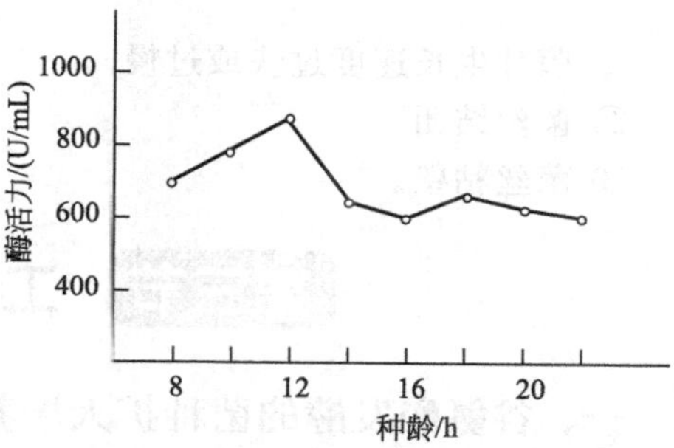

图 7-2 嗜碱性芽孢杆菌生产碱性蛋白酶

4. 接种量

接种量：是指移入的种子液体积和接种后培养液体积的比例。

接种量的大小决定于生产菌种在发酵罐中生长繁殖的速度，采用较大的接种量可以缩短发酵罐中菌丝繁殖达到高峰的时间，使产物的形成提前到来，并可减少杂菌的生长机会。但接种量过大或者过小，均会影响发酵。过大会引起溶氧不足，影响产物合成，而且会过多移入代谢废物，也不经济；过小会延长培养时间，降低发酵罐的生产率。图 7-3 所示为不同接种量对碱性蛋白酶产生的影响。

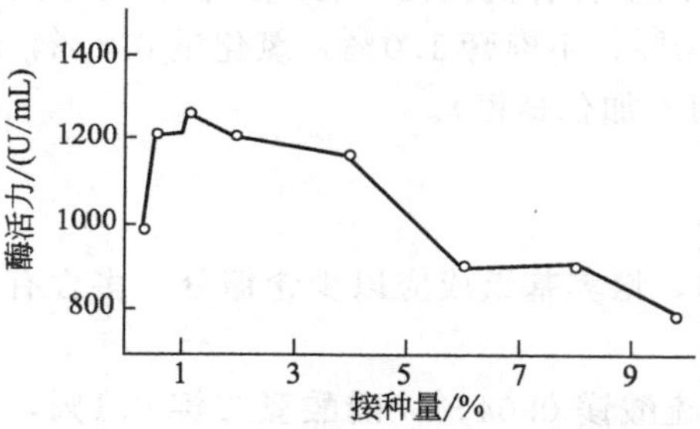

图 7-3 接种量对碱性蛋白酶产生的影响

通常接种量：细菌 1%～5%，酵母菌 5%～10%，霉菌 7%～15%，有时 20%～25%（青霉素）。

三、种子质量的控制措施

种子质量的最终指标是考察其在发酵罐中所表现出来的生产能力。因此首先必须保证生产菌种的稳定性，其次是提供种子培养的适宜环境保证无杂菌侵入，以获得优良种子。因此在生产过程中通常进行以下两项检查。

① 菌种稳定性检查。

② 无（杂菌）检查。

四、种子质量标准

1. 细胞或菌体

菌丝形态、菌丝浓度和培养液外观（色素、颗粒等）：

① 单细胞　菌体健壮、菌形一致、均匀整齐，有的还要求有一定的排列或形态；

② 放线菌　菌丝粗壮、对某些染料着色力强、生长旺盛、菌丝分支情况和内含物情况好。

2. 生化指标

种子液的糖、氮、磷的含量和 pH 值变化。

3. 产物生成量

在抗生素发酵中，产物生成量是考察种子质量的重要指标，因为种子液中产物生成量的多少间接反映种子的生产能力和成熟程度。

4. 酶活力

种子液中某种酶的活力与目的产物的产量有一定的关联。

五、种子异常分析

① 菌种生长速度过快或过慢。

② 菌丝结团。

③ 菌丝粘壁。

第三节 工业菌种扩大培养实例

一、谷氨酸发酵的菌种扩大培养

斜面菌种→一级种子培养→二级种子培养→发酵罐

1. 斜面菌种的培养

菌种的斜面培养必须有利于菌种生长而不产酸，并要求斜面菌种绝对纯，不得混有任何杂菌和噬菌体，培养条件应有利于菌种繁殖，培养基以多含有机氮而不含或少含糖为原则。

(1) 斜面培养基组成　葡萄糖 0.1%，蛋白胨 1.0%，牛肉膏 1.0%，氯化钠 0.5%，琼脂 2.0%～2.5%，pH 值 7.0～7.2（传代和保藏斜面不加葡萄糖）。

(2) 培养条件　33～34℃，培养 18～24h。

2. 一级种子培养

一级种子培养的目的在于大量繁殖活力强的菌体，培养基组成应以少含糖分，多含有机氮为主，培养条件从有利于长菌考虑。

(1) 培养基组成　葡萄糖 2.5%，尿素 0.5%，硫酸镁 0.04%，磷酸氢二钾 0.1%，玉米浆 2.5%～3.5%（按质增减），硫酸亚铁、硫酸锰各 2mg/kg，pH 值 7.0。

(2) 培养条件　用 1000mL 三角瓶装入培养基 200mL，灭菌后置于冲程 7.6cm、频率 96 次/min 的往复式摇床上振荡培养 12h，培养温度 33～34℃。

(3) 一级种子质量要求

① 种龄：12h。

② pH 值：6.4±0.1。

③ 光密度：净增 OD 值 0.5 以上。

④ 残糖：0.5%以下。

⑤ 无菌检查：(－)。

⑥ 噬菌体检查：(－)。

⑦ 镜检：菌体生长均匀、粗壮，排列整齐。

⑧ 革兰阳性反应。

3. 二级种子培养

为了获得发酵所需要的足够数量的菌体，在一级种子培养的基础上进而扩大到种子罐的二级种子培养。种子罐容积大小取决于发酵罐大小和种量比例。

(1) 培养基组成见表 7-2。

表 7-2　培养基组成

培养基组成/%	T6-13	B9	T738	AS1.299
水解糖	2.5	2.5	2.5	2.5
玉米浆	2.5～3.5	2.5～3.5	2.5～3.5	2.5
磷酸氢二钾	0.15	0.15	0.2	0.1
硫酸镁	0.04	0.04	0.05	0.04
尿素	0.4	0.4	0.5	0.5
Fe^{2+}/(μg/g)	2	2	2	2
Mn^{2+}/(μg/g)	2	2	2	2
pH 值	6.8～7.0	6.8～7.0	7.0	6.5～6.8

(2) 培养条件

① 接种量　0.8%～1.0%。

② 培养温度　32～34℃。

③ 培养时间　7～8h。

④ 通风量

- 50L 种子罐 1∶0.5；搅拌转速 340r/min。
- 250L 种子罐 1∶0.3；搅拌转速 300r/min。
- 500L 种子罐 1∶0.25；搅拌转速 230r/min。

(3) 二级种子的质量要求

① 种龄　7～8h。

② pH 值　7.2 左右。

③ OD 值净增 0.5 左右。

④ 无菌检查（一）。

⑤ 噬菌体检查（一）。

二、啤酒酵母的扩大培养

一般可采用三级扩大培养，扩大倍数：第 1 级到第 2 级为 8～10 倍，第 2 级到第 3 级为 4～6 倍。

1. 实验室扩大培养

实验室扩大培养流程见图 7-4。

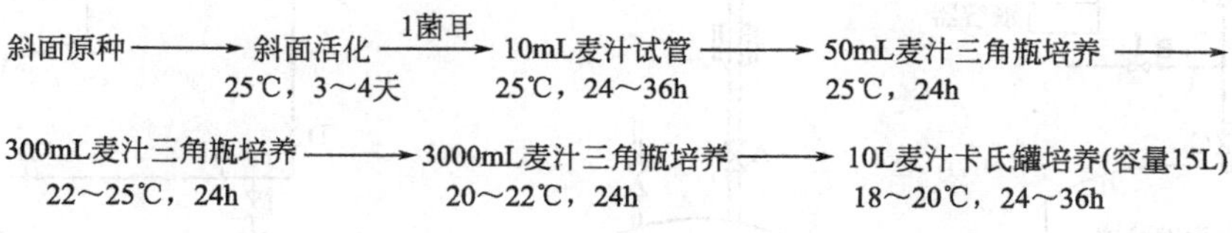

图 7-4　实验室扩大培养流程

2. 车间扩大培养

车间扩大培养流程见图 7-5。

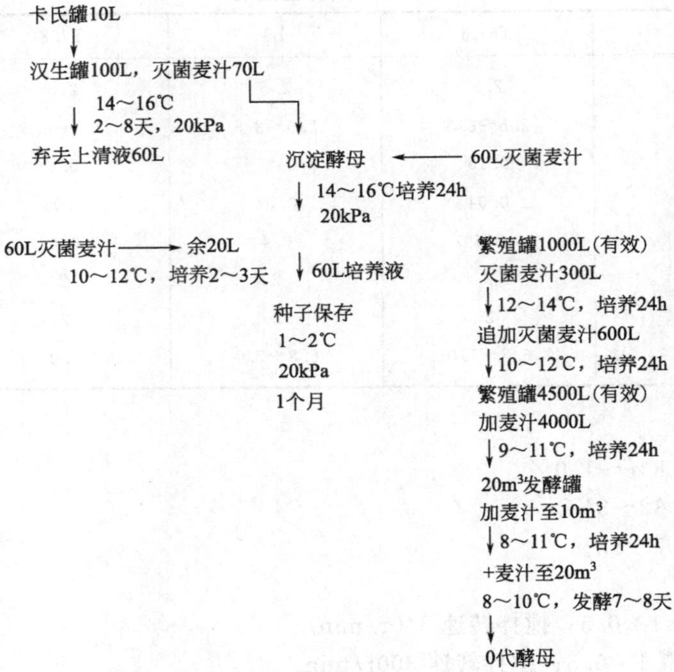

图 7-5　车间扩大培养流程

第四节　生产发酵罐的无菌接种

生产规模发酵罐的接种包括两个方面：从实验室摇瓶或孢子悬浮液容器中移种入一个种子罐；从一个种子罐移入另一个生产发酵罐中。

1. 从实验室摇瓶或孢子悬浮液容器接种

通常有两种方式，见图 7-6。

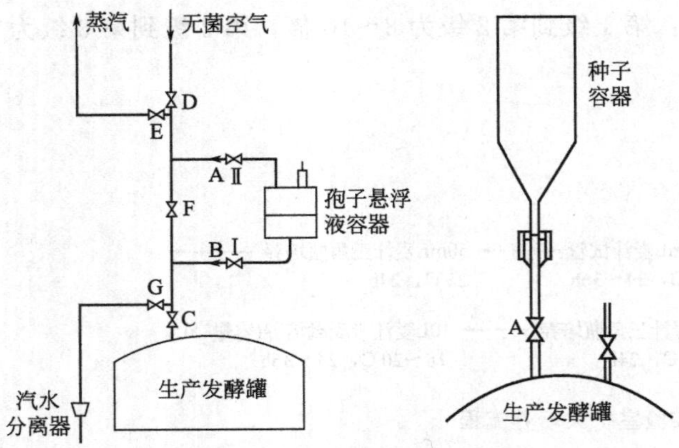

图 7-6　生产发酵罐的接种

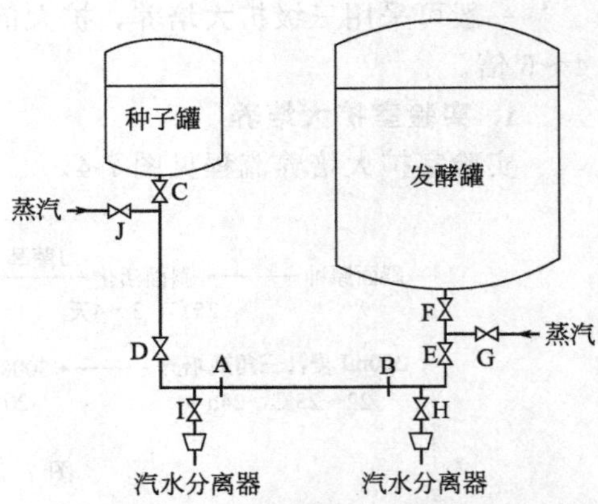

图 7-7　种子罐接种到发酵罐

2. 从种子罐接种

种子罐接种到发酵罐见图 7-7。

第五节 工业菌种的常用培养方式

工业上常见的微生物培养方式有分批发酵、补料分批发酵、连续发酵等，它们适用于不同条件下的发酵生产。

一、工业生产中微生物常用培养方式

1. 分批发酵

分批发酵是将微生物置于一定容积的培养基中，经过培养生长，最后一次收获产物的培养方法。每次培养之后都要对发酵罐进行灭菌，然后加入新的培养基并进行接种。该法的主要特点是整个培养过程都在同一个培养容器中完成，培养基在微生物培养前一次性添加完毕，在培养的过程中，除了氧气、消泡剂及控制 pH 值的酸或碱外，不再加入任何其他物质。由于培养过程不再更换容器，因此，随着微生物生长繁殖活动的进行，营养物质逐渐被消耗，有害代谢物质不断积累，菌体的指数生长阶段不会持续过长时间，而很快进入稳定期、衰亡期。分批发酵是最传统的发酵方法，在食品发酵生产中仍有广泛应用。

分批发酵的优点：由于在发酵过程中除了控制温度、pH 值和进行通气外，不进行任何其他控制，因此操作简单，引起染菌的概率低；由于每次发酵都要重新接种，发酵时间只有十几个小时到几周时间，因此不会产生菌种老化和变异等问题。

分批发酵的缺点：由于每次发酵完毕后都要对发酵罐进行灭菌、加培养基、接种等操作，非生产时间较长，设备利用率低。

2. 补料分批发酵

补料分批发酵也称为半连续发酵或流加分批发酵，是介于分批发酵和连续发酵之间的一种发酵技术。主要通过在分批培养过程中，间歇或连续补加新鲜的培养基，使整个微生物培养过程更优于传统的分批培养。

补料分批发酵与传统的分批发酵相比，有如下优点：培养基的营养物质浓度较高，这样可以消除快速利用碳源的阻遏作用，维持合理的菌体浓度；对于好氧菌或兼性好氧菌而言，减少了供氧的矛盾；避免了大量有害代谢产物积累对菌体培养的影响；与连续发酵相比，补料分批发酵不需要严格的无菌条件，也不会产生菌种的变异和老化等问题。

补料分批发酵与传统的分批发酵比，有如下缺点：存在一定的非生产时间；中途要流加新鲜培养基，增加了染菌的危险。

3. 连续发酵

(1) 概念　微生物的连续培养（continuous culture）是相对于分批培养而言的，见图 7-8。连续培养是指在深入研究分批培养中生长曲线形成的内在机制的基础上，开放培养系统，不断补充营养液、解除抑制因子、优化生长代谢环境的培养方式。由于培养系统的相对开放性，因此，连续培养也称为开放培养（opening culture）。

连续培养是当微生物以单批培养的方式培养到指数期的后期时，一方面通过连续注入新鲜的培养基，另一方面通过溢流方式，以同样的流速不断流出培养物，达到动态平衡，使发酵罐内料液量维持恒定，微生物在近似恒定状态下生长的发酵方式。微生物连续培养反应器内，可保持恒定的基质浓度、恒定的产物浓度、恒定的 pH 值，微生物可长期保持指数期的平衡生长状态和稳定的生长速率。

根据生长曲线，营养物质的消耗和代谢产物的积累是导致微生物生长停止的主要原因。因此，在微生物培养过程中不断地补充营养物质和以同样的速率移出培养物是实现微生物连

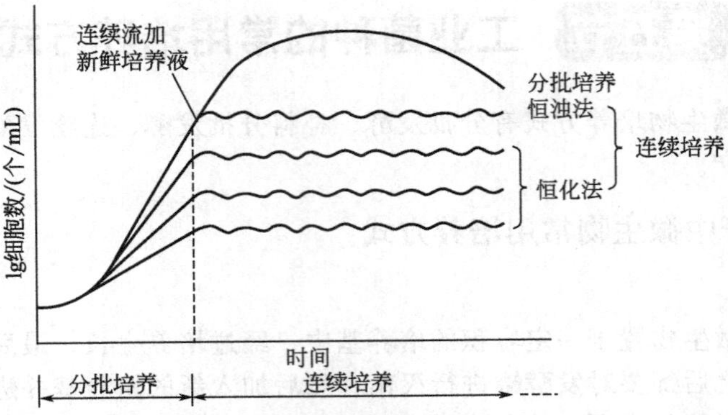

图 7-8 分批培养与连续培养比较

续培养的基本原则。

连续培养的显著特点与优势是：它可以根据研究者的目的，在一定程度上，人为控制典型生长曲线中的某个时期，使之缩短或延长时间，使某个时期的细胞加速或降低代谢速率，从而大大提高培养过程的人为可控性和效率。连续培养模式应用于发酵工业则称为连续发酵。在生产实践上，连续培养技术已广泛用于酵母菌体的生产（如乙醇、乳酸和丙酮-丁醚等发酵），以及用假丝酵母进行石油脱蜡或污水处理。

(2) 连续发酵的类型　在连续培养过程中，它可以根据研究者的目的与研究对象不同，分别采用不同的连续培养方法。

按控制方式分，可将连续培养方法分为恒浊法与恒化法两种。

① 恒浊连续培养　所谓恒浊法是以培养器中微生物细胞的密度为监控对象，用光电控制系统来控制流入培养器的新鲜培养液的流速，同时使培养器中的含有细胞与代谢产物的培养液也以恒定的流速流出，从而使培养器中的微生物在保持细胞密度基本恒定的条件下进行培养的一种连续培养方式。用于恒浊培养的反应器称为恒浊器（turbidostat）。

在恒浊器中装有浊度计，在检测培养室中的浊度（即菌液浓度）时，根据光电效应产生的电信号强弱变化，自动调节新鲜培养基流入培养室和培养物流出培养室的流速。当培养室浊度超过预期数值时，流速加快，浊度降低；反之，流速减慢，浊度增加，以此来维持培养物的某一恒定浊度。如果所有培养基中有过量的必需营养物，就可使菌体维持最高生长速率。恒浊连续培养中，细菌生长速率不仅受流速的控制，也与菌种、培养基成分以及培养条件有关。恒浊连续培养可以不断提供具有一定生理状态的细胞，得到在最高生长速率与最高细胞密度水平上生长繁殖的培养物，达到高效率培养的目的。目前在发酵工业中有多种微生物菌体的生产就是根据这一原理，用大型恒浊发酵器进行连续发酵生产的，与菌体相平行的代谢产物生产也可采用恒浊法连续发酵生产，如乳酸、乙醇等。

② 恒化连续培养　与恒浊器相反，恒化器是一种控制培养液流速保持不变，使微生物始终在低于最高生长速率下进行生长繁殖的一种培养装置。这是一种通过控制某一种营养物的浓度，使其始终成为生长限制因子的条件下达到的，因而可称为恒化连续培养，又称为外控制式连续培养。恒化器主要适合实验室等科研工作，结构见图 7-9。

恒化连续培养的培养基成分中，必须将某种必需的营养物质控制在较低的浓度，以作为限制因子，而其他营养均为过多。在恒化器中，一方面菌体密度随时间的延长而增高；另一方面，限制因子的浓度又随着时间的延长而降低，两者相互作用的结果，使微生物的生长速率与恒速流入的新鲜培养基流速刚好平衡。此时，既可获得一定生长速率的均一菌体，又可

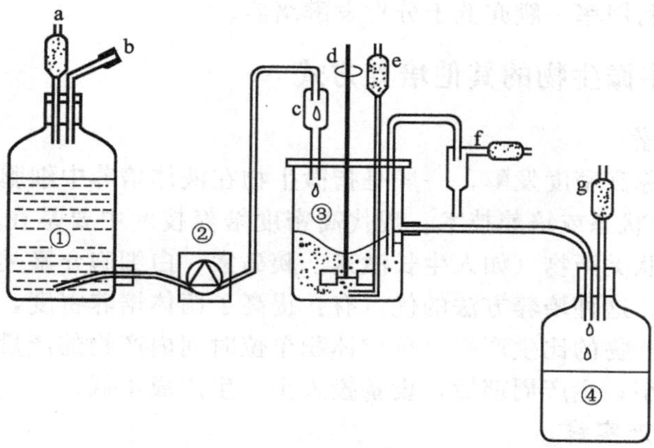

图 7-9　恒化器结构示意图

①培养液贮备瓶，其上有过滤器（a）和培养基进口（b）；②蠕动泵；③恒化器，上有培养基入口（c）、搅拌器（d）、空气过滤装置（e）和取样口（f）；④收集瓶，其上有过滤器（g）

获得虽低于最高菌体产量但能保持稳定菌体密度的菌体。用不同浓度的限制性营养物进行恒化连续培养，可以得到不同生长速率的培养物。

能作为恒化连续培养限制因子的物质很多，如作为氮源的氨、氨基酸，作为碳源的葡萄糖、麦芽糖、乳酸以及生长因子、无机盐等。这些物质都是机体生长所必需的，在一定浓度范围内能决定机体的生长速率。恒浊连续培养与恒化连续培养的比较见表 7-3。

表 7-3　恒浊连续培养与恒化连续培养的比较

装置	控制对象	培养基	培养基流速	生长速率	产物	应用范围
恒浊器	菌体密度	无限制生长因子	不恒定	最高速率	大量菌体或与菌体相平行的代谢产物	生产为主
恒化器	培养基流速	有限制生长因子	恒定	低于最高速率	不同生长速率的菌体	实验室为主

按照培养器的级数，可把连续培养器分成单级连续培养器与多级连续培养器两种：如果某种微生物代谢产物与菌体生长速率相平行，即可用单级连续培养器；如果生产的是与菌体生长速率不平行的发酵产物，如丙酮、丁醇等，就应根据两者的产生规律，设计与其相适应的多级连续培养器。

多级连续培养的优点：以丙酮、丁醇的发酵生产为例，丙酮、丁醇生产菌（丙酮丁醇梭菌）的生长可分成两个阶段，前期较短，以菌体生长为主，温度 37℃；后期以产溶剂为主，温度 33℃。根据此特点，设计两级连续培养（发酵）装置，即第一级温度 37℃，pH 值 4.3，培养 8h 更换一次流速；第二级温度 33℃，pH 值 4.3，培养 25h 更换一次培养液。利用该装置，可在一年多的时间内连续生产，达到很好效果。

（3）优缺点

① 连续发酵与分批发酵相比有很多优点：a. 连续发酵法取消了分批发酵中各批之间的间隔时间，从而缩短了生产周期；b. 它简化了装料、灭菌出料、清洗发酵罐的工序，节省了生产时间，提高了设备的利用率；c. 能够更有效地实现机械化和自动化，便于利用各种仪表进行自动化控制，减少动力消耗及体力劳动；d. 可以维持稳定的操作条件，有利于微生物的生长代谢，产品质量较稳定。

② 连续培养或连续发酵也有其缺点：a. 由于是开放系统，生产周期长，容易造成杂菌污染；b. 在长周期连续发酵中，微生物容易发生变异、退化，因此，要求严格的无菌条件，

生产成本高，营养的利用率一般亦低于分批发酵培养。

二、工业生产中微生物的其他培养方式

1. 高细胞密度培养

细胞密度培养也称高密度发酵，一般是指微生物在液体培养中细胞群体密度超过常规培养10倍以上时的生长状态或培养技术。现代高密度培养技术主要是在用基因工程菌（尤其是大肠杆菌）生产多肽类药物（如人生长激素、胰岛素、白细胞介素类和人干扰素等）的实践中逐步发展起来的。这种培养方法的优点有：提高了菌体培养密度，减少了培养容器的体积及培养基的消耗，产物的比生产率（单位体积单位时间内产物的产量）高；提高了下游工程中分离、提取的效率；生产周期短，设备投入少，生产成本低。

2. 混菌培养与生产实践

（1）微生物的纯种发酵　微生物的纯种发酵就是在整个发酵过程中，只有单一菌种参与发酵过程。如果有其他微生物存在，则被视为杂菌。这种发酵在确定生产流程和生产工艺时完全不考虑其他微生物的需求，生产过程中的一切内容都以最大限度地发挥生产菌种作用为出发点，一切工作也是围绕着满足发酵生产菌种的需求而展开。用于纯种发酵的菌种须具有高产、无害、适应、稳定的特点，要求发酵生产过程无菌化，即无菌生产环境、无菌生产操作、无菌生产设备和无菌生产管理。相对于多菌种混合发酵来说，纯种发酵具有下述特点：菌种单一，易于生产控制；液体基质，易于自动化控制；产品安全，可靠性强；产品风味纯正。

（2）混菌培养　混菌培养即多菌种协同发酵，是指多种微生物混合在一起共同在一个培养基中进行的发酵。有如下优点。

① 多菌种协同作用，产品风味多样化　白酒、酱油、发酵乳制品等的生产都采用了多菌种协同发酵的方法。因为多菌种协同发酵是多菌种共同作用，所以，相同的底物会产生不同的代谢产物，进而形成多样化的风味物质。如在发酵乳制品的生产中就采用了乳链球菌、乳杆菌、嗜热链球菌协同发酵的方法，产生了双乙酰及各种中性和酸性的羧基化合物等风味物质。双乙酰在一定浓度下会产生柔和香气，此香气类似坚果仁的风味和香味；各种中性和酸性的羧基化合物赋予发酵牛乳一种麦香味。

② 产品的区域性特征显著　不同的地理环境孕育着不同特色的微生物生态。我国南方气候潮湿且年平均温度偏高，而北方则气候干燥且年平均温度偏低，因此我国南方、北方的微生物生态组成存在着很大差异，即使是同一地区也存在一些微小的差异。采用多菌种协同发酵进行食品发酵生产，产品带有非常显著的地区性特色，产品之间风味特色很难模仿。

③ 设备投入少，生产灵活性强　多菌种协同发酵生产多数采用固态发酵基质或半固态发酵基质，生产规模较小，但产品的品种和规格较多。固态基质或半固态基质远比液态基质物质浓度高，故设备利用率较高。又由于生产过程无菌条件要求程度低，因此，设备和厂房相对投入较少，生产灵活性明显增强。

[知识链接]

微生物的群体生长

生长曲线是定量描述液体培养基中微生物群体生长规律的实验曲线。对于单细胞微生物（如细菌和酵母），以培养时间为横坐标，细胞数目的对数值为纵坐标，可绘制出一条由延滞期、对数生长期、稳定生长期和衰亡期4个阶段组成的典型生长曲线。

1. 延滞期

将少量菌种接入新鲜培养基后，在开始一段时间内菌数不立即增加或增加很少，生长速度接近于零。也称停滞期、调整期或适应期。

延滞期的特点：细胞形态变大或增长，例如巨大芽孢杆菌，在延滞期末期，细胞的平均长度比刚接种时长6倍。一般来说处于延滞期的细菌细胞体积最大；细胞内RNA，尤其是rRNA含量增高，合成代谢活跃，核糖体、酶类和ATP的合成加快，易产生诱导酶；对外界不良条件反应敏感。

延滞期出现的原因：微生物接种到一个新的环境，暂时缺乏分解和催化有关底物的酶，或是缺乏充足的中间代谢产物等。为产生诱导酶或合成中间代谢产物，就需要一段适应期。

在生产实践中缩短延滞期的常用手段：通过遗传学方法改变种的遗传特性使迟缓期缩短；利用对数生长期的细胞作为种子；尽量使接种前后所使用的培养基组成不要相差太大；适当扩大接种量。

2. 对数生长期

又称指数生长期，以最大的速率生长和分裂，细菌数量呈对数增加，细菌内各成分按比例有规律地增加，表现为平衡生长。

3. 稳定生长期

(1) 稳定生长期又称恒定期或最高生长期，由于营养物质消耗，代谢产物积累和pH等环境变化，逐步不适宜于细菌生长，导致生长速率降低直至零（即细菌分裂增加的数量等于细菌死亡数），此时培养液中活细菌数最高并维持稳定。

(2) 细胞重要的分化调节阶段：贮存糖原等细胞质内含物，芽孢杆菌在此阶段形成芽孢或建立自然感受态等；也是发酵过程积累代谢产物的重要阶段，某些放线菌、抗生素的大量形成也在此时期。

因此，生产上为获得更多的菌体或代谢产物，可以：补充营养物质或取走代谢产物；调节pH值、温度；对好氧菌增加通气；搅拌或振荡等措施延长稳定生长期。

4. 衰亡期

营养物质耗尽和有毒代谢产物的大量积累，细菌死亡速率超过新生速率，整个群体呈现出负增长。该时期死亡的细菌以对数方式增加，但在衰亡期的后期，由于部分细菌产生抗性也会使细菌死亡的速率降低，仍有部分活菌存在。

细菌代谢活性降低，细菌衰老并出现自溶，产生或释放出一些产物，如氨基酸、转化酶、外肽酶或抗生素等。细胞呈现多种形态，有时产生畸形，细胞大小悬殊，有些革兰染色反应阳性菌变成阴性反应等。

[课堂互动]

1. 讨论工业发酵培养基设计的一般步骤是什么，培养基成分选择主要考虑哪些问题？

(1) 根据前人的经验和培养基成分确定时一些必须考虑的问题，初步确定可能的培养基成分；(2) 通过单因子实验最终确定最为适宜的培养基成分；(3) 当培养基成分确定后，剩下的问题就是各成分最适的浓度，由于培养基成分很多，为减少实验次数常采用一些合理的实验设计方法，尤其是C/N比例。

注：培养基成分选择主要考虑：①菌种的同化能力；②代谢的阻遏和诱导；③合适的C、N比；④pH条件。

2. 讨论培养基优化在发酵优化控制中的作用与地位。

发酵优化控制分两个阶段：第一阶段控制菌体的生长，目的是使长好的菌体能处在最佳的产物合成状态，培养基优化应该保证菌体快速生长，有利于产物合成和分泌的酶系开启，而不利于产物合成酶系的关闭，处于最佳的产物合成状态，并且副产物合成和分泌的酶系尽可能地少开启；第二阶段控制产物的合成，该阶段，培养基优化应使产物合成能较长时间保持在最大合成速度，副产物的合成速率尽可能小。

[案例分析]

在大规模发酵的种子制备过程中，实验室阶段和生产车间阶段在培养基和培养物选择上各有何特点？

分析　实验室阶段培养物选择的原则是种子能扩大培养到一定的量和质，获得一定数量和质量的孢子/菌体。培养基的选择应该是有利于菌体的生长，对孢子培养基应该是有利于孢子的生长。在原料方面，实验室种子培养阶段，规模一般比较小，因此为了保证培养基的质量，培养基的原料一般都比较精细。生产车间阶段培养物的选择原则最终一般都是获得一定数量的菌丝体。培养基选择首先考虑的是有利于孢子的发育和菌体的生长，所以营养要比发酵培养基丰富。在原料方面，不如实验室阶段那么精细，而是基本接近于发酵培养基。

[思考题]

1. 什么是微生物的最适生长温度？温度对同一微生物的生长速度、生长量、代谢速度及各代谢产物的积累的影响是否相同？研究这一问题有何实践意义？

2. 在微生物培养过程中，引起pH值改变的原因有哪些？在实践中如何保证微生物处于较稳定和适合的pH环境中？

3. 获得细菌同步生长的方法主要有哪些？它们各有哪些特点？

4. 连续培养和连续发酵有何优点？为什么连续的时间总是有限的？

5. 工业微生物常用的液体培养形式有哪些？为什么液体培养是当前发酵工业中首选的发酵形式？

6. 试述温度对微生物的影响。

7. 细菌的纯培养生长曲线分为几个时期？每个时期各有什么特点？

8. 为了防止微生物在培养过程中会因本身的代谢作用改变环境的pH值，在配制培养基时应采取什么样的措施？

9. 如何用比浊法测微生物的数量？

第二篇　综合实训篇

实训一 细菌接种技术

微生物接种技术是进行微生物实验和相关研究的基本操作技能。

微生物的培养特征是指微生物培养在培养基上所表现出的群体形态和生长情况。一般可用斜面、液体和半固体培养基来检验不同微生物的培养特征。它们生长在斜面培养基上，可以呈丝线状、刺毛状、串珠状、舒展状、树枝状或假根状；生长在液体培养基内，可以呈混浊、絮状、黏液状、形成菌膜、上层清晰而底部显沉淀状。穿刺培养在半固体培养基中，可以沿接种线向四周蔓延；或仅沿线生长；也可上层生长得好，甚至连成一片，底部很少生长；或底部长得好，上层甚至不生长。利用微生物的培养特征，可以作为它们的种类鉴定和识别纯培养是否污染的参考。

检验微生物的培养特征或进行其他微生物学实验时，接种过程必须保证不被其他微生物污染，为此，除工作环境要求尽可能地避免或减少杂菌污染外，熟练地掌握各种无菌操作接种技术是很重要的。

由于接种方法不同，采用的接种工具也有区别，如固体斜面培养转接时用接种环，穿刺接种时用接种针，液体转接用移液管等。

一、实训目标

(1) 了解不同微生物培养在斜面、平板和液体培养基中的特征。

(2) 进一步熟悉和掌握微生物的无菌操作接种技术。

二、实训材料

(1) 实训菌种　枯草芽孢杆菌，大肠杆菌，金黄色葡萄球菌，白地霉（*Geotrichum candidum*），蕈状芽孢杆菌（*Bacillus mycoides*），黏质沙雷菌（黏质赛杆菌，Serratia marcescens）。

(2) 培养基　牛肉膏蛋白胨斜面培养基，牛肉膏蛋白胨液体培养基，半固体牛肉膏蛋白胨培养基。

(3) 实训器材　接种环、接种针、无菌吸管、无菌平皿、酒精灯等。接种和分离工具见图 8-1。

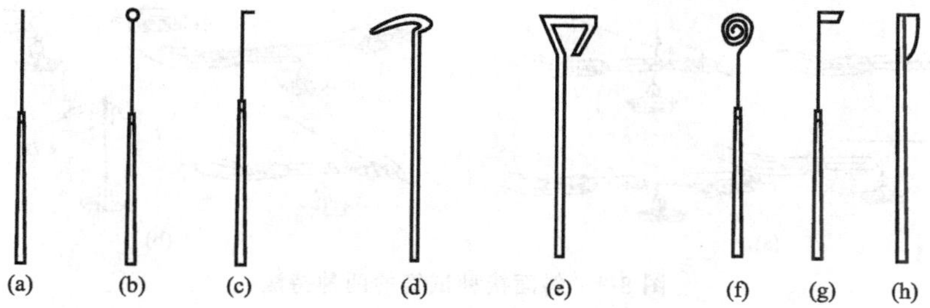

图 8-1 接种和分离工具

(a) 接种针；(b) 接种环；(c) 接种钩；(d)、(e) 玻璃涂棒；(f) 接种圈；(g) 接种锄；(h) 小解剖刀

三、实训操作

1. 微生物的斜面接种技术

斜面接种是从已生长好的菌种斜面上挑取少量菌种移植至另一个新鲜斜面培养基上的接种方法。

(1) 净手 用浸泡过75%乙醇的脱脂棉球擦净双手。

(2) 贴标签 接种前在肉膏蛋白胨斜面试管上贴上标签，注明将接种的菌名、日期和接种人姓名等，贴在距试管口2～3cm的位置（若用记号笔标记则不需标签）。

(3) 点燃 点燃酒精灯或煤气灯。

(4) 接种 用接种环将少许菌种移接到贴好标签的试管斜面上。操作必须按无菌操作法进行（图8-2），简述如下。

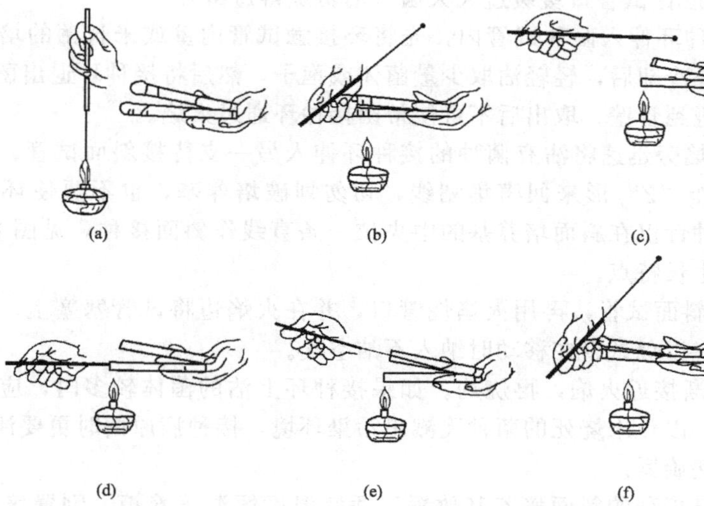

图 8-2 斜面接种操作示意图

(a) 接种灭菌；(b) 开启棉塞；(c) 管口灭菌；(d) 挑取菌苔；(e) 接种；(f) 塞好棉塞

① 将菌种试管和待接种的斜面试管，用大拇指和食指、中指、无名指握在左手中，并将中指夹在两试管之间，使斜面向上，成水平状态，管口稍上斜。斜面接种时试管拿法有两种，见图8-3。

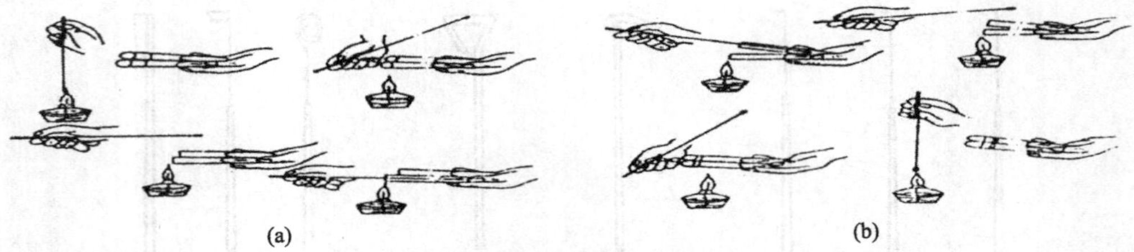

图 8-3 斜面接种试管的两种持法

② 在火焰边用右手松动试管塞，以利于接种时拔出。

③ 右手拿接种环（如握钢笔一样），在火焰上将环端灼烧灭菌，然后将有可能伸入试管的其余部分均灼烧灭菌。重复此操作，再灼烧一次，见图 8-4。

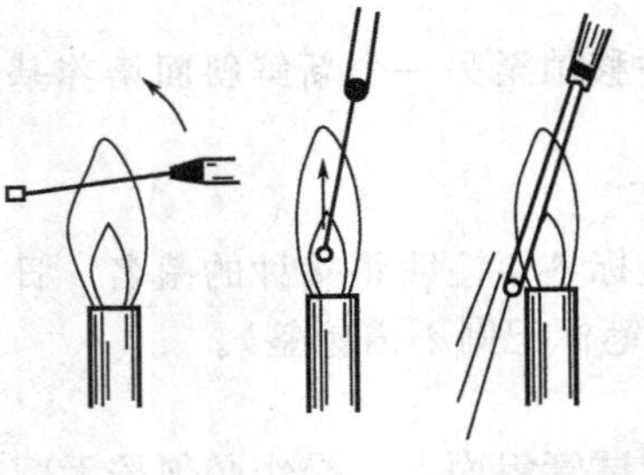

图 8-4 斜面接种时接种环的灭菌

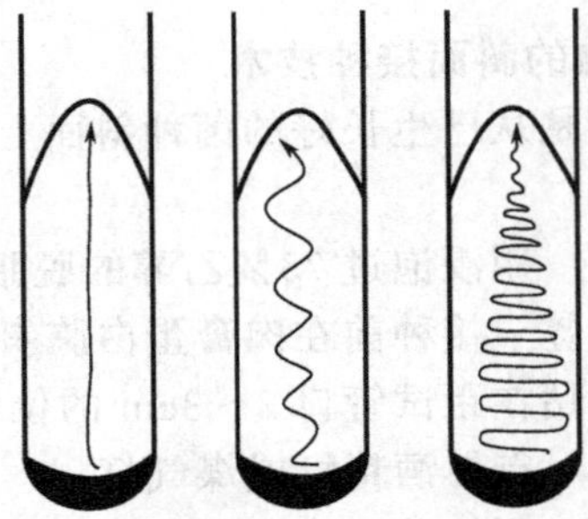

图 8-5 斜面接种划线方式

④ 拔管塞 在火焰边分别用右手的手掌边缘和小指、小指和无名指夹持棉塞（或试管帽），将其取出，然后让试管口缓缓过火灭菌（切勿烧得过烫）。

⑤ 将灭菌的接种环伸入菌种试管内，先将环接触试管内壁或未长菌的培养基，达到冷却的目的，待接种环冷却后，轻轻沾取少量菌体或孢子，然后将接种环退出菌种管。注意不要使接种环的部分碰到管壁，取出后不可使带菌接种环通过火焰。

⑥ 接种 在火焰旁迅速将沾有菌种的接种环伸入另一支待接斜面试管。用环从斜面培养基的底部向上部作“Z”形来回密集划线，切勿划破培养基，也不要使环接触管壁或管口。有时也可用接种针仅在斜面培养基的中央拉一条直线作斜面接种，见图 8-5。直线接种可观察不同菌种的生长特点。

⑦ 接种环退出斜面试管，再用火焰烧管口，并在火焰边将试管塞塞上。塞棉塞时，不要用试管去迎棉塞，以免试管在移动时纳入不洁空气。

⑧ 将接种环逐渐接近火焰，再烧灼。如果接种环上沾的菌体较多时，应先将环在火焰边烤干，然后烧灼，以免未烧死的菌种飞溅出污染环境，接种病原菌时更要注意此点。放下接种环，再将棉花塞旋紧。

（5）培养 将已接种的斜面培养基放置于适宜温度恒温培养箱，倒置培养，2～3 天后取出观察结果。

2. 微生物的液体接种技术

（1）由斜面培养基接入液体培养基，见图 8-6。此法用于观察细菌的生长特性和生化反应的测定。向液体培养基中接种少量菌体时，其操作步骤基本与斜面接种时相同，不同之处是挑取菌体的接种环放入液体培养基后，应在液体表面处的管内壁上轻轻摩擦，使菌体从环上脱落，混进液体培养基。塞好试管塞后，将试管在手掌中轻轻敲打，使菌体在液体中分布均匀，或用试管振荡器混匀。

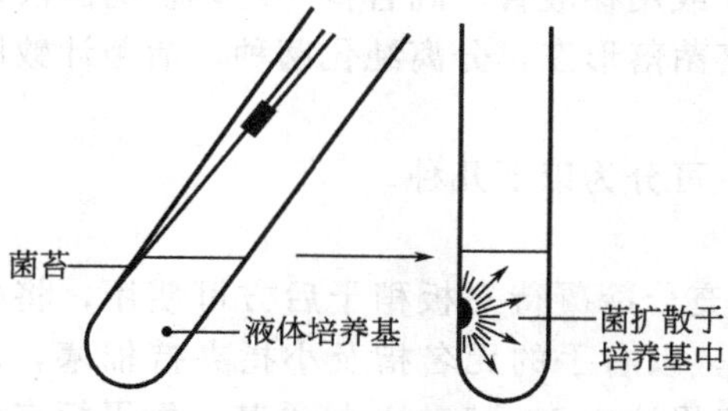

图 8-6 微生物的液体接种技术

向液体培养基中接种量大或要求定量接种时，可将无菌水或液体培养基注入菌种试管，用接种环将菌苔刮下，再将菌种悬液以无菌吸管定量吸出加入，或直接倒入液体培养基。整个接种过程都要求无菌操作。

（2）由液体培养物接种液体培养基 可根据具体情况采用以下不同方法，用无菌的接种环、吸管或移液管吸取菌液接种，接种时只需在火焰旁拔出棉塞，将管口通过火焰，用无菌吸管吸取菌液注入培养液内，摇匀即可；直接把液体培养物移入液体培养基中接种；利用高压无菌空气通过特制的移液装置把液体培养物注入液体培养基中接种；利用压力差将液体培养物接入液体培养基中接种（如发酵罐接入种子菌液）。

3. 微生物的穿刺接种技术

穿刺接种技术是一种用接种针从菌种斜面上挑取少量菌体并把它穿刺到固体或半固体的深层培养基中的接种方法。经穿刺接种后的菌种常作为保藏菌种的一种形式，同时也是检查细菌运动能力的一种方法，它只适宜于细菌和酵母的接种培养，具体操作如下。

（1）净手。

（2）贴标签。

（3）点燃酒精灯。

（4）穿刺接种。方法如下。

① 手持试管。

② 旋松棉塞。

③ 右手拿接种针在火焰上将针端灼烧灭菌，接着把穿刺中可能伸入试管的其他部位也灼烧灭菌。

④ 用右手的小指和手掌边拔出棉塞，接种针先在培养基部分冷却，再用接种针的针尖沾取少量菌种。

⑤ 接种 有两种手持操作法：一种是水平法，它类似于斜面接种法；一种则称垂直法，如图 8-7 所示。尽管穿刺时手持方法不同，但穿刺时所用接种针都必须挺直，将接种针自培养基中心垂直地刺入半固体培养基中。穿刺时要做到手稳、动作轻巧快速，并且要将接种针穿刺到接近试管的底部，但不要穿透，然后沿着原穿刺线将针拔出。最后，塞上棉塞，再将接种针上残留的菌在火焰上烧掉。

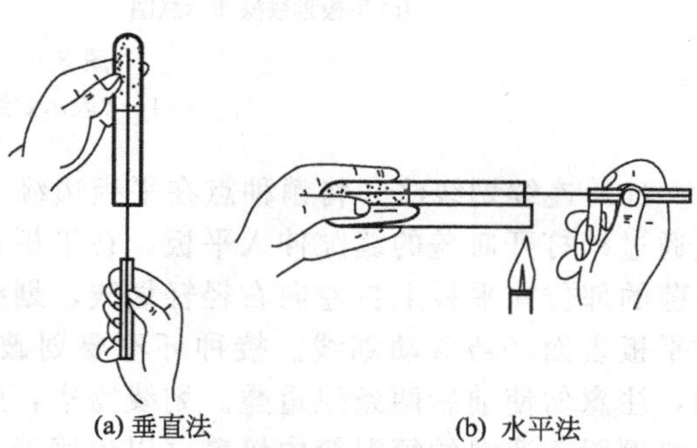

(a) 垂直法　　(b) 水平法

图 8-7 穿刺接种的两种方法

⑥ 将接种过的试管直立于试管架上，放在（36±1)℃或 25～28℃恒温培养箱中培养，24h 后或 3～5 天后观察结果。注意：若具有运动能力的细菌，它能沿着接种线向外运动而分散，故形成的穿刺线较粗而散，反之则细而密。

反复练习无菌操作技术，直到较熟练地掌握。

4. 微生物的平板接种技术

平板接种即用接种环将菌种接至平板培养基上，或用移液管、滴管将一定体积的菌液移至平板培养基上，然后培养。平板接种的目的是观察菌落形态，分离纯化菌种，活菌计数以及在平板上进行各种实验。

平板接种的方法有多种，根据实验的不同要求，可分为以下几种。

(1) 斜面接平板——划线法

① 倒平板　划线的培养基必须事先倾倒好，需充分冷凝待平板稍干后方可使用，将融化的琼脂培养基冷却至45℃左右，在酒精灯火焰旁，以右手的无名指及小指夹持棉塞，左手打开无菌培养皿的盖的一边，右手持锥形瓶向平皿里注入10～15mL培养基。倒平板有两种手法，见图8-8。将培养皿稍加旋转摇动后，置于水平位置待凝。培养基不宜太薄，应厚薄均匀，平板表面光滑。

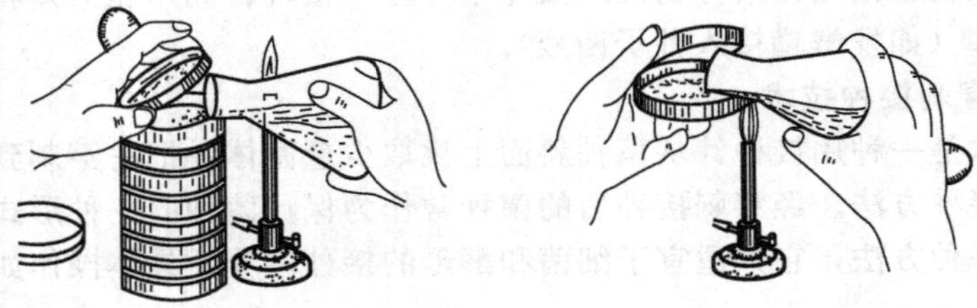

(a) 皿架法　(b) 手持法

图 8-8　倒平板

② 划线分离　分连续划线法和分区划线法两种，见图8-9。

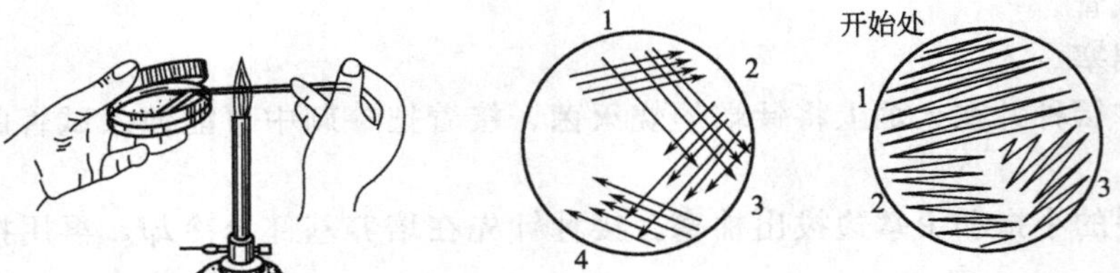

(a) 平板划线操作示意图　(b) 交区划线分离法　(c) 连续划线分离法

图 8-9　划线分离法

1～4表示划线起始和终止位置

(a) 连续划线法　将菌种点在平板边缘一处，取出接种环，烧去多余菌体。将接种环再次通过稍打开皿盖的缝隙伸入平板，在平板边缘空白处接触一下使接种环冷凉，然后从接种有菌的部位在平板上自左向右轻轻划线，划线时平板面与接种环面成30°～40°，以手腕力量在平板表面轻巧滑动划线。接种环不要划破培养基，线条要平行密集，充分利用平板表面积，注意勿使前后两条线重叠。划线完毕，盖上皿盖，灼烧接种环，待凉后置接种架上。培养皿倒置于适温的恒温箱内培养（以免培养过程皿盖冷凝水滴下，冲散已分离的菌落）。培养后在划线平板上观察沿划线处长出的菌落形态，涂片镜检。

(b) 分区划线法　方法与连续划线法相似，将平板分为四个区，故称四分区划线法。其中第4区是单菌落的主要分布区，故其划线面积应最大，为防止第4区内划线与1、2、3区线条相接触，应使4区线条与1区线条相平行，这样区与区间线条夹角最好保持120°左右。先将接种环沾取少量菌在平板1区划3～5条平行线，勿划破表面，取出接种环，左手盖上皿盖，将平板转动60°～70°，右手把接种环上多余菌体烧死，在平板边缘冷却，再按以上方法以 1 区划线的菌体为菌源，由 1 区向 2 区做第二次平行划线。第 2 次划线完毕，同时再把平皿转动 60°～70°，并依次对第三和第四区域进行划线。划线完毕后，在平皿底用记号笔注明样品名称、日期、姓名（或学号），将整个平皿倒置放于 28～30℃恒温培养箱中培养。18～24h 后观察并记录单菌落的生长和分布情况。

（2）液体接平板

① 倾注平板法

（a）编号 取 6 支盛有 4.5mL 无菌水的试管排列于试管架上，依次标上 10^{-1}、10^{-2}、10^{-3}、10^{-4}、10^{-5}、10^{-6}字样。

（b）稀释 以 1mL 无菌吸管按无菌操作从样品中吸取 0.5mL 菌液于 10^{-1}试管中，见图 8-10，然后用另一吸管在 10^{-1}试管中吹吸 3 次，使其混合均匀，制成 10^{-1}稀释液。再用此吸管从 10^{-1} 管中吸取 0.5mL 稀释液注入 10^{-2} 管中，依次制成 10^{-2}、10^{-3}、10^{-4}、10^{-5}、10^{-6}稀释液。

（c）加样 用 1mL 无菌吸管分别吸取 10^{-4}、10^{-5}、10^{-6}稀释液 1mL，注入已编好号的 10^{-4}、10^{-5}、10^{-6}号无菌培养皿中。

（d）倾注平板 将融化后冷至 45℃左右的琼脂培养基，向加有稀释液的各培养皿中分别倒入 10～15mL，迅速旋转培养皿，使培养基和稀释液充分混合，水平放置，待其凝固后，倒置培养，观察并记录各平板上菌落生长和分布情况。

② 涂布平板法

（a）平板制备 制备三套无菌平板，并分别写上 10^{-4}、10^{-5}、10^{-6}。

（b）稀释 同倾注平板法。

（c）加样 用无菌吸管分别吸取 10^{-4}、10^{-5}、10^{-6}稀释液 0.1mL，对号注入编好号的琼脂平板中。

（d）涂布 用无菌棒在各平板表面进行均匀涂布，见图 8-11。待涂布的菌液干后，倒置培养，观察并记录各平板上菌落生长和分布情况。

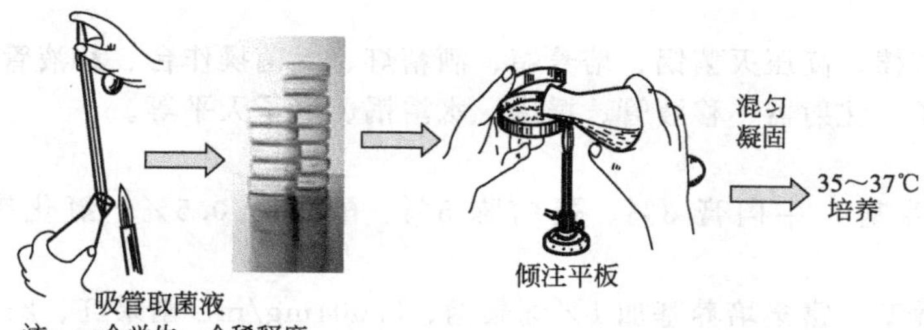

图 8-10 吸管取菌液示意图

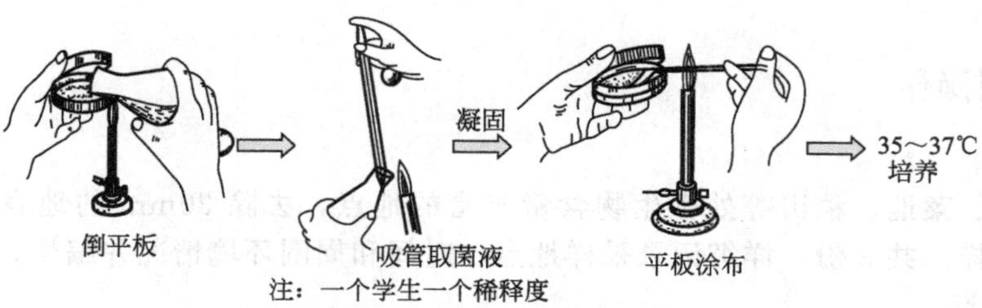

图 8-11 涂布操作示意图

实训二
土壤中葡聚糖酶菌株的分离和筛选

筛选葡聚糖酶生产菌株，首先利用筛选培养基从土壤中分离到各种产葡聚糖酶的菌株；然后采用透明圈大小的简单方法检测各菌株的产酶水平，确定产酶能力最高的野生菌株；最后采用理化、生物手段对该野生菌株进行诱变，以提高其产酶能力。

一、实训目标

(1) 根据发酵生产的产品，设计相应的生产菌株筛选方案。本实训是从土壤中选出生产葡聚糖酶的菌株。

(2) 加深对菌种选育的认识，学会筛选生产菌株常用的分离、纯化及诱变等技术。

二、实训材料

1. 仪器设备

试管、涂布玻棒、高压灭菌锅、培养箱、酒精灯、无菌操作台、移液管、培养皿、打孔器、接种环、镊子、注射器、移液管、摇床、水浴锅、电子天平等。

2. 培养基

(1) 富集培养基　牛肉膏 3%、蛋白胨 5%、酵母膏 0.5%、氯化镁 0.02%、氯化钠 0.3%。

(2) 筛选培养基　富集培养基加 1%葡聚糖、0.004mg/mL 刚果红、2%琼脂。

3. 药品试剂

斐林试剂，6mol/L 的硝酸，6mol/L 氨水，pH＝5.5 的乙酸钠-盐酸缓冲液，1mol/L 盐酸。

三、实训操作

1. 采样

选择沟边、菜地、稻田等处微生物含量丰富的地点，去除 20mm 的地表土壤，用已经灭菌的工具采样，共 8 份，详细记录采样地点、时间和周围环境情况并编号。

2. 分离筛选

(1) 制作富集培养基和筛选培养基　称取富集培养基的成分，加入水中，将上述成分混合均匀待灭菌后使用；筛选培养基在富集培养基的基础上加 1%葡聚糖、0.004mg/mL 刚果红，溶解后调 pH 值为中性，加 2%琼脂，完全融化后分装，121℃高压灭菌 20min。将融化并冷却至 50℃左右的培养基倒入无菌培养皿中，平置，凝固后，编号备用。

(2) 样品准备　称取 0.5g 样品，用 100℃水浴处理 20min，加到富集培养基中，置 30℃、200r/min 振荡培养 1 天。

(3) 稀释样品　取 6 支无菌试管，依次编号，用无菌生理盐水将富集培养液进行梯度稀释。

(4) 涂布筛选培养基　在无菌操作台里，左手拿培养皿（筛选培养基），并将皿盖开启一缝，缝的开口向酒精灯，加入 0.1mL 稀释菌液，右手拿涂布玻棒轻轻将平板表面菌液涂开。一定要使菌液均匀地涂在筛选培养基整个平板表面。涂布时不要用力过猛，以免划破培养基。

(5) 培养分离单菌落　30℃培养 4 天，随时检查筛选培养基中是否出现透明斑。如有，则用无菌玻管打孔器取出有透明斑的单菌落并收集在一起。

3. 产葡聚糖酶菌株的测定

(1) 统一培养产酶菌株　用富集培养基对得到的单菌落进行培养，30℃培养 4 天，挑选单菌落用于产酶检验和产酶水平的比较。

(2) 定性鉴定葡聚糖酶　如有葡聚糖酶产生，可水解葡聚糖，反应体系中如存在斐林试剂，则产生砖红色沉淀，加 6mol/L 的硝酸溶解后，滴加 6mol/L 氨水至中性，即产生淡蓝色沉淀，再加入过量氨水，沉淀溶解，生成蓝色溶液。

(3) 定量分析葡聚糖酶的方法　将刚果红和葡聚糖掺入琼脂糖凝胶中，再加 pH=5.5 的乙酸钠-盐酸缓冲液，加热使之溶解，然后倒入平皿，冷却后其厚度应为 5mm，并在相距一定间隔处，制成同等大小的孔穴，加适当稀释的培养液于孔穴中，置于 50℃水浴保温 1.5h，加 1mol/L 盐酸溶液于表面，使之停止酶反应，然后测量透明圈的直径，葡聚糖酶活性值的对数与透明圈的直径呈线性关系。

(4) 诱变出发菌株的确定　将上述筛选获得最大透明圈的菌株，接种到斜面培养基上，作为诱变筛选的出发菌株。

4. 诱变筛选生产菌株

(1) ^{60}Co 诱变　用无菌生理盐水将待诱变的菌株斜面洗下，加灭过菌的玻璃珠，不断振荡 10min，将细胞打散。用 ^{60}Co 源作 10.32×10^{-4} C/kg、15.48×10^{-4} C/kg、20.64×10^{-4} C/kg 的照射。

(2) UV 诱变　用无菌生理盐水将待诱变的菌株斜面洗下，加灭过菌的玻璃珠，不断振荡 10min，取 5.0mL 菌悬液加入直径 90mm 的培养皿中，在 150mm 距离下用 30W 紫外灯照射 90s，在暗处中静置 1 天之后，取出稀释涂平板。

(3) 氯化锂诱变　按筛选培养基配方，另加 LiCl 2%，其他成分不变。筛选透明圈大的菌株。

四、注意事项

(1) 琼脂块打孔、移动和测定等均须采用严格无菌操作。

(2) 挑取的琼脂块必须完整，便于比较各单菌落抵抗能力的强弱。

(3) 用透明圈比较产葡聚糖酶能力大小的方法，所需平皿应同批制作，厚薄均匀，规格一致。

五、实训结果与讨论

1. 将实训结果填入表 8-1 和表 8-2。

表 8-1　产葡聚糖酶菌株的透明圈大小的比较

菌株	1	2	3	4	5	6
透明圈直径/mm						

表 8-2　不同剂量的^{60}Co、UV 和 LiCl 对产酶量的筛选

菌株编号	1	2	3	4	5	6
^{60}Co/(U/mL)						
UV/(U/mL)						
LiCl/(U/mL)						

2. 影响本实验透明圈直径大小的因素有哪些？
3. 筛选产葡聚糖酶能力大小的依据是什么？能否推测葡聚糖酶是胞外酶？
4. 诱变筛选生产菌株有哪些注意事项？如何确定诱变剂的剂量？
5. 如何从实验数据中确定最高的产酶菌株？

实训三 乳酸菌的分离纯化及酸乳制作

日常生活中腌制泡菜、制造酸乳都是应用乳酸发酵的实例。分离乳酸菌常用的培养基有乳清琼脂、乳清白垩琼脂和BCP等多种，在选用培养基时不要只用一种，以免乳酸菌某些品系在个别培养基上不能生长，而造成分离失败。

乳酸菌是厌氧型微生物，故嫌气状态是乳酸发酵的主要和必要条件；发酵剂的活力可以从产酸和色素还原能力来判断。

酸乳是以牛乳等为原料，经乳酸发酵生产的一种具有较高营养价值和特殊风味的饮料，并可作为具有一定疗效的食品。其制作原理是通过乳菌发酵产酸，使牛乳中酪蛋白凝固，同时，形成酸乳独特的香味（与乙醛生成有关）。酸乳的类型有如下几种。

1. 凝固型

在添加生产发酵剂后即装入瓶或其他容器内，移入发酵室内保温发酵而成。可再细分为如下几个品种。

① 全脂与脱脂不含砂糖的酸乳。

② 全脂与脱脂含砂糖的酸乳。

③ 全脂与脱脂含砂糖、加天然果酱或果汁的酸乳。

④ 高脂加砂糖的酸乳。

2. 搅拌型

在添加生产发酵剂发酵凝固后，再经搅拌使其成糊状装入瓶或其他容器而成。又可分为以下几个品种。

① 果味型　加入一些草莓、橘子酱或其他天然果汁。

② 香料型　加入一些香草（香兰素）粉或可可粉与巧克力等。

一、乳酸细菌的分离纯化及其性状观察

（一）实训目标

（1）了解原料上天然存在的乳酸菌，学习乳酸菌的分离及特征观察。

（2）掌握乳酸发酵的条件，制作发酵剂。

（3）发酵剂的活力检查。

（二）实训材料

（1）泡菜水溶液，酸牛乳。

（2）培养皿，接种瓶，酒精灯。

（3）3% H_2O_2。

（4）培养基。

（三）实训操作

（1）将分离材料同时接种几种琼脂平板，划线分离（或在稀释分离时，每个稀释度至少接种 4 个平板），见图 8-12。在温箱内或置于含有 5% CO_2 环境中，置于 25～28℃、35～37℃、50～55℃培养，选择可疑菌落（在乳清白垩琼脂上，乳酸菌落产生的乳酸可使白垩溶解，形成透明环）。

① 制片做革兰染色，观察菌的形态。

② 过氧化氢酶试验：将 3% H_2O_2 注于乳酸菌菌落上，观察有无气泡产生。

（2）将纯种乳酸杆菌或乳酸链球菌和两种混合菌分别接种于灭菌脱脂乳中，经培养观察凝乳性状，并做革兰染色观察。

（3）发酵剂活力测定

① 酸度测定法　向灭菌脱脂乳中加 3% 发酵剂，在适宜温度下（37～42℃）培养 2～3h，滴定其酸度。以酸度值来表示结果。酸度超过 0.4% 为活力较好。

② 刃天青还原法　将 1mL 发酵剂加入 9mL 灭菌脱脂乳中，并加 0.005% 刃天青溶液 1mL，36.7℃保温 30min 后开始检查，其后每 5min 观察一次结果，淡粉红色为终点。活力好的发酵剂应在 35min 内还原刃天青。50～60min 还原的发酵剂不宜使用，对照的不含发酵剂空白灭菌脱脂乳的还原时间不应少于 4h。

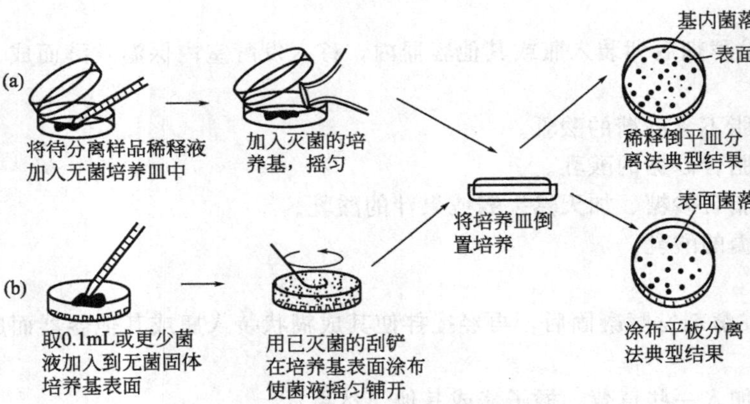

图 8-12　稀释平皿分离法

（a）倾注平皿法；（b）涂布平皿法

（四）实训结果与讨论

1. 绘制乳酸菌的形态图。
2. 记录实验结果。
3. 通过本实验，描述乳酸细菌主要的生理特性。
4. 根据乳酸菌的特性，乳酸发酵条件是什么？

二、酸乳制作

（一）实训材料

1. 酸乳发酵微生物

一般选用保加利亚乳杆菌（*Lactobacillus bulgaricus*）和嗜热性链球菌（*Streptococcus thermophilus*）。也有使用双歧乳杆菌的。尽管目前认为双歧乳杆菌保健作用更好，但由于不易培养与其特有异味，尚未全面推广使用。

2. 培养基

全脂牛乳或半脱脂牛乳和全脱脂牛乳。

（二）实训操作

1. 工艺流程

工艺流程见图 8-13。

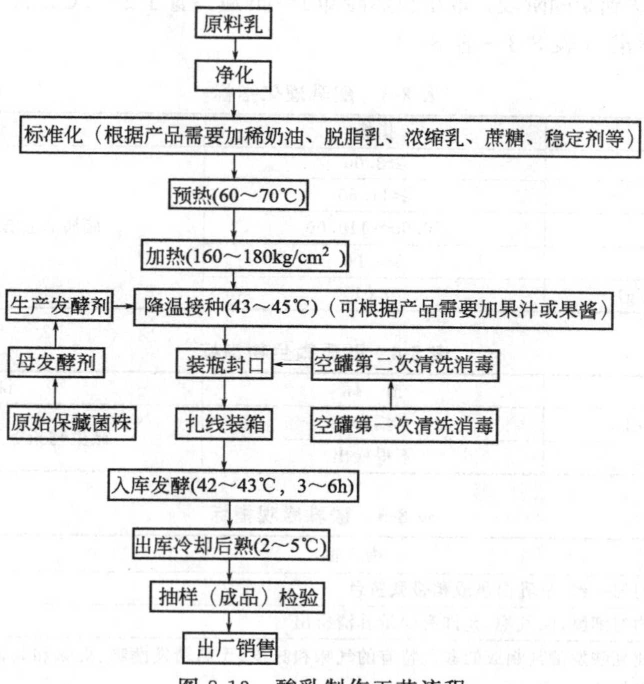

图 8-13 酸乳制作工艺流程

2. 发酵菌株培养

（1）将全脂牛乳、半脱脂牛乳或脱脂牛乳（要求新鲜，不含抗生素，产乳牛不患乳房炎）分装试管，装量：试管（18mm×180mm），10mL/管；三角瓶（500mL），300mL/瓶。培养基置于高温灭菌器内；115℃ 15min 灭菌。

生产种子培养需采用较大的容器（如不锈钢桶），灭菌则采用 85℃、15min，连续两次。灭菌后牛乳立即冷却待用。如 1h 内不使用，要贮存在 3～5℃环境下。

（2）将冻干管或液体保藏管菌种接入牛乳试管中活化 2～3 次，至牛乳凝固时，转接于三角瓶中（终发酵剂），接种量 1%左右，生产上还需进行下一级扩大培养（生产发酵剂），接种量 2%～3%。

（3）培养 乳酸链球菌一般在 37～42℃下培养 12～14h，至牛乳凝固结实即可。

保加利亚乳杆菌在 42～45℃下培养 12h，至牛乳凝固结实即可。

3. 原料乳质量要求及灭菌

原料乳质量要求同上述培养基要求。原料乳可根据产品要求加糖或不加糖，一般加量 5%～8%，最高不超过 10%。

脱脂加糖酸乳是以脱脂乳为原料；高脂加糖酸乳是以在生产前用稀奶油标准化，使其含脂量不低于 6.0%；果味与香料型酸乳是在发酵前加上水果与可可浆等。其工艺流程都一样。

杀菌：将牛乳与砂糖混合，在不锈钢容器中 85℃保温 10～15min 杀菌。

4. 接种

将保温后的牛乳迅速降温到 38～42℃（一般为 40℃，夏季 38℃，冬季 42℃）。接入发酵剂的量为原料乳量的 1%～3%。采用混合菌株发酵时，总接种量不变，两菌株按等量接种。

5. 装瓶、封口、发酵

接种后，分装于灭菌牛乳瓶或其他容器中，加盖后送培养箱或发酵室［(39±1)℃］发酵。

6. 冷却后熟

经检查，酸乳已达到凝固阶段，取出自然冷却 1～2h 后，置于 2～5℃条件下冷藏 24h 即得成品。

附：酸乳质量标准（表 8-3～表 8-5）

表 8-3 酸乳理化指标

项　目	指标	说明
脂肪/%	≥3.00	脂肪含量按扣除砂糖计算
乳总干物质/%	≥11.50	
酸度/°T	70.00～110.00	
砂糖/%	≥5.00	
汞(以 Hg 计)/(μg/g)	0.01	

表 8-4 酸乳微生物指标

项　目	指　标	说　明
大肠杆菌/(个/100mL)	≤90	微生物指标不合格不得出售
致病菌	不得检出	

表 8-5 酸乳感观指标

项 目	指　标	说　明
色泽	色泽均匀一致，呈乳白色或稍带微黄色	感观鉴定不合格的产品或表面生霉的产品不得出售
组织状态	凝块均匀细腻，无气泡，允许有少量乳清析出	
气味、味道	具有纯乳酸发酵剂制成的酸乳特有的气味和味道，无酒精发酵味、霉味和其他外来不良气味	

（三）实训结果与讨论

1. 从感观指标上评定自制酸乳质量。
2. 试述保加利亚乳杆菌和湿热链球菌的形态及生理特征。
3. 稀释分离时为什么要将已融化的琼脂培养基冷却到 45～50℃才能倾入到装有菌液的培养皿内？
4. 为什么每次都要将接种环上的多余菌体烧掉？划线时为何不能重叠？
5. 在恒温箱中培养微生物为什么要将培养皿倒置？
6. 在分离某类微生物时培养皿中出现其他微生物，请说明原因？应如何进一步分离纯化？经一次分离后的菌种是否都是纯种？

实训四

利用紫外线诱变筛选淀粉酶高产菌株

一、实训目标

（1）会利用紫外线诱变菌种，引起突变。

（2）会利用透明圈法或显色圈法初筛，获得淀粉酶活力高的菌株。

（3）会利用发酵初筛得到的菌株，测定酶活，获得高产菌株。

二、实训材料

（1）菌种　从淀粉厂附近的土壤样品中分离筛选产偏酸性淀粉酶的菌株或利用本实验保存的产淀粉酶枯草芽孢杆菌。

（2）培养基　所有配方均为质量分数，根据筛选到的菌种，各个成分的用量可做微调。

① 斜面培养基（质量分数）　可溶性淀粉1.2%，蛋白胨0.8 %，酵母粉0.2%，$MgSO_4 \cdot 7H_2O$ 0.05%，K_2HPO_4 0.1%，琼脂1.8%，pH值6.5。

② 分离平板培养基（质量分数）　糯米淀粉1.0%，蛋白胨0.5%，Na_2HPO_4 0.01%，KH_2PO_4 0.015%，$MgSO_4 \cdot 7H_2O$ 0.05%，NaCl 0.1%，琼脂1.8%，pH值4.5。

③ 产酶种子培养基（质量分数）：可溶性淀粉1.2%，蛋白胨0.8%，酵母粉0.2%，$MgSO_4 \cdot 7H_2O$ 0.05%，K_2HPO_4 0.1%，pH值5.0。

④ 产酶发酵培养基（质量分数）：玉米淀粉1.5%，蛋白胨1.0%，酵母粉0.5%，$MgSO_4 \cdot 7H_2O$ 0.05%，K_2HPO_4 0.1%，pH值5.0。

（3）器材　装有2根15 W紫外灯的超净工作台、电磁力搅拌器（含转子）、低速离心机、培养皿、涂布器、10mL离心管、吸管（1mL、5mL、10mL）、250mL锥形瓶、恒温摇床、培养箱、水浴锅、紫外分光光度计、直尺、棉签、橡皮手套、洗耳球。

（4）试剂　蒸馏水、75%酒精、1%的淀粉溶液、0.1%碘液、pH值4.6（0.1mol/L）的乙酸缓冲液、DNS试剂。

三、实训操作

（1）确定最佳剂量　将实验菌悬液用紫外线分别照射10s、15s、20s、25s、30s、50s、60s、120s后，通过计数板计数计算致死率，选取致死率70%～80%的诱变剂量为最佳诱变剂量（照射时间）x（待定值）s。

(2) 培养菌体　取菌种一环接种于盛有 20mL 液体产酶种子培养基的 250mL 锥形瓶中，于 37℃振荡培养 12h，即为对数生长期的菌种。

(3) 制备菌悬液　取 5mL 培养液于 10mL 离心管中，以 3000 r/min 离心 10min，弃去上清液。加入无菌水 9mL，加无菌玻璃珠振荡洗涤，离心 10min，弃去上清液。加入无菌水 9mL，加无菌玻璃珠振荡均匀，过滤，计数调整细胞浓度为 10^8/mL。

(4) 诱变处理　取 6mL 细胞悬浮液于直径 90mm 的无菌培养皿中（内放一个磁力搅拌棒，需清洗)，置电磁力搅拌器上于超净工作台紫外灯下（距离 30cm）照射 x（第一步测得值）s。

(5) 后培养　盖上皿盖，用牛皮纸包裹严实后，置 37℃暗箱培养 2h。

(6) 培养　取 0.1mL 或 0.2mL 诱变后菌悬液于分离培养基平板上，用涂布器涂匀，于 37℃培养箱中培养 1～2 天至菌落长成。

(7) 显色初筛　用 0.1%稀碘液在菌落周围显色 1～2min，观察并测定透明圈直径（C）和菌落直径（H），挑选 C/H 值最大者置斜面上，纯化后进行复筛发酵。

(8) 复筛发酵　挑取活化后的菌种接入装有 25mL 种子培养基的 250mL 锥形瓶中，37℃、180r/min 振荡培养 18h，然后取 2mL 转接入装有 25mL 发酵培养基的 250mL 锥形瓶中，37℃、180r/min 振荡培养 48h，4 层纱布过滤后，取发酵液 4000r/min 离心 30min 后取上清液 0.2mL，加入 0.5mL1%的淀粉溶液和 0.3mL，pH 值 4.6（0.1mol/L）的乙酸缓冲液，45℃保温 30min，加入 1mL 蒸馏水和 1.5mL DNS 试剂，于沸水浴 5min 显色，迅速冷却稀释至 25mL，540nm 比色，以灭活酶液为对照。

酶活定义：在 45℃，pH 值 4.6，将每分钟产生相当于 1μmol 葡萄糖还原力的酶量定义为 1 个酶活力单位。

四、注意事项

(1) 紫外线对人体的细胞（尤其是眼睛和皮肤）有伤害，长时间与紫外线接触会造成灼伤，故操作时要戴防护眼镜，操作尽量控制在防护罩内。

(2) 空气在紫外灯照射下，会产生臭氧，臭氧也具备杀菌作用。臭氧含量过高，会引起人不舒服，同时也会影响菌体的成活率。因此，臭氧在空气中的含量不能超过 0.1%～1%。

五、实训结果与讨论

1. 找出紫外线诱变的最佳剂量（包括照射时间与致死率的数据表、折线图以及结论)。
2. 分析符合初筛现象的菌株参数（包括系列菌的编号及对应的 C/H 值、结论)。
3. 计算复筛酶活绝对值，并评价菌株产酶能力。
4. 小结。

实训五 噬菌体的分离与纯化技术

噬菌体在自然界中分布很广，凡是噬菌体的寄主存在的地方均可以发现它们。例如在人粪和阴沟污水中可以分离到寄生于人体肠道细菌的噬菌体。噬菌体分离的基本原理基于以下两点。

① 噬菌体对寄主具有高度专一性，因此可以利用此寄主作为敏感菌株培养和发现它们。

② 根据噬菌体对其寄主的裂解可在含有敏感菌株（即宿主）的琼脂平板上出现肉眼可见的噬菌斑，而且在高稀释液中一个噬菌体产生一个噬菌斑，从而可对噬菌体进行纯化和效价测定。

一、实训目标

（1）掌握噬菌体的分离方法并熟悉噬菌斑的特征。

（2）了解噬菌斑的形态和大小。

二、实训材料

1. 活材料

大肠杆菌斜面（37℃培养 18～24h），含有噬菌体的阴沟污水样品。

2. 培养基

① 上层牛肉膏蛋白胨琼脂培养基（含琼脂 0.6%，用试管分装，每管 4mL）。

② 底层牛肉膏蛋白胨琼脂培养基（含琼脂 1.5%～2%）。

③ 3 倍浓缩的牛肉膏蛋白胨培养基。

3. 器材

无菌吸管、无菌平皿、无菌抽滤瓶、玻璃刮铲、锥形瓶、恒温水浴锅、蔡氏细菌滤器、真空泵。

三、实训操作

1. 分离前的准备

（1）制备菌悬液　取大肠杆菌斜面一支，加 4mL 无菌水洗下菌苔，制成菌悬液。

（2）增殖噬菌体　取污水样 20mL，置于锥形瓶内，加入 3 倍浓缩的牛肉膏蛋白胨培养基 100mL 及大肠杆菌菌液 2mL 于 37℃下培养 12～24h。

(3) 制备噬菌体裂解液　将上述培养液离心（2500r/min，15min），所得上清液用蔡氏细菌滤器过滤，并将滤液转到入另一无菌锥形瓶中置于37℃培养过夜，以做无菌检查。

(4) 噬菌体有无试验　上述滤液若无菌生长，可按以下方法检验有无噬菌体存在。

① 于牛肉膏琼脂平板上滴加大肠杆菌菌液一滴，用无菌玻璃刮棒涂布成一薄层。

② 待平板面菌液干后，滴加上述滤液数小滴于平板面上，再将此平板置37℃培养过夜。如滤液内有大肠杆菌噬菌体存在，加滤液处便无菌生长，而出现蚕蚀状的透明空斑。

③ 如已证明有噬菌体存在，可再将滤液接种于已同时接种有大肠杆菌的牛肉膏蛋白胨培养液内，如此重复移种数次，即可使噬菌体增多。

2. 纯化

最初分离出来的噬菌体往往不纯，表现为噬菌斑的形态、大小不一致等，所以还需进行噬菌体的纯化。

(1) 稀释　将含大肠杆菌噬菌体的滤液，用牛肉膏蛋白胨液体培养基按10倍稀释法稀释成10^{-1}、10^{-2}、10^{-3}、10^{-4}、10^{-5} 5个稀释度。

(2) 倒底层平板　用直径9cm的平皿5个，每个平皿约倒10mL底层琼脂培养基，依次标明10^{-1}、10^{-2}、10^{-3}、10^{-4}、10^{-5}。

(3) 倒上层平板　取5支装有4mL上层琼脂培养基的试管，依次标明10^{-1}、10^{-2}、10^{-3}、10^{-4}、10^{-5}，熔化后放在50℃左右的水浴锅内保温，然后分别向每支试管加入0.1mL大肠杆菌菌液，并对号加入0.1mL各稀释度的滤液，摇匀。最后对号倒入底层琼脂已凝固的平皿中，摇匀。

(4) 培养　待上层琼脂凝固后，置37℃培养18～24h。

(5) 纯化　在上述出现单个噬菌斑的平板上，用接种针在选定的噬菌斑上针刺一下，接种于含有大肠杆菌的牛肉膏蛋白胨培养液中，37℃培养18～24h，再依上述方法进行稀释。倒平板进行纯化，直至平板上出现的噬菌斑形态大小一致，则表明已获得纯的大肠杆菌噬菌体。

四、实训结果与讨论

1. 在固体培养基平板上为什么能形成噬菌斑？

2. 若要分离化脓性细菌的噬菌体，取什么样品材料最容易得到？

3. 试比较分离纯化噬菌体与分离纯化细菌、放线菌等在基本原理和具体方法上的异同点。

4. 新分离得到的噬菌体滤液要证实确实有噬菌体存在，除本实验用的平板法观察噬菌斑的存在外，还可以用什么方法？如何证明？

实训六
细菌菌种保藏技术

一、斜面低温传代保藏

1. 实训材料

(1) 菌种　大肠杆菌、乳酸杆菌、乳酸链球菌斜面菌种。

(2) 培养基　牛肉膏蛋白胨培养基。

(3) 器材　无菌试管、无菌吸管、接种环、冰箱、超净工作台、恒温培养箱、高压蒸汽灭菌锅等。

2. 实训操作

(1) 接种　取各种无菌斜面试管数支，将注有菌株名称和接种日期的标签贴上，贴在试管斜面的上方，距试管口2～3cm处。将待保藏的菌种用接种环以无菌操作法移接至相应的试管斜面上，细菌宜采用对数生长期的细胞（图8-14）。

(2) 培养　(36±1)℃恒温培养18～24h。

(3) 保藏　斜面长好后，可直接放入4℃冰箱保藏。为防止棉塞受潮长杂菌，管口棉花应用牛皮纸包扎，或换上无菌胶塞，亦可用熔化的固体石蜡熔封棉塞或胶塞。保藏时间依微生物种类而不同，有芽孢的细菌可保存2～6个月，移种一次，而不产芽孢的细菌最好每月移种一次。此法的缺点是容易变异，污染杂菌的机会较多。

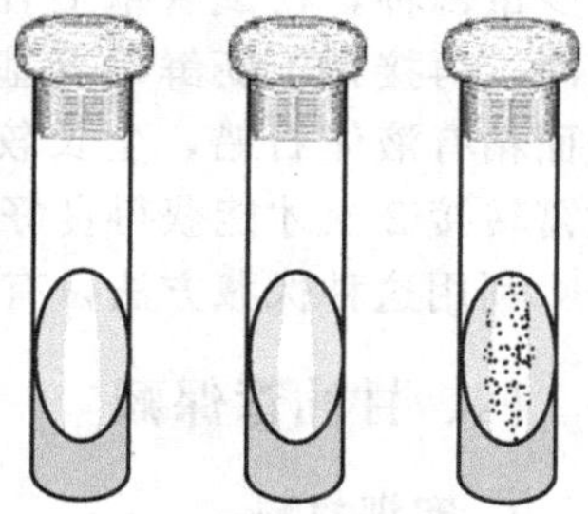

图8-14　斜面低温传代保藏法

二、穿刺保藏

1. 实训材料和工具准备

(1) 菌种　大肠杆菌、乳酸杆菌、乳酸链球菌斜面菌种。

(2) 培养基　牛肉膏蛋白胨培养基。

(3) 器材　无菌试管、无菌吸管、接种针、冰箱、超净工作台、恒温培养箱、高压蒸汽灭菌锅等。

2. 实训操作

(1) 接种　方法是将培养基制成软琼脂（琼脂含量为斜面的1/2，一般为1%），盛入1.2cm×10cm的小试管内，高度为试管的1/3。121℃高压灭菌后不制成斜面，用针形接种针将菌种穿刺接入培养基的1/2处，注意不要穿透底部。培养后的微生物在穿刺处及琼脂表面均可生长，然后覆盖以2～3mm的无菌液体石蜡。

(2) 培养　在适宜的温度下培养，使其充分生长。

(3) 保藏　将培养好的菌种试管塞上橡胶塞或熔封后，置于4℃冰箱保藏。

这种保藏方法一般用于保藏兼性厌氧型细菌，保藏期在0.5～1年。

三、液体石蜡保藏

1. 实训材料

(1) 菌种　大肠杆菌、乳酸杆菌、乳酸链球菌斜面菌种。

(2) 培养基　牛肉膏蛋白胨培养基。

(3) 试剂　液体石蜡。

(4) 器材　无菌试管，无菌吸管，接种环，锥形瓶，冰箱，超净工作台，恒温培养箱，高压蒸汽灭菌锅。

2. 实训操作

(1) 液体石蜡灭菌　在250mL锥形瓶中装入100mL液体石蜡，塞上棉塞，并用牛皮纸包扎，121℃湿热灭菌30min，然后于40℃温箱中放置14天（或置于105～110℃烘箱中1h），以除去石蜡中的水分备用。

(2) 接种培养　同斜面低温传代保藏法。

(3) 加液体石蜡　用无菌滴管吸取液体石蜡，以无菌操作加到已长好的菌种斜面上，加入量以高出斜面顶端约1cm为宜（图8-15）。

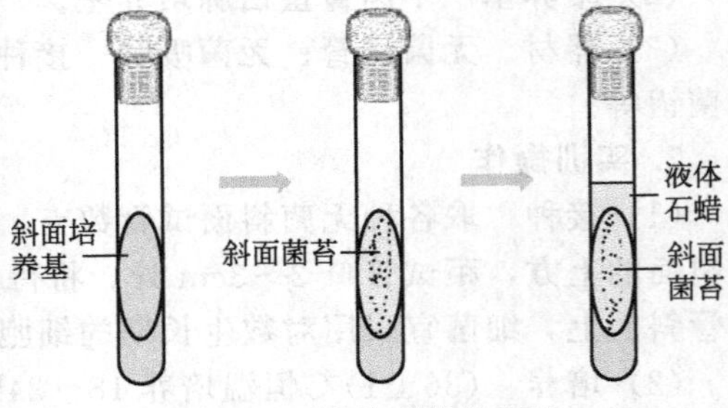

图8-15　液体石蜡保藏法

(4) 保藏　棉塞外包牛皮纸，将试管直立放置于4℃冰箱中保存。

(5) 恢复培养　用接种环从液体石蜡下挑取少量菌种，在试管壁上轻靠几下，尽量使油滴净，再接种于新鲜培养基中培养。由于菌体表面粘有液体石蜡，生长较慢且有黏性，故一般需转接2次才能获得良好菌种。

利用这种保藏方法，有芽孢细菌可保藏2年左右。一般无芽孢细菌也可保藏1年左右。

四、甘油管保藏

1. 实训材料

(1) 菌种　大肠杆菌、乳酸杆菌、乳酸链球菌斜面菌种。

(2) 培养基　牛肉膏蛋白胨培养基

(3) 试剂　无菌水，甘油。

(4) 器材　无菌试管，无菌吸管，甘油管，接种针，冰箱，锥形瓶，超净工作台，恒温培养箱，高压蒸汽灭菌锅。

2. 实训操作

在液体的新鲜培养物中加入15%已灭菌的甘油，然后再置于－20℃或－70℃冰箱中保藏。此法是利用甘油作为保护剂，甘油透入细胞后，能强烈降低细胞的脱水作用，而且在－20℃或－70℃条件下，可大大降低细胞代谢水平，但却仍能维持生命活动状态，达到延长保藏时间的目的。此法可保藏1～10年。

(1) 甘油灭菌　在100mL锥形瓶中装入10mL甘油，塞上棉塞，并用牛皮纸包扎，121℃湿热灭菌20min。

(2) 接种培养　用接种环取一环菌种接种到新鲜的斜面培养基上，在适宜的温度条件下使其充分生长。

(3) 加无菌甘油　在培养好的斜面中注入2～3mL无菌水，刮下斜面振荡，使细胞充分分散成均匀的悬浮液。用无菌吸管吸取上述菌悬液1mL置于一甘油管中，再加入0.8mL无菌甘油，振荡，使培养液与甘油充分混匀。

(4) 保藏　将甘油管置于－20℃冰箱中保存。

(5) 恢复培养　用接种环从甘油管中取一环甘油培养物，接种于新鲜培养基中恢复培养。由于菌种保藏时间长，生长代谢较慢，故一般需转接2次才能获得良好菌种。利用这种保藏方法，一般可保藏0.5～1年。

五、沙土管保藏

1. 实训材料和工具准备

(1) 菌种　大肠杆菌、乳酸杆菌、乳酸链球菌斜面菌种。

(2) 培养基　牛肉膏蛋白胨培养基。

(3) 试剂　液体石蜡，P_2O_5或$CaCl_2$，10%HCl，无菌水，甘油，河沙，瘦黄土（不含有机质）。

(4) 器材　无菌试管，无菌吸管，接种环，40目及100目筛子，干燥器，冰箱，超净工作台，恒温培养箱，高压蒸汽灭菌锅。

2. 实训操作

(1) 沙土处理

① 沙处理　取河沙经40目过筛，去除大颗粒，加10%HCl浸泡（用量以浸没沙面为宜）2～4h（或煮沸30min），以除去有机杂质，然后倒去盐酸，用清水冲洗至中性，烘干或晒干，备用。

② 土处理　取非耕作层瘦黄土（不含有机质），加自来水浸泡洗涤数次，直至中性，然后烘干，粉碎，过100目筛，去除粗颗粒后备用。

(2) 装沙土管　将沙与土按2∶1、3∶1或4∶1（质量比）比例混合均匀装入试管（10mm×100mm）中，约1cm高（图8-16），加棉塞，并外包牛皮纸，121℃湿热灭菌1h，然后烘干。

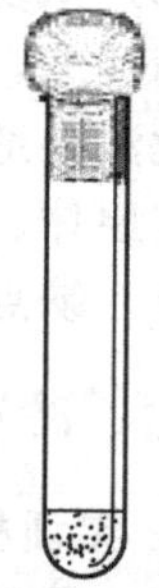

图8-16　砂土管保藏法

(3) 无菌试验　取少许沙土放入牛肉膏蛋白胨培养液中，在最适温度下培养2～4天，确定无菌生长时才可使用。若发现有杂菌，经重新灭菌后，再做无菌试验，直到合格。

(4) 制备菌液　用5mL无菌吸管分别吸取3mL无菌水至待保藏的菌种斜面上，用接种环轻轻搅动，制成悬液。

(5) 加样　用1mL吸管吸取上述菌悬液0.1～0.5mL加入沙土管中，用接种环拌匀。加入菌液量以湿润沙土达2/3高度为宜。

(6) 干燥　将含菌的沙土管放入真空干燥器中，干燥器内用培养皿盛P_2O_5作为干燥剂，可再用真空泵连续抽气3～4h，加速干燥。将沙土管轻轻一拍，沙土呈分散状即达到充分干燥（图8-16）。

(7) 保藏　沙土管可选择下列方法之一来保藏：

① 保存于干燥器中；

② 用石蜡封住棉花塞后放入冰箱保存；

③ 将沙土管取出，管口用火焰熔封后入冰箱保存；

④ 将沙土管装入有 $CaCl_2$ 等干燥剂的大试管中，塞上橡胶塞或木塞，再用蜡封口，放入冰箱中或室温下保存。

(8) 恢复培养　使用时挑少量混有孢子的沙土，接种于斜面培养基上或液体培养基内培养即可，原沙土管仍可继续保藏。

此法适用于保藏能产生芽孢的细菌，可保存 2 年左右。但不能用于保藏营养细胞。

六、液氮冷冻保藏

1. 实训材料

(1) 菌种　大肠杆菌、乳酸杆菌、乳酸链球菌斜面菌种。

(2) 培养基　适合培养待保藏菌种的各种斜面培养基或平板、含 10%甘油的液体培养基。

(3) 器材　液氮冰箱，无菌打孔器，安瓿管及吸管。

2. 实训操作

(1) 准备安瓿管　用于液氮保藏的安瓿管，要求能耐受温度突然变化而不致破裂，因此，需要采用硼硅酸盐玻璃制造的安瓿管，安瓿管的大小通常使用 75mm×10mm。

(2) 加保护剂与灭菌　保存细菌、酵母菌或霉菌孢子等容易分散的细胞时，则将空安瓿管塞上棉塞，1.05kgf/cm^2 (1kgf/cm^2＝98.0665kPa)、121℃灭菌 15min。若做保存霉菌菌丝体用，则需在安瓿管内预先加入保护剂（如 10%甘油蒸馏水溶液或 10%二甲亚砜蒸馏水溶液)，加入量以能浸没以后加入的菌落圆块为限，再用 1.05kgf/cm^2、121℃灭菌 15min。

(3) 接入菌种　将菌种用 10%的甘油蒸馏水溶液制成菌悬液，装入已灭菌的安瓿管；然后用火焰熔封。浸入水中检查有无漏洞。

(4) 冻结　将已封口的安瓿管以每分钟下降 1℃的慢速冻结至－30℃。若细胞急剧冷冻，则在细胞内会形成冰的结晶，因而降低存活率。

(5) 保藏　将冻结至－30℃的安瓿管立即放入液氮冷冻保藏器的小圆筒内，然后再将小圆筒放入液氮冷冻保藏器内。液氮保藏器内为－150℃，液态氮内为－196℃。

(6) 恢复培养　保藏的菌种需要用时，将安瓿管取出，立即放入 38～40℃的水浴中进行急剧解冻，直到全部融化为止。再打开安瓿管，将内容物移入适宜的培养基上培养。

此法除适宜于一般微生物的保藏外，对一些用冷冻干燥法都难以保存的微生物（如支原体、衣原体、氢细菌、难以形成孢子的霉菌、噬菌体及动物细胞）均可长期保藏，而且性状不变异。缺点是需要特殊设备。

七、冷冻干燥保藏

1. 实训材料

(1) 菌种　大肠杆菌、乳酸杆菌、乳酸链球菌斜面菌种。

(2) 培养基　牛肉膏蛋白胨培养基。

(3) 试剂　脱脂乳粉，干冰，95%乙醇，无菌水。

(4) 器材　无菌吸管，无菌滴管，接种环，安瓿管，冰箱，真空冷冻干燥装置，酒精喷灯，超净工作台，恒温培养箱，高压蒸汽灭菌锅。

2. 实训操作

(1) 准备安瓿管　选用内径 6～8mm、长 10.5cm 的由硬质玻璃制成的安瓿管，用 10%

HCl 浸泡 8～10h 后用自来水冲洗多次，最后用去离子水洗 1～2 次，烘干。将印有菌名和接种日期的标签放入安瓿管内，有字的一面朝向管壁。管口加棉塞，121℃灭菌 30min。

(2) 制备脱脂牛乳　将脱脂乳粉配成 20%乳液，然后分装，121℃灭菌 30min，并做无菌试验。

(3) 准备菌种　选用无污染的纯菌种，培养时间一般是细菌 24～48h，酵母菌 3 天，放线菌与丝状真菌 7～10 天。

(4) 制备菌液及分装　吸取 3mL 无菌牛乳直接加入斜面菌种管中，用接种环轻轻搅动菌落，再用手摇动试管，制成均匀的细胞或孢子悬液。用吸量管将菌液分装于安瓿管底部，每管装 0.2mL。

(5) 预冻　将安瓿管外的棉花剪去并将棉塞向里推至离管口约 15mm 处（如图 8-17）。再通过乳胶管把安瓿管连接于总管的侧管上。总管则通过厚壁橡皮管及三通短管与真空表及干燥瓶、真空泵相连接，并将所有安瓿管浸入装有干冰和 95%乙醇的预冷槽中（此时槽内温度可达－50～－40℃）。只需冷冻 1h 左右，即可使悬浮液冻结成固体。

(6) 真空干燥　完成预冻后，升高总管使安瓿管底部与乙醇表面接触（此处温度约－10℃），以保持安瓿管内的悬浮液仍呈固体状态。开启真空泵后，应在 5～15min 内使真空度达 66.7Pa 以下，使被冻结的悬浮液开始升华，当真空度达到 13.3～26.7Pa 时，冻结样品逐渐被干燥成白色片状，此时使安瓿管脱离冰浴，在室温下（25～30℃）继续干燥（管内温度不超过 30℃），升温可加速样品中残余水分的蒸发。总干燥时间应根据安瓿管的数量、悬浮液装量及保护剂性质来定，一般 3～4h 即可。

(7) 封口　样品干燥后继续抽真空达 1.33Pa 时，在安瓿管棉塞的稍下部位用酒精喷灯火焰灼烧，拉成细颈并熔封［如图 8-17(b)、(c)］，然后置 4℃冰箱内保藏。

(8) 恢复培养　用 75%乙醇消毒安瓿管外壁后，在火焰上烧热安瓿管上部，然后将无菌水滴在烧热处，使管壁出现裂缝，放置片刻，让空气从裂缝中缓慢进入管内后，将裂口端敲断，这样可防止空气因突然开口而进入管内致使菌粉飞扬。将合适的培养液加入冻干样品中，使干菌粉充分溶解，再用无菌的长颈滴管吸取菌液至合适培养基中，放置在最适温度下培养。

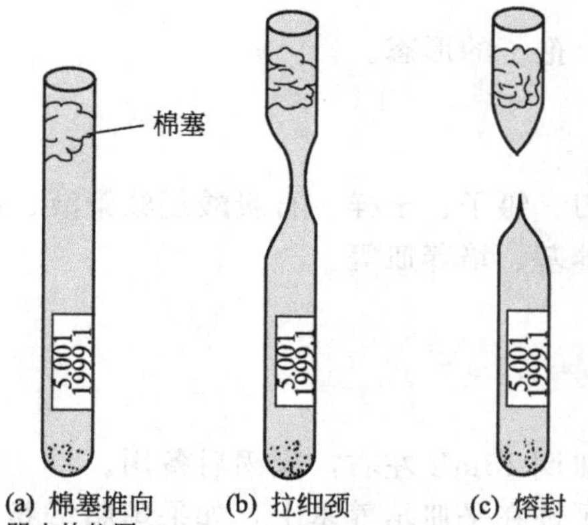

图 8-17　安瓿管的处理

冷冻干燥保藏法保存时间可长达 10 年以上。

3. 操作要点

(1) 从液体石蜡封藏的菌种管中挑取菌后，接种环上带有油和菌，故接种环在火焰上灭菌时要先在火焰边烤干再直接灼烧，以免菌液四溅，引起污染。

(2) 在真空干燥过程中安瓿管内样品应保持冻结状态，以防止抽真空时样品产生泡沫而外溢。

(3) 熔封安瓿管时注意火焰大小要适中，封口处灼烧要均匀，若火焰过大，封口处易弯斜，冷却后易出现裂缝而造成漏气。

(4) 冷冻干燥时如果同时制备多个安瓿管，要注意各管装量的一致，防止冻干时进程不一致。

实训七 放线菌个体形态的观察

放线菌因在固体培养基上呈辐射状生长而得名。放线菌是由不同长短的纤细的菌丝所形成的单细胞菌丝体。菌丝体分为两部分，即潜入培养基中的营养菌丝（或称基内菌丝）和生长在培养基表面的气生菌丝。有些气生菌丝分化成各种孢子丝，呈螺旋形、波浪形或分支状等。孢子常呈圆形、椭圆形或杆形。气生菌丝及孢子的形状和颜色常作为分类的重要依据。

一、实训目标

（1）掌握观察放线菌形态的基本方法，并观察放线菌的形态特征。

（2）学习放线菌的印片染色法。

（3）了解放线菌的营养菌丝、气生菌丝、孢子丝、孢子的形态。

二、实训材料

显微镜、载玻片、盖玻片、玻璃棒、接种铲、小刀、镊子、土样、石炭酸复红染液、吕氏碱性美蓝染液、加拿大树胶、玻璃纸、高氏Ⅰ号培养基、培养皿等。

三、实训操作

1. 放线菌自然生长状态的观察

（1）将灭菌后的高氏Ⅰ号培养基倒入培养皿，每皿倒 15mL 左右，凝固后备用。

（2）用经火焰灭过菌的小镊子将灭菌优质玻璃纸平铺在平皿培养基上，如果琼脂培养基和玻璃纸之间有气泡，可以用灭过菌的玻璃棒将气泡除去。

（3）将一定量的无菌水倒入装有土样的无菌玻璃珠瓶中，制成菌悬液，再适当稀释。

（4）用无菌吸管取 0.1mL 的孢子悬液稀释液，接种在玻璃纸上，并用无菌玻璃棒涂匀后，置 28℃培养，直至菌长好，备用。

（5）在洁净的载玻片上滴一小滴水，稍涂布。取出培养皿，打开皿盖，用镊子将玻璃纸与培养基分开，再用剪刀剪取小片长有菌的玻璃纸，菌面朝上放在载玻片的水面上，使纸平贴载玻片。

（6）将载玻片置显微镜下观察。

附　玻璃纸灭菌方法：在玻璃纸灭菌时，若直接将干燥的玻璃纸灭菌，它就会缩小，不便使用。故需作如下处理：将玻璃纸和滤纸剪成培养皿大小的圆形纸片，用水浸泡后把湿滤纸和玻璃纸交互重叠地放在培养皿中，借滤将玻璃纸隔开。然后进行湿热灭菌，备用。

2. 营养菌丝的观察

(1) 用接种铲连同培养基挑取放线菌菌苔置载玻片中央。

(2) 用另一载玻片将其压碎，弃去培养基，制成涂片，干燥、固定。

(3) 用吕氏碱性美蓝染液或石炭酸复红染液染 0.5～1min，水洗。

(4) 干燥后，用油镜观察营养菌丝的形态。

3. 气生菌丝与营养菌丝的比较观察

(1) 将高氏Ⅰ号培养基倒入无菌培养皿，制成4mm左右的培养基平板，经培养检验后无菌，备用。

(2) 用经火焰灭菌的镊子将无菌盖玻片以45°倾斜角插入平皿培养基琼脂内，然后将孢子悬液（浓度以稀释 10^{-3}～10^{-2} 为好）接种在盖玻片与平皿培养基的界面上。

(3) 倒置，于28℃培养4～5天后，小心地将盖玻片取出，把有菌的一面朝上，放在载玻片上，置显微镜下进行观察。一般情况是气生菌丝颜色较深，并比营养菌丝粗两倍左右。

4. 孢子丝及孢子的观察

(1) 将培养3～4天的放线菌培养皿打开，放在显微镜低倍镜下寻找菌落的边缘，直接观察气生菌丝和孢子丝的形态，注意其分支情况、卷曲情况等。

(2) 取清洁的盖玻片一块，在菌落上面轻轻按压一下，然后将印有痕迹的一面朝下放在有一滴吕氏碱性美蓝染液的载玻片上，将孢子等印浸在染液中，制成印片。用油镜观察孢子的形状、孢子丝等。

(3) 取干净载玻片一块，在玻片中央加一小滴加拿大树胶，使树胶摊成一薄层，放置数分钟，使略微晾干（但不要过分干燥）。然后用小刀切取放线菌培养体一块（带培养基切下）。将培养体表面贴在涂有树胶的玻片上，用另一玻片轻轻按压（不要压碎），然后将放线菌培养体小心弃去，注意不要使培养体在玻片上滑动，否则印痕模糊不清。将制好的印片通过火焰固定，用石炭酸复红染液染色1min，水洗，晾干（不能用吸水纸吸干）。用油镜观察孢子丝的形态及孢子排列情况。

四、实训结果与讨论

1. 绘图说明所观察到的放线菌的形态特征。
2. 在自然界和实际应用中放线菌有什么作用?

实训八

放线菌的选择分离与计数

放线菌有多种代谢产物，如抗生素、维生素、氨基酸、蛋白质、淀粉酶、脂肪酶、纤维素酶等，很多产物在农业、医疗、食品及国防等领域产生了巨大的效益。

土壤中含有丰富的放线菌，但主要是链霉菌。链霉菌以外的其他放线菌，如小单孢菌、游动放线菌、诺卡菌等，它们是生物活性物质重要的产生菌。但往往由于样品中稀有放线菌的数量太少，常规的分离方法很难得到。对样品进行风干、干热处理、培养基添加重铬酸钾的方法减少细菌和真菌的数量；用干热和苯酚处理减少链霉菌数量的方法，可以分离得到更多种类的放线菌。

一、实训材料

菜园土或林地土，自然风干，备用。

1%重铬酸钾溶液，1%苯酚，高氏Ⅰ号培养基；水浴锅等。

二、实训操作

（一）取样及预处理

1. 来源

土壤中放线菌最丰富，品种齐全。可以筛选新的放线菌。

从堆肥或过热的材料中如干草或蔗渣中可分离到大量的嗜热放线菌，从淡水和海洋环境中分离到嗜碱性的和嗜酸性的菌种。

2. 取样及预处理

（1）土样　取土壤层5cm以下的土样，放于灭过菌的牛皮纸袋中，一般不放于不透气的瓶子或塑料袋中。气生孢子能耐干燥，耐湿热能力高于营养体，室温保存20天，放线菌的数量和组成变化不大，细菌大部分死亡。

（2）水样与水低泥样用采泥器和采水器采集，放于灭菌瓶，不密封。

（二）分离与培养

（1）取体积为300mL的高氏Ⅰ号培养基，加入0.1%的重铬酸钾15mL，使之终浓度为50μg/g，摇匀，倒平板，待用。

（2）取土样5g，摊平于大号培养皿上，在恒温干燥箱中120℃干热处理1h。

（3）土样热处理后，加入装有45mL无菌水和少量玻璃珠的三角瓶中，加入0.5mL的苯酚，室温下振荡30min，静止5min，取上清液用无菌水稀释10倍。同时另取土样5g，不加热和苯酚处理，其余步骤同上，作为对照。

（4）用移液管分别吸取原液和10倍稀释液各0.1mL放在标志稀释倍数的平板上，涂抹均匀，倒置，28℃培养。

（5）培养10～14天，观察比较不同处理方法的生长情况、菌落特征。挑取红色、无气生菌丝的小菌落以及其他菌落形态菌株接种斜面，进一步用于形态观察和鉴定。

三、注意事项

（1）注意土样在用之前要风干处理20天以上，以除去大部分的细菌。

（2）注意在培养基中添加适量重铬酸钾。

实训九
土壤中放线菌的分离与纯化技术

一、实训材料

1. 材料及试剂

（1）土样　选定采土地点后，铲去表土层2～3cm，取3～10cm深层土壤10g，装入已灭过菌的牛皮袋内，封好袋口，并记录取样地点、环境及日期。土样采集后应及时分离，凡不能立即分离的样品，应保存在低温、干燥条件下，尽量减少其中菌相的变化。

（2）培养基　高氏Ⅰ号培养基。

（3）无菌水或无菌生理盐水　配制生理盐水，分装于250mL锥形瓶中，每瓶装99mL，每瓶内装10粒玻璃珠。分装试管，每管装4.5mL（每人5～7支）。

2. 仪器及其他工具

无菌培养皿、无菌移液管、无菌玻璃涂棒、接种环、称量纸、药匙、酒精灯、10%酚溶液等。

二、实训操作

1. 制备土壤稀释液

称取土样1g，加入到一个盛有99mL并装有玻璃珠的无菌水或无菌生理盐水锥形瓶中，并加入10滴10%酚溶液（抑制细菌生长），有时也可不加酚溶液。振荡后静置5min，即成10^{-1}土壤稀释液。

2. 稀释平板法分离

按前法将土壤稀释液分别稀释为10^{-3}、10^{-4}、10^{-5}三个稀释度。然后依照倾注平板法，用无菌移液管依次分别吸1mL 10^{-3}、10^{-4}、10^{-5}土壤稀释液于相应编号的无菌培养皿内，用高氏Ⅰ号培养基倾倒平板，每个稀释度做2～3个平行皿。或者依照涂布平板法，采用10^{-2}、10^{-3}、10^{-4}三个稀释度，各做3个平行皿，见图8-18。

3. 培养

冷凝后，将上述接种过土壤悬液的平板倒置于28℃恒温箱中，培养5～7天观察结果。培养结果见图8-19。

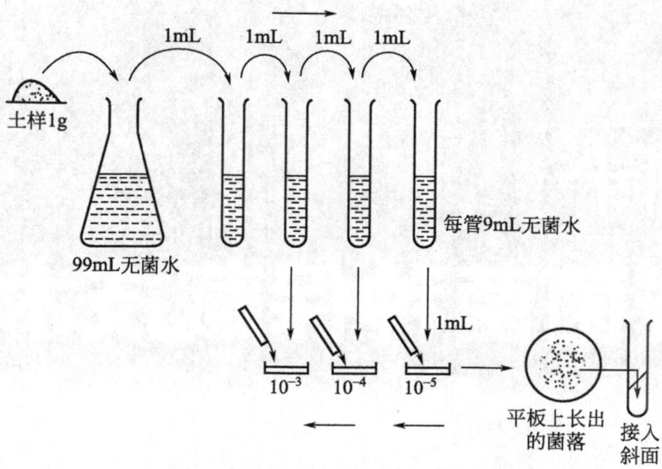

图 8-18 土壤中放线菌分离过程示意图

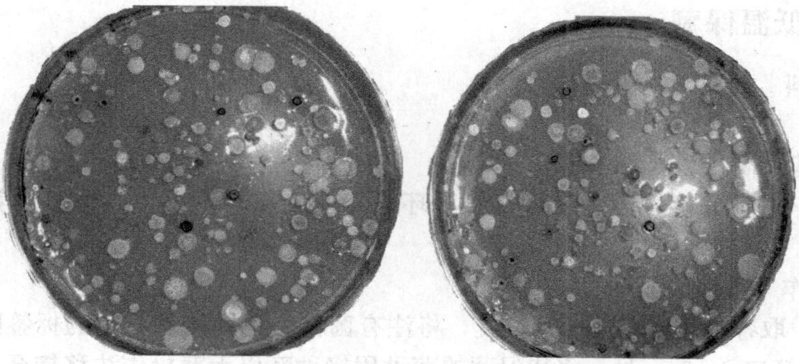

图 8-19 放线菌分离平板

4. 挑菌纯化

从平板中选择分离较好的放线菌菌落（应与细菌菌落区别开）转接斜面，并制片做纯度检查，若不纯，应进一步将该菌做稀释平板分离或划线分离，直至获得纯培养。

实训十
放线菌菌种保藏技术

一、斜面低温保藏

1. 实训材料

（1）菌种　放线菌斜面菌种。

（2）培养基　高氏Ⅰ号培养基。

（3）器材　无菌试管、无菌吸管、接种环、冰箱、超净工作台、恒温培养箱、高压蒸汽灭菌锅等。

2. 实训操作

（1）接种　取各种无菌斜面试管数支，将注有菌株名称和接种日期的标签贴上，贴在试管斜面的上方距试管口2～3cm处。将待保藏的菌种用接种环以无菌操作法移接至相应的试管斜面上，细菌和酵母菌宜采用对数生长期的细胞，而放线菌和丝状真菌宜采用成熟的孢子。

（2）培养　置于28℃培养4～7天。

（3）保藏　斜面长好后，可直接放入4℃冰箱保藏。为防止棉塞受潮长杂菌，管口棉花应用牛皮纸包扎，或换上无菌胶塞，亦可用熔化的固体石蜡熔封棉塞或胶塞。保藏时间依微生物种类而不同，放线菌可保存2～6个月，移种一次。此法的缺点是容易变异，污染杂菌的机会较多。

二、液体石蜡保藏

1. 实训材料和工具准备

（1）菌种　放线菌斜面菌种。

（2）培养基　高氏Ⅰ号培养基。

（3）试剂　液体石蜡。

（4）器材　无菌试管，无菌吸管，接种环，锥形瓶，冰箱，超净工作台，恒温培养箱，高压蒸汽灭菌锅。

2. 实训操作

（1）液体石蜡灭菌　在250mL锥形瓶中装入100mL液体石蜡，塞上棉塞，并用牛皮纸包扎，121℃湿热灭菌30min，然后于40℃温箱中放置14天（或置于105～110℃烘箱中1h），以除去石蜡中的水分备用。

(2) 接种培养　同斜面低温传代保藏法。

(3) 加液体石蜡　用无菌滴管吸取液体石蜡，以无菌操作加到已长好的菌种斜面上，加入量以高出斜面顶端约1cm为宜。

(4) 保藏　棉塞外包牛皮纸，将试管直立放置于4℃冰箱中保存。

(5) 恢复培养　用接种环从液体石蜡下挑取少量菌种，在试管壁上轻靠几下，尽量使油滴净，再接种于新鲜培养基中培养。由于菌体表面粘有液体石蜡，生长较慢且有黏性，故一般需转接2次才能获得良好菌种。

利用这种保藏方法，放线菌可保藏2年左右。

三、甘油管保藏

1. 实训材料

(1) 菌种　放线菌斜面菌种。

(2) 培养基　高氏Ⅰ号培养基。

(3) 试剂　无菌水，甘油。

(4) 器材　无菌试管，无菌吸管，甘油管，接种针，冰箱，锥形瓶，超净工作台，恒温培养箱，高压蒸汽灭菌锅。

2. 实训操作

在液体的新鲜培养物中加入15%已灭菌的甘油，然后再置于－20℃或－70℃冰箱中保藏。此法是利用甘油作为保护剂，甘油透入细胞后，能强烈降低细胞的脱水作用，而且在－20℃或－70℃条件下，可大大降低细胞代谢水平，但却仍能维持生命活动状态，达到延长保藏时间的目的。此法可保藏1～10年。

(1) 甘油灭菌　在100mL锥形瓶中装入10mL甘油，塞上棉塞，并用牛皮纸包扎，121℃湿热灭菌20min。

(2) 接种培养　用接种环取一环菌种接种到新鲜的斜面培养基上，在适宜的温度条件下使其充分生长。

(3) 加无菌甘油　在培养好的斜面中注入2～3mL无菌水，刮下斜面振荡，使细胞充分分散成均匀的悬浮液。用无菌吸管吸取上述菌悬液1mL置于一甘油管中，再加入0.8mL无菌甘油，振荡，使培养液与甘油充分混匀。

(4) 保藏　将甘油管置于－20℃冰箱中保存。

(5) 恢复培养　用接种环从甘油管中取一环甘油培养物，接种于新鲜培养基中恢复培养。由于菌种保藏时间长，生长代谢较慢，故一般需转接2次才能获得良好菌种。利用这种保藏方法，一般可保藏0.5～1年。

四、沙土管保藏

1. 实训材料

(1) 菌种　放线菌斜面菌种。

(2) 培养基　高氏Ⅰ号培养基。

(3) 试剂　液体石蜡，P_2O_5或$CaCl_2$，10%HCl，无菌水，甘油，河沙，瘦黄土（不含有机质）。

(4) 器材　无菌试管，无菌吸管，接种环，40目及100目筛子，干燥器，冰箱，超净工作台，恒温培养箱，高压蒸汽灭菌锅。

2. 实训操作

(1) 沙土处理

① 沙处理 取河沙经40目过筛，去除大颗粒，加10%HCl浸泡（用量以浸没沙面为宜）2～4h（或煮沸30min），以除去有机杂质，然后倒去盐酸，用清水冲洗至中性，烘干或晒干，备用。

② 土处理 取非耕作层瘦黄土（不含有机质），加自来水浸泡洗涤数次，直至中性，然后烘干，粉碎，过100目筛，去除粗颗粒后备用。

(2) 装沙土管 将沙与土按2∶1、3∶1或4∶1（质量比）比例混合均匀装入试管（10mm×100mm）中，约1cm高（图8-16），加棉塞，并外包牛皮纸，121℃湿热灭菌1h，然后烘干。

(3) 无菌试验 取少许沙土放入牛肉膏蛋白胨或麦芽汁培养液中，在最适温度下培养2～4天，确定无菌生长时才可使用。若发现有杂菌，经重新灭菌后，再做无菌试验，直到合格。

(4) 制备菌液 用5mL无菌吸管分别吸取3mL无菌水至待保藏的菌种斜面上，用接种环轻轻搅动，制成悬液。

(5) 加样 用1mL吸管吸取上述菌悬液0.1～0.5mL加入沙土管中，用接种环拌匀。加入菌液量以湿润沙土达2/3高度为宜。

(6) 干燥 将含菌的沙土管放入真空干燥器中，干燥器内用培养皿盛P_2O_5作为干燥剂，可再用真空泵连续抽气3～4h，加速干燥。将沙土管轻轻一拍，沙土呈分散状即达到充分干燥。

(7) 保藏 沙土管可选择下列方法之一来保藏：

① 保存于干燥器中；

② 用石蜡封住棉花塞后放入冰箱保存；

③ 将沙土管取出，管口用火焰熔封后入冰箱保存；

④ 将沙土管装入有$CaCl_2$等干燥剂的大试管中，塞上橡胶塞或木塞，再用蜡封口，放入冰箱中或室温下保存。

(8) 恢复培养 使用时挑少量混有孢子的沙土，接种于斜面培养基上或液体培养基内培养即可，原沙土管仍可继续保藏。

此法可保存2年左右。但不能用于保藏营养细胞。

五、液氮冷冻保藏

1. 实训材料

(1) 菌种 待保藏放线菌斜面菌种。

(2) 培养基 适合培养待保藏菌种的各种斜面培养基或平板、含10%甘油的液体培养基。

(3) 器材 液氮冰箱、无菌打孔器、安瓿管及吸管。

2. 实训操作

(1) 准备安瓿管 用于液氮保藏的安瓿管要求能耐受温度突然变化而不致破裂，因此，需要采用硼硅酸盐玻璃制造的安瓿管，安瓿管通常使用75mm×10mm大小的。

(2) 加保护剂与灭菌 保存细菌、酵母菌或霉菌孢子等容易分散的细胞时，则将空安瓿管塞上棉塞，1.05kgf/cm²、121℃灭菌15min。若做保存霉菌菌丝体用，则需在安瓿管内预先加入保护剂（如10%甘油蒸馏水溶液或10%二甲亚砜蒸馏水溶液），加入量以能浸没以后加入的菌落圆块为限，再用1.05kgf/cm²、121℃灭菌15min。

(3) 接入菌种 将菌种用10%的甘油蒸馏水溶液制成菌悬液，装入已灭菌的安瓿管，然后用火焰熔封。浸入水中检查有无漏洞。

(4) 冻结 将已封口的安瓿管以每分钟下降1℃的慢速冻结至－30℃。若细胞急剧冷冻，则在细胞内会形成冰的结晶，因而降低存活率。

(5) 保藏 将冻结至－30℃的安瓿管立即放入液氮冷冻保藏器的小圆筒内，然后再将小圆筒放入液氮冷冻保藏器内。液氮保藏器内为－150℃，液态氮内为－196℃。

(6) 恢复培养 保藏的菌种需要用时，将安瓿管取出，立即放入38～40℃的水浴中进行急剧解冻，直到全部融化为止。再打开安瓿管，将内容物移入适宜的培养基上培养。

此法除适宜于一般微生物的保藏外，对一些用冷冻干燥法都难以保存的微生物（如支原体、衣原体、难以形成孢子的霉菌、噬菌体及动物细胞）均可长期保藏，而且性状不变异。缺点是需要特殊设备。

六、冷冻干燥保藏

1. 实训材料

(1) 菌种 放线菌斜面菌种。

(2) 培养基 高氏Ⅰ号培养基。

(3) 试剂 脱脂乳粉，干冰，95%乙醇，无菌水。

(4) 器材 无菌吸管，无菌滴管，接种环，安瓿管，冰箱，真空冷冻干燥装置，酒精喷灯，超净工作台，恒温培养箱，高压蒸汽灭菌锅。

2. 实训操作

(1) 准备安瓿管 选用内径6～8mm、长10.5cm的由硬质玻璃制成的安瓿管，用10% HCl浸泡8～10h后用自来水冲洗多次，最后用去离子水洗1～2次，烘干。将印有菌名和接种日期的标签放入安瓿管内，有字的一面朝向管壁。管口加棉塞，121℃灭菌30min。

(2) 制备脱脂牛乳 将脱脂乳粉配成20%乳液，然后分装，121℃灭菌30min，并做无菌试验。

(3) 准备菌种 选用无污染的纯菌种，放线菌培养时间一般为7～10天。

(4) 制备菌液及分装 吸取3mL无菌牛乳直接加入斜面菌种管中，用接种环轻轻搅动菌落，再用手摇动试管，制成均匀的细胞或孢子悬液。用吸量管将菌液分装于安瓿管底部，每管装0.2mL。

(5) 预冻 将安瓿管外的棉花剪去并将棉塞向里推至离管口约15mm处。再通过乳胶管把安瓿管连接于总管的侧管上。总管则通过厚壁橡皮管及三通短管与真空表及干燥瓶、真空泵相连接，并将所有安瓿管浸入装有干冰和95%乙醇的预冷槽中（此时槽内温度可达－50～－40℃）。只需冷冻1h左右，即可使悬浮液冻结成固体。

(6) 真空干燥 完成预冻后，升高总管使安瓿管底部与乙醇表面接触（此处温度约－10℃），以保持安瓿管内的悬浮液仍呈固体状态。开启真空泵后，应在5～15min内使真空度达66.7Pa以下，使被冻结的悬浮液开始升华，当真空度达到13.3～26.7Pa时，冻结样品逐渐被干燥成白色片状，此时使安瓿管脱离冰浴，在室温下（25～30℃）继续干燥（管内温度不超过30℃），升温可加速样品中残余水分的蒸发。总干燥时间应根据安瓿管的数量、悬浮液装量及保护剂性质来定，一般3～4h即可。

(7) 封口 样品干燥后继续抽真空达1.33Pa时，在安瓿管棉塞的稍下部位用酒精喷灯火焰灼烧，拉成细颈并熔封［如图8-17(b)、(c)］，然后置4℃冰箱内保藏。

(8) 恢复培养 用75%乙醇消毒安瓿管外壁后，在火焰上烧热安瓿管上部，然后将无菌水滴在烧热处，使管壁出现裂缝，放置片刻，让空气从裂缝中缓慢进入管内后，将裂口端敲断，这样可防止空气因突然开口而进入管内致使菌粉飞扬。将合适的培养液加入冻干样品中，使干菌粉充分溶解，再用无菌的长颈滴管吸取菌液至合适培养基中，放置在最适温度下培养。

冷冻干燥保藏法保存时间可长达10年以上。

3. 操作要点

(1) 从液体石蜡封藏的菌种管中挑取菌后，接种环上带有油和菌，故接种环在火焰上灭菌时要先在火焰边烤干再直接灼烧，以免菌液四溅，引起污染。

(2) 在真空干燥过程中安瓿管内样品应保持冻结状态，以防止抽真空时样品产生泡沫而外溢。

(3) 熔封安瓿管时注意火焰大小要适中，封口处灼烧要均匀，若火焰过大，封口处易弯斜，冷却后易出现裂缝而造成漏气。

(4) 冷冻干燥时如果同时制备多个安瓿管，要注意各管装量的一致，防止冻干时进程不一致。

实训十一

链霉菌的鉴定技术

链霉菌种的鉴定是以形态、培养特征为主，生理生化及生态特性为辅的原则进行的。鉴定种时需要在多种培养基上培养，观察其形态结构、培养特征以及生理生化等特性。根据实验取得的结果，再核对文献资料，最后定出种名。

一、实训目标

（1）掌握链霉菌划分十四个类群的原则，结合实际练习分群程序。

（2）了解不同放线菌的生理生化特性及在鉴定工作中的意义，学会有关的几个生理生化实验方法。

二、实训材料

（1）菌种　链霉菌十四个类群的纯培养物。

（2）培养物可在高氏Ⅰ号合成培养基、察氏琼脂合成培养基、葡萄糖天门冬素琼脂等合成培养基上接种培养 10～14 天，即可进行分类群。

三、实训操作

1. 培养特征观察

一般以孢子丝、气生菌丝体、基内菌丝体的颜色和可溶性色素为主要特征。将菌种接种在高氏Ⅰ号培养基、察氏琼脂合成培养基、葡萄糖天门冬素琼脂和马铃薯块上，分别记载培养 7 天、15 天和 30 天的培养特征。

（1）孢子丝与孢子（即孢子堆）的颜色。

（2）气生菌丝（即形成孢子前）的颜色。

（3）基内菌丝的颜色。

（4）可溶性色素的颜色。

此外，尚可观察菌株的生长状况，如生长好坏，气生菌丝呈现的外貌——绒状、粉状或棉絮状等作为参考特征。

2. 形态特征观察

孢子丝的形状：参照前一个放线菌的形态观察实训（放线菌的形态中的气生菌丝观察方法），观察孢子丝形状是直形、波曲形、螺旋形（螺旋的数目与螺旋松紧之分）和孢子丝的着生方式（轮生、非轮生）。轮生放线菌一般在合成培养基上形成轮生孢子丝，但有的不易形成，有的在2%水洋菜或其他培养基上才形成。不同放线菌类群的形态特征见表8-6。

表 8-6 不同放线菌类群的形态特征

类群名称	气生菌丝颜色	基内菌丝颜色	可溶性色素有或无	孢子丝形态	孢子形态
1. 白孢类群 Albosporus	白色	各种颜色	有或无	直形、波曲形或螺旋形	球形、圆柱形，绝大部分种的孢子光滑，个别种孢子表面带刺
2. 黄色类群 Flavus	黄白色或黄色	各种色调的黄色	有或无	直形、波曲形或螺旋形	球形、圆柱形，绝大部分种的孢子光滑，个别种孢子表面带刺
3. 球孢类群 Globisporus	淡绿色、灰色、黄色	无色、乳脂色、黄色、黄褐色、褐绿色、褐蓝色、褐红色、酒红色	有或无	直形或波曲形，聚生成丛，个别的种螺旋形	球形、椭圆形、有时呈柱形，表面光滑
4. 粉红孢类群 Roseosporus	粉红色	无色、黄色、橙色、棕色、绿色、紫色	有或无	直形、波曲形或螺旋形	表面光滑、个别种的孢子带刺
5. 淡紫灰类群 Lavendulae	淡紫色（酒红色、薰衣草色），日久呈灰色	无色、黄褐色、红绿色	在蛋白质培养基产生黑色素	多数种呈长柄大螺旋形，少数直形	表面光滑
6. 青色类群 Glaucus	淡青色或青绿色，日久呈青灰色或灰色	无色、黄色、褐色、暗绿色、紫色	有或无，多数在蛋白质培养基上产生黑色素	多数螺旋形，少数直形	多数带刺或有发状物，个别种孢子表面光滑
7. 烬灰类群 Cinerogriseus	灰色	无色	有或无	直形、波曲形或螺旋形	表面光滑或带疣、刺、毛发
8. 绿色类群 Viridis	灰色、灰白色、绿灰色、鼠灰色	各种色调的绿色	有或无	直形、波曲形或螺旋形	表面结构多种多样
9. 蓝色类群 Cyaneus	蓝灰色、淡灰色、灰色	各种色调的蓝色	有或无	直形、波曲形或螺旋形	表面结构多种多样
10. 灰红紫类群 Griseorubro violaceus	灰色、淡灰色、紫灰色、褐灰色	红橙色或紫色	有或无	直形、波曲形或螺旋形	表面光滑或带刺
11. 灰褐类群 Griseofuscus	灰色至褐色	褐色至黑色	有或无	直形、波曲形或螺旋形	表面有的光滑，有的带刺
12. 金色类群 Aureus	鼠灰色或褐灰色	各种色调的黄色	有或无	直形、波曲形或螺旋形	表面结构多种多样
13. 吸水类群 Hygroscopicus	孢子成熟后，孢子丝自溶呈吸水现象，使菌落表面形成褐黑色、褐紫色或黑色黏性湿斑，气生孢子丝通常呈灰色（灰色、紫灰色、黄灰色、青灰色）	黄色、褐黄色、褐色、紫色	有或无	大多紧密螺旋形，个别的种孢子丝直或顶端略卷曲	孢子形态花样较多，孢子表面光滑，钝三角形，杏仁形，半月形。有的表面不规则，疣状、不规则柱形。有的表面光滑，呈柱形或椭圆形，前两种形态特殊，为一些种的显著特征
14. 轮生类群 Verticllatus	多种多样	多种多样	有或无	轮生一级或二级，直形、波曲形、钩形或螺旋形	柱形，长圆形，卵圆形或球形，表面光滑，个别带小短刺或长刺

实训十二

纤维素酶生产菌的分离与鉴定

本实验为设计性实验，通过让学生设计从环境中分离筛选纤维素酶生产菌的技术路线并予以实验，使学生学习并掌握从环境中分离筛选纤维素酶生产菌的原理和方法，理解选择培养基的原理和应用方法。使学生了解从环境中获得有用菌种的基本实验环节和技术路线方法；培养学生触类旁通，举一反三，从事微生物学科学研究的基本素质能力。

纤维素与淀粉都是由葡萄糖组成的，但组成两者的葡萄糖的连接方式不同，因而使两者的形态完全不同。纤维素是由葡萄糖分子按β-1,4 糖苷键连接而成的，淀粉是由葡萄糖分子按 α-1,4 糖苷键连接而成的。

人类以淀粉为主要能量来源，但完全不能消化纤维素，而反刍动物和大量的微生物则主要以纤维素为能量来源。这是因为，在反刍动物的瘤胃中生活着大量的可以分解纤维素的微生物。微生物产生的纤维素酶是一种复合酶，包括内切酶（Cx 酶）、外切酶（C1 酶）和葡萄糖苷酶。内切酶作用于无定型的纤维素区域，使纤维素断裂成片段；外切酶又叫纤维二糖水解酶，它可以作用于纤维素的结晶区或小片段纤维素，从糖链末端开始切掉两个葡萄糖分子，产生纤维二糖；葡萄糖苷酶则将纤维二糖分解成葡萄糖。

刚果红在筛选纤维素分解菌上的应用已经有超过 20 年的历史，刚果红与纤维素结合可呈现红色，而当培养基中纤维素降解为纤维二糖或葡萄糖时则不能显色。有两种方法利用刚果红进行鉴定：方法一，即将 5% 的刚果红水溶液滴加于培养基上进行显色，是传统的方法，缺点是操作繁琐，加入刚果红溶液会使菌落之间发生混杂；其优点是这样显示出的颜色反应基本上是纤维素分解菌的作用。方法二为将刚果红加入培养基中进行鉴定，其优点是操作简便，不存在菌落混杂问题，缺点是由于纤维素和琼脂、土豆汁中都含有淀粉类物质，可以使能够产生淀粉酶的微生物出现假阳性反应。但这种只产生淀粉酶的微生物产生的透明圈较为模糊，因为培养基中纤维素占主要地位，因此可以与纤维素酶产生的透明圈相区分。方法二的另一缺点是：有些微生物具有降解色素的能力，它们在长时间培养过程中会降解刚果红形成明显的透明圈，与纤维素分解菌不易区分。

一、实训目标

（1）学习和巩固选择性培养基及鉴别培养基的制备原理和方法。

（2）了解和掌握从环境中分离筛选纤维素酶生产菌的原理和方法。

二、实训材料

（1）菌种　黑曲霉。

（2）培养基　选择性初筛培养基，分离用固体培养基，鉴别用刚果红培养基（学生自己讨论确定配方，教师提供参考配方）。

（3）溶液或试剂　5%刚果红水溶液，无菌水。

（4）仪器或其他用具　250mL 锥形瓶、1mL 和 10mL 的移液管、无菌玻璃涂棒、无菌吸管、接种环、无菌培养皿、土样、天平、摇床等。

三、实训操作

1. 土样采集

土样要选择富含纤维素的环境，这是因为在纤维素含量丰富的环境，通常会聚集较多的分解纤维素的微生物。如果找不到合适的环境，可以将滤纸埋在土壤中，过一个月左右也会有能分解纤维素的微生物生长。

2. 选择培养及分离鉴定

培养基的制备→接种→培养→观察→分离纯化→鉴定

（注：倒平板操作：将灭菌后的固体培养基熔化，按无菌操作的要求，在无菌的培养皿中倒入 15～20mL 培养基，凝固后待用。）

培养：为 30℃培养箱静置培养。

观察：每天观察一次并记录观察结果 5～7 天，由各小组组长安排每天一名同学，由班长负责时间及实验室安全；观察结果以滤纸条等物溃烂程度为标准。

制备菌悬液：将选择培养后的培养基进行等比稀释，稀释最大倍数为 10^{-6}。

涂布平板：将稀释度为 10^{-6}～10^{-4} 的菌悬液各取 0.1mL，滴加在平板培养基上，用涂布器将菌液涂布均匀，在 30℃倒置培养，至菌落长出。每个稀释度下需涂布 3 个平板，并注意设置对照。

四、实训结果与讨论

1. 结果

实训成果评价：

（1）培养基的制作是否合格以及选择培养基是否筛选出菌落：对照的培养基在培养过程中没有菌落生长则说明培养基制作合格。如果观察到产生透明圈的菌落，则说明可能获得了分解纤维素的微生物。

（2）分离的结果是否一致：由于在土壤中细菌的数量远远高于真菌和放线菌的数量，因此最容易分离得到的是细菌。但由于所取土样的环境不同，学生也可能得到真菌和放线菌等不同的分离结果。

要求：

每组讨论形成本组设计方案，实验结束时每名同学完成一份实验报告。

2. 思考下列问题

（1）本实验的流程与土壤微生物的分离与纯化的实验流程有哪些异同？

（2）为什么要在富含纤维素的环境中寻找纤维素分解菌？

附录　（供参考）

1. 初筛分离平板培养基

KH_2PO_4 2.0g，$(NH_4)_2SO_4$ 1.4g，$MgSO_4 \cdot 7H_2O$ 0.3g，$CaCl_2$ 0.3g，$FeSO_4 \cdot 7H_2O$ 0.005g，$MnSO_4$ 0.0016g，$ZnCl_2$ 0.0017g，$CoCl_2$ 0.002g，蛋白胨 2.0g，蒸馏水 1000mL，pH 值5.5～6.0，压力 1.05kg/cm^2，灭菌 20min，以滤纸为唯一碳源。

2. 羟甲基纤维素钠复筛培养基

CMC-Na20g，Na_2HPO_4 2.5g，KH_2PO_4 1.5g，蛋白胨 2.5g，酵母膏 0.5g，蒸馏水 1000mL，琼脂 20g，pH 值 7.0～7.2，压力 1.05kg/cm^2，灭菌 20min。

3. 鉴别用刚果红培养基

CMC-Na1.88g，Na_2HPO_4 2.5g，KH_2PO_4 0.5g，$MgSO_4 \cdot 7H_2O$ 0.3g，刚果红 0.2g，土壤浸出液 100mL，蛋白胨 2.5g，酵母膏 0.5g，蒸馏水 1000mL，琼脂 20g，pH 值 7.0～7.2，压力 1.05kg/cm^2，灭菌 20min。

实训十三 碱性纤维素酶产生菌的分离技术

纤维素是地球上最丰富的有机原料，占植物组织的50%左右。纤维素分解对碳素循环、提高土壤肥力及解决人类食物问题具有重大意义。

从20世纪60年代以来，国内外记录的纤维素降解菌大约已有53个属的几千个菌株。细菌、放线菌、部分酵母菌和高等真菌等很多主要的微生物类群中都有纤维素降解菌。目前选育产酶活力高且对培养和产酶条件要求都不高的碱性或耐碱性纤维素酶生产菌株，已成为当前纤维素酶研究的重要内容，也是一条简单而又实用的获得纤维素酶的途径。

在采用平板降解圈直接分离纤维素降解菌的方法中，以刚果红染色法为最好。这种方法是将生长有菌落的平板培养基，用0.1%刚果红水溶液浸染一定时间后，再用1mol/L NaCl溶液脱色。刚果红将未被降解的羧甲基纤维素染成红色，而对降解产物小分子低聚糖类无作用，因此在产羧甲基纤维素酶的菌落周围留下了清晰的透明圈。

一、实训目标

(1) 学会从土壤中分离纯化纤维素降解菌。

(2) 了解纤维素酶的用途及特点。

二、实训材料

(1) 含菌土样。

(2) 培养基与试剂

① 牛肉膏蛋白胨培养基。

② 初筛培养基　羧甲基纤维素1%，$(NH_4)_2SO_4$ 1%，KNO_3 0.5%，Na_2CO_3 0.5%，$MgSO_4 \cdot 7H_2O$ 0.01%，$FeSO_4 \cdot 7H_2O$ 5mg/kg，$MnSO_4$ 5mg/kg，琼脂1.6%，pH值9.0。

③ 种子培养基　葡萄糖2%，蛋白胨1%，酵母膏1%，K_2HPO_4 0.1%，NaH_2PO_4 0.1%，$MgSO_4 \cdot 7H_2O$ 0.01%，$FeSO_4 \cdot 7H_2O$ 5mg/kg，$MnSO_4$ 5mg/kg，pH值7.0。

④ 复筛培养基　可溶性淀粉2%，葡萄糖1%，蛋白胨1%，酵母膏1%，麸皮0.5%，K_2HPO_4 0.1%，NaH_2PO_4 0.1%，$MgSO_4 \cdot 7H_2O$ 0.01%，$FeSO_4 \cdot 7H_2O$ 5mg/kg，$MnSO_4$ 5mg/kg，pH值7.0。

⑤ 试剂　刚果红，NaCl。

（3）器材　试管，锥形瓶，培养皿，移液管，酒精灯，电子天平，酸度计，超净工作台，高温蒸汽灭菌器，离心机，恒温水浴锅，紫外-可见分光光度计，恒温培养箱。

三、实训操作

1. 初筛

① 稀释土样　称取含菌土样 10g，移入盛有 90mL 无菌生理盐水的锥形瓶中。于 37℃恒温摇床上振荡培养 20min。采用梯度稀释法将样品稀释到 10^{-4}、10^{-5}、10^{-6}。

② 分离单菌落　分别从稀释后各样品管中吸取 0.2mL 样品，均匀涂布于初筛培养基平板上。置于 37℃恒温培养箱中培养 48h，对长出的各单菌落进行编号。

③ 初筛　先用影印法将平板上长出的单菌落复制到另一个平板上留做备份。然后用 0.2%刚果红溶液染色 20min，再用 1mol/L NaCl 溶液脱色 20min。观察平板上的各单菌落是否产生水解圈，挑取水解圈大的单菌落到牛肉膏蛋白胨斜面上，37℃培养 16～24h，备用。

2. 复筛

① 制备种子　将初筛得到的各菌种备份后，分别接种到 20mL 种子培养基中，置于摇床上，37℃振荡培养 24h，得到摇瓶种子。

② 摇瓶培养　以 2%的接种量将摇瓶种子分别接入 50mL 发酵培养基中，置于摇床上，37℃振荡培养 48h。发酵液于 5000r/min，4℃离心 10min，上清液为粗酶液。

四、操作要点

（1）初筛后得到的单菌落要注意备份留存，以防发酵染菌。

（2）对于初筛时得到的水解圈较大的菌株，使用摇瓶发酵复筛时，对每个菌株应设置 2 组以上重复实验，以防漏筛。

五、实训结果与讨论

1. 分离纯化纤维素降解菌还有哪些方法？
2. 试设计一个方案，对复筛后的上清液进行酶活力的测定。
3. 分离纯化纤维素降解菌有何意义？

实训十四

醋醪中醋酸菌的分离及食醋酿造

食醋是利用微生物细胞内各种酶类，在制作过程中进行一系列的生化作用。若以淀粉为原料酿醋，要经过淀粉的糖化，酒精发酵和醋酸发酵三个生化过程；以糖类为原料酿醋，需经过酒精和醋酸发酵；而以酒为原料，只需进行醋酸发酵的生化过程。醋酸发酵是由醋酸杆菌以酒精作为基质，主要按下式进行酒精氧化而产生醋酸。

$$CH_3CH_2OH+O_2 \longrightarrow CH_3COOH+H_2O+118.0kcal$$

食醋的酿造方法有固态发酵和液态发酵两大类。

本实验采用残次水果酿制食醋，并从醋醪中分离醋酸菌。选用含有碳酸钙曲汁琼脂培养基，进行稀释法或划线法，由于醋酸菌在生长过程中能产生醋酸将碳酸钙溶解，故菌落周围的培养基变为透明。菌落周围透明圈的大小因菌而异。

一、实训材料

(1) 培养箱、电炉、粉碎机、铝锅、三角瓶（100mL 和 250mL)、接种针、酒精灯、灭菌平板、烧杯。

(2) 醋酸菌、酵母菌、麦曲。

(3) 碳酸钙曲汁琼脂　曲汁（10～12°Bx）100mL、$CaCO_3$ 1g、95%乙醇 3～4mL（灭菌后加)、琼脂 2g、pH 自然。

(4) 豆芽汁。

(5) 残次水果、麦麸、谷糠、食盐。

二、实训操作

1. 食醋的酿造

(1) 残次水果处理　将残次水果先摘果柄、去腐烂部分，清洗干净，用筛孔 1.5mm 粉碎机破碎，后将渣汁煮熟成糊状，倒入烧杯中。

(2) 酒精发酵　待渣汁冷却至 30℃时，接入麦曲（1.6%）和酒母液（6%)，于培养箱 30℃培养 5～6h。这时逐渐有大量气泡冒出，12～15h 后气泡逐渐减少，此时水果中各种成分发酵分解，并有少量酒精产生。

(3) 醋酸发酵　每烧杯中加入麦麸（50%)、谷糠（5%）及培养的醋母液 10%～20%，使醋醪含水 54%～58%，保温发酵。温度不超过 40℃，醋酸发酵 4～6 天，基本结束。

(4) 加盐后熟　按醋醪量的1.5%～2%加入食盐，放置2～3天使其后熟，增加色泽和香气。

(5) 淋醋　将后熟的醋醪放在滤布上，徐徐淋入约与香醋醪量相等的冷开水，要求醋的总酸为5%左右。

(6) 灭菌及装瓶　灭菌（煎醋）温度控制在60～70℃以上，时间在10～15min。煎醋后即可装瓶。

2. 醋醅中醋酸菌的分离

(1) 曲汁30mL加于100mL三角瓶中灭菌。冷却后，用无菌吸管加入1mL酒精。然后接入新鲜醋醪少许。25～30℃，6～7天。

(2) 用碳酸钙曲汁琼脂培养基，将培养一周的醋酸菌，采用稀释法或划线法接种于平板中，醋酸菌为小菌落，因生酸使碳酸钙溶解，菌落周围的培养基变为透明，但要注意碳酸钙与培养基要摇匀，方可倒平板，否则碳酸钙沉于底部，故生长在表面的菌落，也可能无透明圈出现。

(3) 将豆芽汁装三角瓶，每瓶30mL，灭菌后加入酒精1.5mL，将上述分离出的不同的菌落分别移植于瓶内。25～30℃培养，不时观察各菌生长情况。用显微镜检查细胞形状（用苯酚品红染液染色）。

(4) 将单菌落移至曲汁琼脂斜面，保存菌种。

三、实训结果与讨论

1. 试述食醋酿造的不同工艺方法。
2. 食醋酿造应注意的问题。

实训十五 毛霉的分离纯化及腐乳制作

豆腐乳是我国独特的传统发酵食品，是用豆腐发酵制成。民间老法生产豆腐乳均为自然发酵，现代酿造厂多采用蛋白酶活性高的鲁氏毛霉或根霉发酵。豆腐坯上接种毛霉，经过培养繁殖，分泌蛋白酶、淀粉酶、谷氨酰胺酶等复杂酶系，在长时间后发酵中与腌坯调料中的酶系、酵母、细菌等协同作用，使腐乳坯蛋白质缓慢水解，生成多种氨基酸，加之由微生物代谢产生的各种有机酸与醇类作用生成酯，形成细腻、鲜香的豆腐乳特色。

一、实训目标

(1) 学习毛霉的分离和纯化方法。

(2) 掌握豆腐乳发酵的工艺过程。

(3) 观察豆腐乳发酵过程中的变化。

二、实训材料

(1) 菌种　毛霉斜面菌种。

(2) 培养基（料）　马铃薯葡萄糖琼脂培养基、无菌水、豆腐坯、红曲米、面曲、甜酒酿、白酒、黄酒、食盐。

(3) 仪器和器具　培养皿、500mL 三角瓶、接种针、小笼格、喷枪、小刀、带盖广口玻瓶、显微镜、恒温培养箱。

三、实训操作

(一) 流程

毛霉斜面菌种→扩大培养→孢子悬浮液

↓

豆腐→豆腐坯→接种→培养→晾花→加盐→腌坯→装瓶→后熟→成品

(1) 毛霉的分离

配制培养基→毛霉分离→观察菌落→显微镜检

(2) 豆腐乳的制备

悬液制备→接种孢子→培养与晾花→装瓶与压坯→装坛发酵→感官鉴定

（二）操作方法

1. 毛霉的分离

（1）酸制培养基 马铃薯葡萄糖琼脂培养基经配制、灭菌后倒平板备用。

（2）毛霉的分离 从长满毛霉菌丝的豆腐坯上取小块置于5mL无菌水中，振摇，制成孢子悬液，用接种环取该孢子悬液在PDA平板表面做划线分离，于20℃培养1～2天，以获取单菌落。

（3）初步鉴定

① 菌落观察 呈白色棉絮状，菌丝发达。

② 显微镜检 于载玻片上加1滴石炭酸液，用解剖针从菌落边缘挑取少量菌丝于载玻片上，轻轻将菌丝体分开，加盖玻片，于显微镜下观察孢子囊、梗的着生情况。若无假根和匍匐菌丝或菌丝不发达，孢囊梗直接由菌丝长出，单生或分支，则可初步确定为毛霉。

2. 豆腐乳的制备

（1）悬液制备

① 毛霉菌种的扩繁 将毛霉菌种接入斜面培养基，于25℃培养2天；将斜面菌种转接到盛有种子培养基的三角瓶中，于同样温度下培养至菌丝和孢子生长旺盛，备用。

② 孢子悬液制备 于上述三角瓶中加入无菌水200mL，用玻璃棒搅碎菌丝，用无菌双层纱布过滤，滤渣倒回三角瓶，再加200mL无菌水洗涤1次，合并滤液于第一次滤液中，装入喷枪贮液瓶中供接种使用。

（2）接种孢子 用刀将豆腐坯划成4.1cm×4.1cm×1.6cm的块，将笼格经蒸汽消毒、冷却，用孢子悬液喷洒笼格内壁，然后把划块的豆腐坯均匀竖放在笼格内，块与块之间间隔2cm。再用喷枪向豆腐块上喷洒孢子悬液，使每块豆腐周身沾上孢子悬液。

（3）培养与晾花 将放有接种豆腐坯的笼格放入培养箱中，于20℃左右下培养，培养20h后，每隔6h上下层调换一次，以更换新鲜空气，并观察毛霉生长情况。44～48h后，菌丝顶端已长出孢子囊，腐乳坯上毛霉呈棉花絮状，菌丝下垂，白色菌丝已包围住豆腐坯，此时将笼格取出，使热量和水分散失，坯迅速冷却，其目的是增加酶的作用，并使酶味散发，此操作在工艺上称为晾花。

（4）装瓶与压坯 将冷至20℃以下的坯块上互相依连的菌丝分开，用手指轻轻地每块表面揩涂一遍，使豆腐坯上形成一层皮衣，装入玻璃瓶内，边揩涂边沿瓶壁呈同心圆方式一层一层向内侧放，摆满一层稍用手压平，撒一层食盐，每100块豆腐坯用盐约400g，使平均含盐量约为16%，如此一层层铺满瓶。下层食盐用量少，向上食盐逐层增多，腌制中盐分渗入毛坯，水分析出，为使上下层含盐均匀，腌坯3～4天时需加盐水淹没坯面，称之为压坯。腌坯周期冬季13天，夏季8天。

（5）装坛发酵

① 红方 按每100块坯用红曲米32g、面曲28g、甜酒酿1kg的比例配制染坯红曲卤和装瓶红曲卤。先用200g甜酒酿浸泡红曲米和面曲2天，研磨细，再加200g甜酒酿调匀即为染坯红曲卤。将腌坯沥干，待坯块稍有收缩后，放在染坯红曲卤内，六面染红，装入经预先消毒的玻璃瓶中。再将剩余的红曲卤用剩余的600g甜酒酿兑稀，灌入瓶内，淹没腐乳，并加适量面盐和50°白酒，加盖密封，在常温下贮藏6个月成熟。

② 白方 将腌坯沥干，待坯块稍有收缩后，将按甜酒酿0.5kg、黄酒1kg、白酒0.75kg、盐0.25kg的配方配制的汤料注入瓶中，淹没腐乳，加盖密封，在常温下贮藏2～4个月成熟。

(6) 质量鉴定　将成熟的腐乳开瓶，进行感官质量鉴定、评价。

四、实训结果与讨论

1. 从腐乳的表面及断面色泽、组织形态（块形、质地）、滋味及气味、有无杂质等方面综合评价腐乳质量。

2. 腐乳生产主要选用何种微生物？

3. 腐乳生产发酵原理是什么？

4. 试分析腌坯时所用食盐含量对腐乳质量有何影响？

实训十六
霉菌保藏技术

一、斜面传代保藏

1. 实训材料

（1）菌种　霉菌斜面菌种。

（2）培养基　马铃薯蔗糖培养基。

（3）器材　无菌试管、无菌吸管、接种环、冰箱、超净工作台、恒温培养箱、高压蒸汽灭菌锅等。

2. 实训操作

（1）接种　取各种无菌斜面试管数支，将注有菌株名称和接种日期的标签贴上，贴在试管斜面的上方距试管口2～3cm处。将待保藏的菌种用接种环以无菌操作法移接至相应的试管斜面上，丝状真菌宜采用成熟的孢子。

（2）培养　置于28℃培养4～7天。

（3）保藏　斜面长好后，可直接放入4℃冰箱保藏。为防止棉塞受潮长杂菌，管口棉花应用牛皮纸包扎，或换上无菌胶塞，亦可用熔化的固体石蜡熔封棉塞或胶塞。保藏时间依微生物种类而不同，霉菌可保存2～6个月，移种一次。此法的缺点是容易变异，污染杂菌的机会较多。

二、液体石蜡保藏

1. 实训材料

（1）菌种　霉菌斜面菌种。

（2）培养基　马铃薯蔗糖培养基。

（3）试剂　液体石蜡。

（4）器材　无菌试管，无菌吸管，接种环，锥形瓶，冰箱，超净工作台，恒温培养箱，高压蒸汽灭菌锅。

2. 实训操作

（1）液体石蜡灭菌　在250mL锥形瓶中装入100mL液体石蜡，塞上棉塞，并用牛皮纸包扎，121℃湿热灭菌30min，然后于40℃温箱中放置14天（或置于105～110℃烘箱中1h），以除去石蜡中的水分备用。

(2) 接种培养　同斜面低温传代保藏法。

(3) 加液体石蜡　用无菌滴管吸取液体石蜡，以无菌操作加到已长好的菌种斜面上，加入量以高出斜面顶端约 1cm 为宜（图 8-15）。

(4) 保藏　棉塞外包牛皮纸，将试管直立放置于 4℃冰箱中保存。

(5) 恢复培养　用接种环从液体石蜡下挑取少量菌种，在试管壁上轻靠几下，尽量使油滴净，再接种于新鲜培养基中培养。由于菌体表面粘有液体石蜡，生长较慢且有黏性，故一般需转接 2 次才能获得良好菌种。

利用这种保藏方法，霉菌可保藏 2 年左右。

三、甘油管保藏

1. 实训材料

(1) 菌种　霉菌斜面菌种。

(2) 培养基　马铃薯蔗糖培养基。

(3) 试剂　无菌水，甘油。

(4) 器材　无菌试管，无菌吸管，甘油管，接种针，冰箱，锥形瓶，超净工作台，恒温培养箱，高压蒸汽灭菌锅。

2. 实训操作

在液体的新鲜培养物中加入 15%已灭菌的甘油，然后再置于－20℃或－70℃冰箱中保藏。此法是利用甘油作为保护剂，甘油透入细胞后，能强烈降低细胞的脱水作用，而且在－20℃或－70℃条件下，可大大降低细胞代谢水平，但却仍能维持生命活动状态，达到延长保藏时间的目的。此法可保藏 1～10 年。

(1) 甘油灭菌　在 100mL 锥形瓶中装入 10mL 甘油，塞上棉塞，并用牛皮纸包扎，121℃湿热灭菌 20min。

(2) 接种培养　用接种环取一环菌种接种到新鲜的斜面培养基上，在适宜的温度条件下使其充分生长。

(3) 加无菌甘油　在培养好的斜面中注入 2～3mL 无菌水，刮下斜面振荡，使细胞充分分散成均匀的悬浮液。用无菌吸管吸取上述菌悬液 1mL 置于一甘油管中，再加入 0.8mL 无菌甘油，振荡，使培养液与甘油充分混匀。

(4) 保藏　将甘油管置于－20℃冰箱中保存。

(5) 恢复培养　用接种环从甘油管中取一环甘油培养物，接种于新鲜培养基中恢复培养。由于菌种保藏时间长，生长代谢较慢，故一般需转接 2 次才能获得良好菌种。利用这种保藏方法，一般可保藏 0.5～1 年。

四、砂土管保藏

1. 实训材料

(1) 菌种　霉菌斜面菌种。

(2) 培养基　马铃薯蔗糖培养基。

(3) 试剂　液体石蜡，P_2O_5 或 $CaCl_2$，10%HCl，无菌水，甘油，河沙，瘦黄土（不含有机质）。

(4) 器材　无菌试管，无菌吸管，接种环，40 目及 100 目筛子，干燥器，冰箱，超净工作台，恒温培养箱，高压蒸汽灭菌锅。

2. 实训操作

(1) 沙土处理

① 沙处理　取河沙经40目过筛，去除大颗粒，加10%HCl浸泡（用量以浸没沙面为宜）2～4h（或煮沸30min），以除去有机杂质，然后倒去盐酸，用清水冲洗至中性，烘干或晒干，备用。

② 土处理　取非耕作层瘦黄土（不含有机质），加自来水浸泡洗涤数次，直至中性，然后烘干，粉碎，过100目筛，去除粗颗粒后备用。

(2) 装沙土管　将沙与土按2∶1、3∶1或4∶1（质量比）比例混合均匀装入试管（10mm ×100mm）中，约1cm高（图8-16），加棉塞，并外包牛皮纸，121℃湿热灭菌1h，然后烘干。

(3) 无菌试验　取少许沙土放入牛肉膏蛋白胨或麦芽汁培养液中，在最适温度下培养2～4天，确定无菌生长时才可使用。若发现有杂菌，经重新灭菌后，再做无菌试验，直到合格。

(4) 制备菌液　用5mL无菌吸管分别吸取3mL无菌水至待保藏的菌种斜面上，用接种环轻轻搅动，制成悬液。

(5) 加样　用1mL吸管吸取上述菌悬液0.1～0.5mL加入沙土管中，用接种环拌匀。加入菌液量以湿润沙土达2/3高度为宜。

(6) 干燥　将含菌的沙土管放入真空干燥器中，干燥器内用培养皿盛P_2O_5作为干燥剂，可再用真空泵连续抽气3～4h，加速干燥。将沙土管轻轻一拍，沙土呈分散状即达到充分干燥。

(7) 保藏　沙土管可选择下列方法之一来保藏：

① 保存于干燥器中；

② 用石蜡封住棉花塞后放入冰箱保存；

③ 将沙土管取出，管口用火焰熔封后入冰箱保存；

④ 将沙土管装入有$CaCl_2$等干燥剂的大试管中，塞上橡胶塞或木塞，再用蜡封口，放入冰箱中或室温下保存。

(8) 恢复培养　使用时挑少量混有孢子的沙土，接种于斜面培养基上或液体培养基内培养即可，原沙土管仍可继续保藏；

此法适用于保藏能形成孢子的霉菌和放线菌，可保存2年左右。但不能用于保藏营养细胞。

五、液氮冷冻保藏

1. 实训材料

(1) 菌种　待保藏的霉菌斜面菌种。

(2) 培养基　适合培养待保藏菌种的各种斜面培养基或平板、含10%甘油的液体培养基。

(3) 器材　液氮冰箱，无菌打孔器，安瓿管及吸管。

2. 实训操作

(1) 准备安瓿管　用于液氮保藏的安瓿管，要求能耐受温度突然变化而不致破裂，因此，需要采用硼硅酸盐玻璃制造的安瓿管，安瓿管的大小通常使用75mm×10mm。

(2) 加保护剂与灭菌　保存细菌、酵母菌或霉菌孢子等容易分散的细胞时，则将空安瓿管塞上棉塞，1.05kgf/cm^2、121℃灭菌15min。若做保存霉菌菌丝体用，则需在安瓿管内预先加入保护剂（如10%甘油蒸馏水溶液或10%二甲亚砜蒸馏水溶液），加入量以能浸没以后加入的菌落圆块为限，再用1.05kgf/cm^2、121℃灭菌15min。

(3) 接入菌种　将菌种用10%的甘油蒸馏水溶液制成菌悬液，装入已灭菌的安瓿管霉菌菌丝体则可用灭菌打孔器，从平板内切取菌落圆块，放入含有保护剂的安瓿管内，然后用火焰熔封。浸入水中检查有无漏洞。

(4) 冻结　将已封口的安瓿管以每分钟下降1℃的慢速冻结至－30℃。若细胞急剧冷冻，则在细胞内会形成冰的结晶，因而降低存活率。

(5) 保藏　将冻结至－30℃的安瓿管立即放入液氮冷冻保藏器的小圆筒内，然后再将小圆筒放入液氮冷冻保藏器内。液氮保藏器内为－150℃，液态氮内为－196℃。

(6) 恢复培养　保藏的菌种需要用时，将安瓿管取出，立即放入38～40℃的水浴中进行急剧解冻，直到全部融化为止。再打开安瓿管，将内容物移入适宜的培养基上培养。

六、冷冻干燥保藏

1. 实训材料

(1) 菌种　霉菌斜面菌种。

(2) 培养基　马铃薯蔗糖培养基。

(3) 试剂　脱脂乳粉，干冰，95%乙醇，无菌水。

(4) 器材　无菌吸管，无菌滴管，接种环，安瓿管，冰箱，真空冷冻干燥装置，酒精喷灯，超净工作台，恒温培养箱，高压蒸汽灭菌锅。

2. 实训操作

(1) 准备安瓿管　选用内径6～8mm、长10.5cm的由硬质玻璃制成的安瓿管，用10% HCl浸泡8～10h后用自来水冲洗多次，最后用去离子水洗1～2次，烘干。将印有菌名和接种日期的标签放入安瓿管内，有字的一面朝向管壁。管口加棉塞，121℃灭菌30min。

(2) 制备脱脂牛乳　将脱脂乳粉配成20%乳液，然后分装，121℃灭菌30min，并做无菌试验。

(3) 准备菌种　选用无污染的纯菌种，培养时间一般是丝状真菌7～10天。

(4) 制备菌液及分装　吸取3mL无菌牛乳直接加入斜面菌种管中，用接种环轻轻搅动菌落，再用手摇动试管，制成均匀的细胞或孢子悬液。用吸量管将菌液分装于安瓿管底部，每管装0.2mL。

(5) 预冻　将安瓿管外的棉花剪去并将棉塞向里推至离管口约15mm处。再通过乳胶管把安瓿管连接于总管的侧管上。总管则通过厚壁橡皮管及三通短管与真空表及干燥瓶、真空泵相连接，并将所有安瓿管浸入装有干冰和95%乙醇的预冷槽中（此时槽内温度可达－50～－40℃）。只需冷冻1h左右，即可使悬浮液冻结成固体。

(6) 真空干燥　完成预冻后，升高总管使安瓿仅底部与乙醇表面接触（此处温度约－10℃），以保持安瓿管内的悬浮液仍呈固体状态。开启真空泵后，应在5～15min内使真空度达66.7Pa以下，使被冻结的悬浮液开始升华，当真空度达到13.3～26.7Pa时，冻结样品逐渐被干燥成白色片状，此时使安瓿管脱离冰浴，在室温下（25～30℃）继续干燥（管内温度不超过30℃），升温可加速样品中残余水分的蒸发。总干燥时间应根据安瓿管的数量、悬浮液装量及保护剂性质来定，一般3～4h即可。

(7) 封口　样品干燥后继续抽真空达1.33Pa时，在安瓿管棉塞的稍下部位用酒精喷灯火焰灼烧，拉成细颈并熔封，然后置4℃冰箱内保藏。

(8) 恢复培养　用75%乙醇消毒安瓿管外壁后，在火焰上烧热安瓿管上部，然后将无菌水滴在烧热处，使管壁出现裂缝，放置片刻，让空气从裂缝中缓慢进入管内后，将裂口端敲断，这样可防止空气因突然开口而进入管内致使菌粉飞扬。将合适的培养液加入冻干样品中，使干菌粉充分溶解，再用无菌的长颈滴管吸取菌液至合适培养基中，放置在最适温度下培养。

冷冻干燥保藏法保存时间可长达10年以上。

3. 操作要点

(1) 从液体石蜡封藏的菌种管中挑取菌后，接种环上带有油和菌，故接种环在火焰上灭菌时要先在火焰边烤干再直接灼烧，以免菌液四溅，引起污染。

(2) 在真空干燥过程中安瓿管内样品应保持冻结状态，以防止抽真空时样品产生泡沫而外溢。

(3) 熔封安瓿管时注意火焰大小要适中，封口处灼烧要均匀，若火焰过大，封口处易弯斜，冷却后易出现裂缝而造成漏气。

(4) 冷冻干燥时如果同时制备多个安瓿管，要注意各管装量的一致，防止冻干时进程不一致。

实训十七

孢子悬浮液制备及孢子数测定

孢子制备是发酵工业生产中不可缺少的一个环节，孢子质量的好坏将直接影响到发酵生产的成功与否。孢子制备一般采用琼脂斜面培养基或一般固体培养基经接种后在适宜的条件下进行培养而得，制备的孢子在外观上应生长丰满、色泽正常、无杂菌污染且发酵单位高、生产性能稳定。斜面或其他固体培养基中的孢子数量是衡量孢子质量的一个重要指标。孢子数的测定可采用血细胞计数板在显微镜下直接进行测定。

一、实训材料

1. 菌种与培养基

(1) PDA 培养基。

(2) 麸皮（市售）。

(3) 菌种：黑曲霉 Co827（柠檬酸产生菌）。

2. 仪器设备

(1) 显微镜。

(2) 三角瓶（250mL）。

(3) 血细胞计数板。

(4) 高压灭菌锅。

二、实训操作

1. 马铃薯培养基（PDA）配制

马铃薯（去皮）200g、蔗糖（或葡萄糖）20g、琼脂 20g、水 1000mL，将马铃薯去皮切成小块，放入锅中，于锅中加水 1000mL 煮沸半小时，用双层纱布过滤，取其滤液加糖及琼脂，完全溶解后加水补充至 1000mL，pH 自然。分装于试管后于 121℃灭菌 30min，冷却放置斜面即可。

2. 麸曲培养基制备

取市售、无霉变麸皮过筛去除细粉（50 目筛），称取 8g 麸皮，加入 250mL 三角瓶中，加水约 8mL 拌匀，于 121℃灭菌 30min 即得。

3. 接种

取黑曲霉 Co827 菌种一支，采用无菌操作对斜面及麸曲瓶进行接种，其中麸曲瓶中接入一环原种孢子即可。

4. 培养

将斜面及麸曲瓶置于培养箱内，32℃±1℃培养。斜面培养时间为6～7天；麸曲瓶培养8～10天，麸曲培养过程中要求每天翻动一次，直至有孢子产生时停止翻动。培养完成后即得斜面孢子及麸曲孢子。

5. 孢子数测定

（1）取已培养好的黑曲霉Co827斜面菌种一支，加入5mL无菌水，轻轻将琼脂表面的孢子刮下，将该孢子悬浮液置于已灭菌50mL三角瓶内，瓶中预先放置数粒无菌玻璃球，充分振摇后用灭菌的脱脂棉进行过滤，并用无菌水冲洗滤渣2～3次，最终使滤液体积达到10.0mL，待测孢子悬浮液即得。

（2）将孢子悬浮液用无菌水稀释至10^{-2}、10^{-3}，吸取适量的稀释液至血细胞计数板的计数室内，然后加上盖玻片，静置约5min，先在低倍镜下找到计数室，再转换成高倍镜观察并计数。

（3）计数时用16中格计数板，要按对角线方位，取左上、左下、右上、右下的4个中格（即100小格）的孢子数。如果是25中格计数板，除数上述四格外，还需数中央1中格的孢子数（即80小格）。由于孢子在计数室中处于不同的空间位置，要在不同焦距下才能看到，因而观察时必须不断调节微调螺旋，方能数到全部孢子，防止遗漏。如孢子位于中格的双线上，计数时则数上线不数下线，数左线不数右线，以减少误差。

三、实训结果与讨论

1. 正确描述斜面、麸曲瓶培养过程中菌丝生长及孢子形成的基本现象。

2. 计算每1mL悬浮液中的孢子数及每支斜面的孢子数，计算公式如下。

① 16格×25格的血细胞计数板计算公式

孢子数/mL＝100小格内孢子个数/100×400×10^4×稀释倍数

② 25格×16格的血细胞计数板计算公式

孢子数/mL＝80小格内孢子个数/80×400×10^4×稀释倍数

每支斜面孢子数＝孢子数/mL悬液×悬浮液总体积（mL）

实训十八

酵母菌子囊孢子的培养与观察

一、实训目标

学习酵母菌子囊孢子的培养及观察方法。

二、实训材料

（1）菌种和培养基　酿酒酵母（*Saccharomyces cerevisiae*），麦芽汁琼脂斜面，麦氏琼脂斜面（见附录　常用培养基及其配制 6 和 17）。

（2）试剂　5%孔雀绿液、0.5%沙黄液、95%乙醇。

（3）仪器与用品　显微镜、载玻片、蒸馏水等。

三、实训操作

1. 子囊孢子的培养

将酿酒酵母用新鲜麦芽汁琼脂斜面活化 2～3 代后，转接于麦氏琼脂斜面培养基上，于 25～28℃培养 5～7 天，即可形成子囊孢子。

2. 制片与染色

于载玻片上加蒸馏水一滴，取少许子囊孢子培养物于水滴中制成涂片，干燥固定后滴加孔雀绿染色液染色 1min，弃去染色液，用 95%乙醇脱色 30s，水洗，最后加沙黄液染色 30s，水洗，用吸水纸吸干。

3. 镜检

用油镜观察，子囊孢子呈绿色，菌体和子囊呈粉红色。亦可不经染色直接制成水浸片观察。水浸片中的酵母菌的子囊为圆形大细胞，内有 2～4 个圆形的小细胞即为子囊孢子。

注意：① 用于活化酵母菌的麦芽汁培养基要新鲜，表面湿润。

② 在产孢子培养基上加大接种量，可提高子囊形成率。

四、实训结果与讨论

1. 绘出酵母菌的子囊、子囊孢子形态图，并注明各部位的名称。
2. 如何区别酵母菌的细胞和释放出的子囊孢子？

实训十九 酵母菌细胞大小的测定

微生物细胞的大小是微生物基本的形态特征，也是分类鉴定的依据之一。由于菌体微小，只能在显微镜下测量，用于测量微生物细胞大小的工具是显微镜测微尺，包括目镜测微尺和镜台测微尺。

镜台测微尺，如图 8-20 所示，是中央部分刻有精确等分线的特制载玻片，一般将 1mm 等分为 100 格，每格长 10μm（即 0.01mm），上面贴有一圆形盖片。镜台测微尺并不直接用来测量细胞的大小，而是用于校正目镜测微尺每格的相对长度。校正时，将镜台测微尺放在载物台上，由于镜台测微尺与细胞标本是处于同一位置，都要经过物镜和目镜的两次放大成像进入视野，即镜台测微尺随着显微镜总放大倍数的放大而放大，所以从镜台测微尺上得到的读数就是细胞的真实大小。因此，用镜台测微尺的已知长度在一定放大倍数下校正目镜测微尺，即可求出目镜测微尺每格所代表的实际长度。然后移去镜台测微尺，换上待测标本片，用校正好的目镜测微尺在同样放大倍数下测量微生物细胞大小。

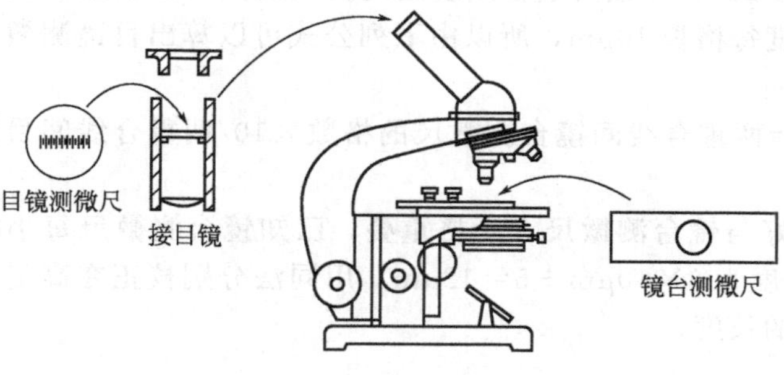

图 8-20 测微尺的安装

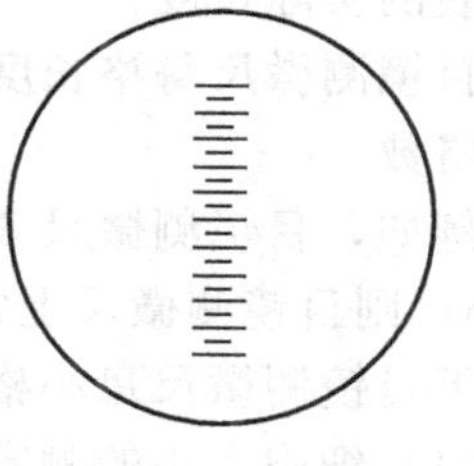
图 8-21 目镜测微尺

目镜测微尺是一块可放入接目镜隔板上的圆形玻片，见图 8-21，中央有精确的等分刻度，分将 5mm 分为 50 等份或把 10mm 分为 100 等份两种。测量时，需将其放在接目镜中的隔板上（此处正好与物镜放大的中间物像重叠），用以测量经显微镜放大后的细胞物像。目镜测微尺每格代表的实际长度随所用接目镜和接物镜的组合放大倍数改变，故在用目镜测微尺测量微生物大小时，必须先用镜台测微尺进行校正（图 8-22），以求出该显微镜在一定放大倍数的目镜和物镜下，目镜测微尺每小格所代表的相对长度，然后根据微生物细胞相当于目镜测微尺的格数，计算出细胞的实际大小。

微生物细胞的大小，一般球菌用直径来表示，杆菌用宽和长的范围表示。

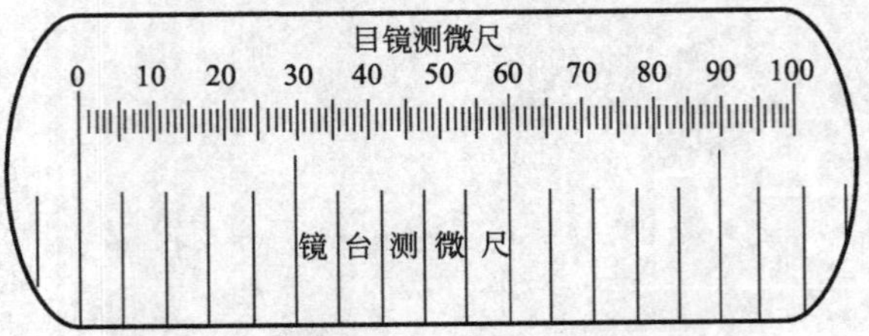

图 8-22　用镜台测微尺校正目镜测微尺

一、实训目标

(1) 了解目镜测微尺和镜台测微尺的构造及使用原理。

(2) 掌握测定微生物细胞大小的方法。

二、实训材料

(1) 实训菌种　酿酒酵母斜面菌种。

(2) 实训器材　目镜测微尺、镜台测微尺、载玻片、盖玻片、显微镜等。

三、实训操作

(1) 放置目镜测微尺　取出接目镜，把目镜上的透镜旋下，将目镜测微尺刻度朝下放在接目镜镜筒内的隔板上，旋上目镜透镜，插入镜筒内。

(2) 放置镜台测微尺　将镜台测微尺刻度朝上放在显微镜的载物台上，对准聚光器。

(3) 校正目镜测微尺　先用低倍镜观察，将镜台测微尺有刻度的部分移至视野中央调焦，视野中看清镜台测微尺的刻度后，转动目镜，使目镜测微尺的刻度线与镜台测微尺的刻度线平行，移动推动器，使两尺重叠，再使两尺的“0”刻度完全重合，定位后，仔细寻找两尺第二个完全重合的刻度（图 8-22），计数两重合刻度之间目镜测微尺的格数和镜台测微尺的格数。由于镜台测微尺的刻度每格长 10μm，所以由下列公式可以算出目镜测微尺每格所代表的实际长度：

目镜测微尺每格长度（μm）＝两重合线间镜台测微尺的格数×10/两重合线间目镜测微尺的格数

例如，目镜测微尺 6 小格正好与镜台测微尺 5 小格重叠，已知镜台测微尺每小格长为 10μm，则目镜测微尺上每小格长度为 6×10μm÷5＝12μm。用同法分别校正在高倍镜下和油镜下目镜测微尺每小格所代表的长度。

(4) 细胞大小的测定

① 将酵母菌斜面制成一定浓度的菌悬液（10^{-2}）。

② 取一滴酵母菌菌悬液制成水浸片。

③ 移去镜台测微尺，换上酵母菌水浸片，先在低倍镜下找到目的物，然后在高倍镜下用目镜测微尺来测量酵母菌菌体的长、宽各占几格。测出的格数乘以目镜测微尺每格的校正值，即等于该菌的长和宽。一般测量菌体的大小要在同一个标本片上测定 10～20 个菌体，求出平均值，才能代表该菌的大小。

④ 测定完毕取出目镜测微尺后，将接目镜放回镜筒，再将目镜测微尺和镜台测微尺分别用擦镜纸擦拭干净，放回盒内保存。

四、注意事项

(1) 由于不同显微镜及附件的放大倍数不同，因此校正目镜测微尺必须针对特定的显微镜和附件（特定的物镜、目镜、镜筒长度）进行，而且只能在该显微镜上重复使用，当更换不同显微镜目镜或物镜时，必须重新校正目镜测微尺每一格所代表的长度。

(2) 当测定酵母菌细胞大小时，先将酵母培养物制成水浸片。

(3) 测量酵母菌菌体大小时，不足一格的部分估计到小数点后一位数。

(4) 待测微生物需用培养至指数生长期的菌体进行测定。

五、实训结果与讨论

1. 将目镜测微尺校正结果填入表：

接物镜	物镜倍数	目镜测微尺格数	镜台测微尺格数	目镜测微尺每格代表的长度/μm
低倍镜				
高倍镜				
油镜				

目镜放大倍数：

2. 将酵母菌测定结果填入表：

微生物	目镜测微尺每格代表的长度/μm	宽		长		菌体大小范围/μm
		目镜测微尺格数	宽度/μm	目镜测微尺格数	长度/μm	
酿酒酵母						

3. 为什么在更换不同放大倍数的目镜或物镜时，必须用镜台测微尺重新对目镜测微尺进行校正？

4. 在不改变目镜和目镜测微尺，改用不同放大倍数的物镜来测定同一细菌的大小时，其测定结果是否相同，为什么？

实训二十 酵母细胞数量的测定

显微镜计数法是指利用血细胞计数板进行计数，是一种常用的微生物计数法。此法的优点是直观、简便、快速。将经过适当稀释的菌悬液（或孢子悬浮液）放在血细胞计数板的计数室内，在显微镜下进行计数。由于计数室的容积是一定的（$0.1mm^3$），因而可根据在显微镜下观察的微生物数目换算成单位体积内的微生物数目，此法所测得的结果是活菌体和死菌体的总和，故又称总菌计数法。现已采用活菌染色、微生物室培养、加细胞分裂抑制剂等方法只计算活菌体数目。

一、实训目标

（1）了解血细胞计数板的构造、计数原理和使用方法。

（2）学会用血细胞计数板对酵母细胞进行计数。

二、实训材料

（1）实训菌种　酿酒酵母。

（2）实训器材　血细胞计数板、显微镜、盖玻片、无菌毛细滴管等。

三、实训操作

（1）菌悬液制备　以无菌生理盐水将酿酒酵母制成适当浓度的菌悬液。

（2）镜检计数室　在加样前，先对计数板的计数室进行镜检。若有污物，则需清洗，吹干后进行计数。

（3）加样　将清洁干燥的血细胞计数板盖上盖玻片，用无菌毛细管将摇匀的菌悬液由盖玻片边缘滴一小滴（不宜过多），让菌液沿缝隙靠毛细管作用自动进入计数室，一般计数室均能充满菌液。

（4）显微镜计数　加样后静置5min，然后将血细胞计数板置于显微镜下，先用低倍镜找到计数室位置，然后换成高倍镜进行计数。

在计数前若发现菌液太浓或太稀，需重新调节稀释度后再计数。一般样品稀释度要求每小格内有5～10个菌体为宜。每个计数室选4个或5个大方格中的菌体进行计数（具体见实验原理）。位于格线上的菌体一般只数上方和右边线上的，如遇酵母出芽，芽体大小达到母细胞的一半时，即作为两个菌体计数。

（5）清洗　使用完毕后，将血细胞计数板在水龙头上用水冲洗干净，切勿用硬物洗刷，洗完后自行晾干或用吹风机吹干。镜检观察每小格内是否有残留的菌体或其他杂物。

四、操作要点

（1）注意加样时计数板内不可有气泡。

（2）计数时注意显微镜光线的强弱适当，对于用反光镜采光的显微镜还要注意光线不要偏向一边，否则视野中不易看清楚计数室方格数，或只见竖线或横线。

五、实训结果与讨论

1. 结果计数

血细胞计数板是一块特制的厚玻片，玻片上有四条槽和两条嵴，中央有一短横槽和两个平台，两嵴的表面比两个平台的表面高 0.1mm，每个平台上刻有不同规格的格网，每个方格网共分为九个大方格，中央大方格 $1mm^2$ 面积上刻有 400 个小方格，即为计数室，微生物计数在计数室中进行，见图 8-23。

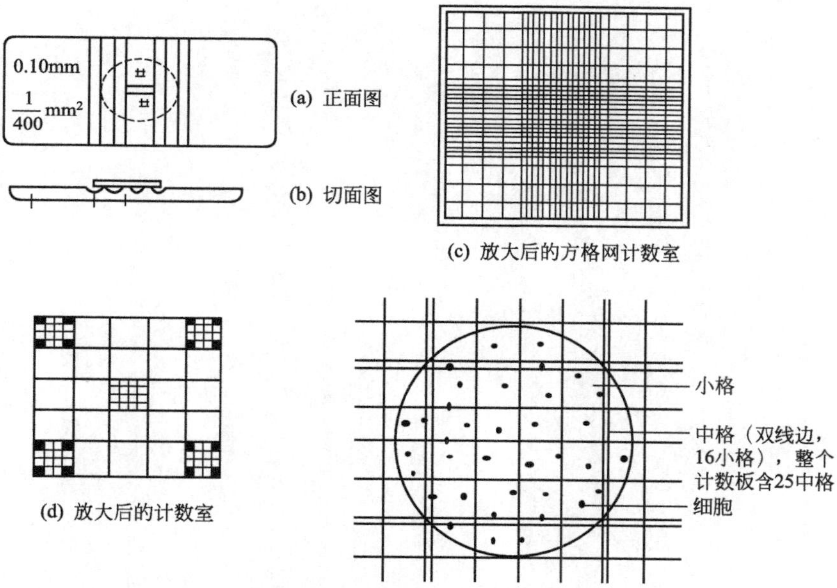

图 8-23　血细胞计数板构造图

血细胞计数板有两种规格：一种是将 $1cm^2$ 面积分为 25 个大格，每大格再分为 16 个小格［25×16，图 8-23(a)］；另一种是 16 个大格，每个大格再分为 25 个小格［16× 25，图 8-23(b)］，两者都是总共有 400 个小格。当将盖玻片置于两条嵴上，从两个平台侧面加入菌液后，400 个小方格（$1mm^2$）计数室内形成 $0.1mm^3$ 体积。通过对一定大格内（一般 16×25 的计数板，按对角线方位取左上、左下、右上、右下四个大方格；25×16 的计数板，除上述 4 个大方格外，还要计数中央的 1 个大方格）微生物数量的统计，求出平均值，乘以 16 或 25 得出计数室中的总菌数，可计算出 1mL 菌液所含有的菌体数。它们都可用于酵母、细菌、霉菌孢子等悬液的计数，基本原理相同。

设 5 个中方格的总菌数为 A，菌液稀释倍数为 B，如果是 25 个中方格的计数板，则：

1mL 菌液中的总菌数＝$A/5\times25\times10^4\times B=50000AB$（个）

同理，如果是 16 个中方格的计数板，则：

1mL 菌液中的总菌数$=A/5\times16\times10^4\times B=32000AB$（个）

计数结果填入下表：

血细胞计数板	各格中菌数					A	B	二室平均值	菌数/(个/mL)
第一室	1	2	3	4	5				
第二室									

2. 血细胞计数板计数的误差主要来源哪些方面？如何减少这些误差，力求准确？
3. 某单位要求知道一种干酵母粉中的活菌存活率，请设计 1～2 种可行的检测方法。

实训二十一
啤酒酵母的扩大培养

一、实训目标

学习酵母菌种的扩大培养方法，为实验室啤酒发酵准备菌种。

二、实训原理

在进行啤酒发酵之前，必须准备好足够量的发酵菌种。在啤酒发酵中，接种量一般应为麦芽汁量的10%（使发酵液中的酵母量达 1×10^7 个酵母/mL），因此，要进行大规模的发酵，首先必须进行酵母菌种的扩大培养。扩大培养的目的一方面是获得足量的酵母，另一方面是使酵母由最适生长温度（28℃）逐步适应为发酵温度（10℃）。

三、实训材料

恒温培养箱、生化培养箱、显微镜等。

四、实训操作

本次实训拟用60L麦芽汁，因此应制备6L含 1×10^8 个酵母/mL的菌种，以每班10个组计算，每个组应制备约600mL菌种。建议流程如下：

菌种扩大：麦芽汁斜面菌种→麦芽汁平板→28℃，2天→镜检，挑单菌落3个，接种50mL麦芽汁试管（或三角瓶）→20℃，2天（每天摇动3次）→550mL麦芽汁三角瓶→15℃，2天（每天动摇3次）→计数备用。

1. 培养基的制备

取协定法制备的麦芽汁滤液（约400mL），加水定容至约600mL，取50mL装入250mL三角瓶中，另550mL置1000mL三角瓶中，包上瓶口布后，0.05MPa灭菌30min。

2. 菌种扩大培养

按上面流程进行菌种的扩大培养（斜面活化菌种由教师提供）。注意无菌操作。

五、注意事项

灭菌后的培养基会有不少沉淀，这不影响酵母菌的繁殖。若要减少沉淀，可在灭菌前将培养基充分煮沸并过滤。

六、 实训结果与讨论

1. 稀释分离时为什么要将已融化的琼脂培养基冷却到 45～50℃才能倾入到装有菌液的培养皿内?

2. 为什么每次都要将接种环上的多余菌体烧掉? 划线时为何不能重叠?

3. 在恒温箱中培养微生物为什么要将培养皿倒置?

4. 在分离某类微生物时培养皿中出现其他微生物，请说明原因。应如何进一步分离纯化? 经一次分离后的菌种是否都是纯种? 菌种扩大过程中为什么要慢慢扩大，培养温度为什么要逐级下降?

实训二十二
利用亚硝酸诱变选育酵母营养缺陷型突变体

一、实训目标

(1) 会利用亚硝酸诱变酵母菌种引起突变。

(2) 会利用点植对照法或平板影印法筛选，获得营养缺陷型的酵母菌突变株。

(3) 掌握亚硝酸诱变原理。

亚硝酸是一种常用的诱变剂，毒性小、不稳定、易挥发，其钠盐易在酸性缓冲液中产生NO和NO_2。亚硝酸的诱变机制是脱去碱基中的氨基变成酮基，引起转换而发生变异，如A→H，C→U，G→X；A：T→G：C和G：C→A：T。亚硝酸的诱变也可以发生回复突变。亚硝酸除了脱氨基作用外，还可引起DNA交联作用，从而导致变异。

二、实训材料

(1) 菌种　从淀粉厂附近的土壤样品中分离筛选酵母菌株，或利用本实验保存的啤酒酵母菌。

(2) 培养基　根据筛选到的菌种，各个成分的用量可做微调。

① 马铃薯培养基　马铃薯20%，蔗糖（或葡萄糖）2%，琼脂1.5%～2%，pH自然。马铃薯去皮，切成块，煮沸半小时，然后用纱布过滤，再加蔗糖（或葡萄糖）及琼脂，熔化后补足水。湿热灭菌锅1.01 MPa、121℃灭菌20min。

② 豆芽汁葡萄糖培养基　黄豆芽10%，葡萄糖5%，琼脂1.5%～2%，pH自然。

③ 察氏（Czapek）培养基　蔗糖3%，$NaNO_3$ 0.3%，K_2HPO_4 0.1%，KCl 0.05%，$MgSO_4 \cdot 7H_2O$ 0.5%，$FeSO_4$ 0.001%，琼脂1.5%～2%，pH自然。

④ 酵母完全培养基（CM）　葡萄糖2%，蛋白胨2%，酵母膏1%，KH_2PO_4 0.1%，$MgSO_4$ 0.05%，琼脂2%，pH值6.0。

⑤ 酵母基本培养基（MM）　葡萄糖2%，天冬酰胺0.2%，KH_2PO_4 0.15%，$CaCl_2 \cdot H_2O$ 0.03%，$MgSO_4$ 0.05%，$(NH_4)_2SO_4$ 0.2%，水洗琼脂2.0%，配制100mL，加KI 0.01mg、微量元素液0.1mL、维生素液1mL。

⑥ 酵母补充培养基（SM）　酵母基本培养基（MM）+特定生长因子。

(3) 器材　电磁力搅拌器（含转子）、低速离心机、培养皿、涂布器、10mL离心管、吸管（1mL、5mL、10mL）、250mL锥形瓶、恒温摇床、培养箱、水浴锅、紫外分光光度计、直尺、棉签、橡皮手套、洗耳球等。

(4) 试剂　1mol/L pH 值 4.5 乙酸缓冲液、0.1 mol/L 亚硝酸钠溶液、0.07 mol/L pH 值 8.6 Na_2HPO_4 溶液（以上试剂使用前均需要灭菌）、无菌水、生理盐水。

三、实训操作

(1) 确定最佳诱变剂量　取 0.1 mol/L 亚硝酸钠溶液 1mL 于大试管中，加入 1mL 酵母菌细胞悬液后，立即加入 1mL pH 值为 4.5 的乙酸缓冲液，充分混合后，置 28℃水浴，保温处理 0.5min、1min、2min、4min、5min、8min、10min、15min 后，加 0.07 mol/L pH 值为 8.6 的 Na_2HPO_4 溶液 2mL 以终止反应，测定致死率（较高死亡率情况下诱变效应高），选取最佳诱变剂量 X（待定值）min。

(2) 菌体培养　取菌种一环接种于盛有 20mL 液体产酶种子培养基的 250mL 锥形瓶中，于 28℃振荡培养 20h，即为对数生长期的菌种。

(3) 菌悬液的制备　取 5mL 培养液于 10mL 离心管中，以 3000r/min 离心 10min，弃去上清液。加入无菌水 9mL，加无菌玻璃珠振荡洗涤，离心 10min，弃去上清液。

(4) 诱变处理　取 pH 值 4.5 乙酸缓冲液和 0.1 mol/L 亚硝酸钠溶液等体积（各约 3mL）加入沉淀的菌体，使之悬浮于 28℃处理 X（第一步所确定的值）min。

(5) 加入 5 倍的 pH 值 8.6 Na_2HPO_4 溶液，以终止反应，稀释涂布于完全培养基上培养。

(6) 用点植对照法或平板影印法筛选营养缺陷型菌株。

四、实训结果与讨论

1. 找出亚硝酸诱变的最佳剂量（包括处理时间与致死率的数据表、折线图以及结论）。
2. 选出符合营养缺陷型的菌株（包括菌的编号及现象、结论）。
3. 小结。

实训二十三 酵母菌保藏技术

一、斜面低温传代保藏

1. 实训材料

(1) 菌种　酵母菌斜面菌种。

(2) 培养基　麦芽汁培养基。

(3) 器材　无菌试管、无菌吸管、接种环、冰箱、超净工作台、恒温培养箱、高压蒸汽灭菌锅等。

2. 实训操作

(1) 接种　取各种无菌斜面试管数支，将注有菌株名称和接种日期的标签贴上，贴在试管斜面的上方距试管口 2～3cm 处。将待保藏的菌种用接种环以无菌操作法移接至相应的试管斜面上，酵母菌宜采用对数生长期的细胞。

(2) 培养　酵母菌于 28～30℃培养 36～60h。

(3) 保藏　斜面长好后，可直接放入 4℃冰箱保藏。为防止棉塞受潮长杂菌，管口棉花应用牛皮纸包扎，或换上无菌胶塞，亦可用熔化的固体石蜡熔封棉塞或胶塞。保藏时间依微生物种类而不同，酵母菌、霉菌、放线菌及有芽孢的细菌可保存 2～6 个月，移种一次，而不产芽孢的细菌最好每月移种一次。此法的缺点是容易变异，污染杂菌的机会较多。

二、穿刺保藏

1. 实训材料

(1) 菌种　酵母菌斜面菌种。

(2) 培养基　麦芽汁培养基。

(3) 器材　无菌试管、无菌吸管、接种针、冰箱、超净工作台、恒温培养箱、高压蒸汽灭菌锅等。

2. 实训操作

(1) 接种　方法是将培养基制成软琼脂（琼脂含量为斜面的 1/2，一般为 1%），盛入 1.2cm×10cm 的小试管内，高度为试管的 1/3。121℃高压灭菌后不制成斜面，用针形接种针将菌种穿刺接入培养基的 1/2 处，注意不要穿透底部。培养后的微生物在穿刺处及琼脂表面均可生长，然后覆盖以 2～3mm 的无菌液体石蜡。

(2) 培养　在适宜的温度下培养，使其充分生长。

(3) 保藏　将培养好的菌种试管塞上橡胶塞或熔封后，置于4℃冰箱保藏。

这种保藏方法一般用于保藏兼性厌氧型细菌或酵母菌，保藏期在0.5～1年。

三、液体石蜡保藏

1. 实训材料

(1) 菌种　酵母菌斜面菌种。

(2) 培养基　麦芽汁培养基。

(3) 试剂　液体石蜡。

(4) 器材　无菌试管，无菌吸管，接种环，锥形瓶，冰箱，超净工作台，恒温培养箱，高压蒸汽灭菌锅。

2. 实训操作

(1) 液体石蜡灭菌　在250mL锥形瓶中装入100mL液体石蜡，塞上棉塞，并用牛皮纸包扎，121℃湿热灭菌30min，然后于40℃温箱中放置14天（或置于105～110℃烘箱中1h），以除去石蜡中的水分备用。

(2) 接种培养　同斜面低温传代保藏法。

(3) 加液体石蜡　用无菌滴管吸取液体石蜡，以无菌操作加到已长好的菌种斜面上，加入量以高出斜面顶端约1cm为宜（图8-15）。

(4) 保藏　棉塞外包牛皮纸，将试管直立放置于4℃冰箱中保存。

(5) 恢复培养　用接种环从液体石蜡下挑取少量菌种，在试管壁上轻靠几下，尽量使油滴净，再接种于新鲜培养基中培养。由于菌体表面粘有液体石蜡，生长较慢且有黏性，故一般需转接2次才能获得良好菌种。

酵母菌可保藏1～2年，一般无芽孢细菌也可保藏1年左右。

四、甘油管保藏

1. 实训材料

(1) 菌种　酵母菌斜面菌种。

(2) 培养基　麦芽汁培养基。

(3) 试剂　无菌水，甘油。

(4) 器材　无菌试管，无菌吸管，甘油管，接种针，冰箱，锥形瓶，超净工作台，恒温培养箱，高压蒸汽灭菌锅。

2. 实训操作

在液体的新鲜培养物中加入15%已灭菌的甘油，然后再置于－20℃或－70℃冰箱中保藏。此法是利用甘油作为保护剂，甘油透入细胞后，能强烈降低细胞的脱水作用，而且在－20℃或－70℃条件下，可大大降低细胞代谢水平，但却仍能维持生命活动状态，达到延长保藏时间的目的。此法可保藏1～10年。

(1) 甘油灭菌　在100mL锥形瓶中装入10mL甘油，塞上棉塞，并用牛皮纸包扎，121℃湿热灭菌20min。

(2) 接种培养　用接种环取一环菌种接种到新鲜的斜面培养基上，在适宜的温度条件下使其充分生长。

(3) 加无菌甘油　在培养好的斜面中注入2～3mL无菌水，刮下斜面振荡，使细胞充分分散成均匀的悬浮液。用无菌吸管吸取上述菌悬液1mL置于一甘油管中，再加入0.8mL无菌甘油，振荡，使培养液与甘油充分混匀。

（4）保藏 将甘油管置于$-20℃$冰箱中保存。

（5）恢复培养 用接种环从甘油管中取一环甘油培养物，接种于新鲜培养基中恢复培养。由于菌种保藏时间长，生长代谢较慢，故一般需转接2次才能获得良好菌种。利用这种保藏方法，一般可保藏0.5～1年。

五、液氮冷冻保藏

1. 实训材料

（1）菌种 待保藏酵母菌斜面菌种。

（2）培养基 适合培养待保藏菌种的各种斜面培养基或平板、含10%甘油的液体培养基。

（3）器材 液氮冰箱，无菌打孔器，安瓿管及吸管。

2. 实训操作

（1）准备安瓿管 用于液氮保藏的安瓿管，要求能耐受温度突然变化而不致破裂，因此，需要采用硼硅酸盐玻璃制造的安瓿管，安瓿管的大小通常为75mm×10mm。

（2）加保护剂与灭菌 保存细菌、酵母菌或霉菌孢子等容易分散的细胞时，则将空安瓿管塞上棉塞，$1.05kgf/cm^2$、121℃灭菌15min。若做保存霉菌菌丝体用，则需在安瓿管内预先加入保护剂（如10%甘油蒸馏水溶液或10%二甲亚砜蒸馏水溶液），加入量以能浸没以后加入的菌落圆块为限，再用$1.05kgf/cm^2$、121℃灭菌15min。

（3）接入菌种 将菌种用10%的甘油蒸馏水溶液制成菌悬液，装入已灭菌的安瓿管，然后用火焰熔封。浸入水中检查有无漏洞。

（4）冻结 将已封口的安瓿管以每分钟下降1℃的慢速冻结至$-30℃$。若细胞急剧冷冻，则在细胞内会形成冰的结晶，因而降低存活率。

（5）保藏 将冻结至$-30℃$的安瓿管立即放入液氮冷冻保藏器的小圆筒内，然后再将小圆筒放入液氮保藏器内。液氮保藏器内为$-150℃$，液态氮内为$-196℃$。

（6）恢复培养 保藏的菌种需要用时，将安瓿管取出，立即放入38～40℃的水浴中进行急剧解冻，直到全部融化为止。再打开安瓿管，将内容物移入适宜的培养基上培养。

缺点是需要特殊设备。

六、 冷冻干燥保藏

1. 实训材料

（1）菌种 酵母菌斜面菌种。

（2）培养基 麦芽汁培养基。

（3）试剂 脱脂乳粉，干冰，95%乙醇，无菌水。

（4）器材 无菌吸管，无菌滴管，接种环，安瓿管，冰箱，真空冷冻干燥装置，酒精喷灯，超净工作台，恒温培养箱，高压蒸汽灭菌锅。

2. 实训操作

（1）准备安瓿管 选用内径6～8mm、长10.5cm的由硬质玻璃制成的安瓿管，用10% HCl浸泡8～10h后用自来水冲洗多次，最后用去离子水洗1～2次，烘干。将印有菌名和接种日期的标签放入安瓿管内，有字的一面朝向管壁。管口加棉塞，121℃灭菌30min。

（2）制备脱脂牛乳 将脱脂乳粉配成20%乳液，然后分装，121℃灭菌30min，并做无菌试验。

(3) 准备菌种　选用无污染的纯菌种，培养时间一般是细菌 24～48h，酵母菌 3 天，放线菌与丝状真菌 7～10 天。

(4) 制备菌液及分装　吸取 3mL 无菌牛乳直接加入斜面菌种管中，用接种环轻轻搅动菌落，再用手摇动试管，制成均匀的细胞或孢子悬液。用吸量管将菌液分装于安瓿管底部，每管装 0.2mL。

(5) 预冻　将安瓿管外的棉花剪去并将棉塞向里推至离管口约 15mm 处。再通过乳胶管把安瓿管连接于总管的侧管上。总管则通过厚壁橡皮管及三通短管与真空表及干燥瓶、真空泵相连接，并将所有安瓿管浸入装有干冰和 95% 乙醇的预冷槽中（此时槽内温度可达−50～−40℃）。只需冷冻 1h 左右，即可使悬浮液冻结成固体。

(6) 真空干燥　完成预冻后，升高总管使安瓿仅底部与乙醇表面接触（此处温度约−10℃），以保持安瓿管内的悬浮液仍呈固体状态。开启真空泵后，应在 5～15min 内使真空度达 66.7Pa 以下，使被冻结的悬浮液开始升华，当真空度达到 13.3～26.7Pa 时，冻结样品逐渐被干燥成白色片状，此时使安瓿管脱离冰浴，在室温下（25～30℃）继续干燥（管内温度不超过 30℃），升温可加速样品中残余水分的蒸发。总干燥时间应根据安瓿管的数量、悬浮液装量及保护剂性质来定，一般 3～4h 即可。

(7) 封口　样品干燥后继续抽真空达 1.33Pa 时，在安瓿管棉塞的稍下部位用酒精喷灯火焰灼烧，拉成细颈并熔封，然后置 4℃冰箱内保藏。

(8) 恢复培养　用 75%乙醇消毒安瓿管外壁后，在火焰上烧热安瓿管上部，然后将无菌水滴在烧热处，使管壁出现裂缝，放置片刻，让空气从裂缝中缓慢进入管内后，将裂口端敲断，这样可防止空气因突然开口而进入管内致使菌粉飞扬。将合适的培养液加入冻干样品中，使干菌粉充分溶解，再用无菌的长颈滴管吸取菌液至合适培养基中，放置在最适温度下培养。

冷冻干燥保藏法保存时间可长达 10 年以上。

3. 操作要点

(1) 从液体石蜡封藏的菌种管中挑取菌后，接种环上带有油和菌，故接种环在火焰上灭菌时要先在火焰边烤干再直接灼烧，以免菌液四溅，引起污染。

(2) 在真空干燥过程中安瓿管内样品应保持冻结状态，以防止抽真空时样品产生泡沫而外溢。

(3) 熔封安瓿管时注意火焰大小要适中，封口处灼烧要均匀，若火焰过大，封口处易弯斜，冷却后易出现裂缝而造成漏气。

(4) 冷冻干燥时如果同时制备多个安瓿管，要注意各管装量的一致，防止冻干时进程不一致。

附　录

一、常用消毒剂及其配制方法

1. 通过与菌体的蛋白质结合，使蛋白质变性、沉淀而达到抑菌或杀菌作用

(1) 2%来苏尔　50%来苏尔40mL溶于960mL蒸馏水中，用于器具及环境消毒。

(2) 75%乙醇　95%乙醇75mL溶于20mL水中。主要用于皮肤和小型仪器、用具的消毒。75%的乙醇水溶液消毒作用最强。浓度过高可使菌体表层蛋白质迅速凝固而妨碍乙醇向内渗透，影响杀菌作用。

(3) 5%福尔马林　取40%的甲醛原液100mL溶于700mL蒸馏水中。用于仪器设备等的消毒。用以消毒实验室时，将门窗关闭，在房内加热蒸发甲醛溶液4h。

(4) 5%石炭酸溶液　称取5g石炭酸溶解于100mL蒸馏水中。用以喷洒、擦拭实验室、设备、器具等消毒。

2. 通过氧化细菌体内活性基因而起杀菌作用

(1) 3%双氧水　取30%双氧水原液100mL溶于900mL蒸馏水中即可。

(2) 0.1%高锰酸钾溶液　称取高锰酸钾1g溶于1000mL蒸馏水中。

3. 通过卤化作用，使细胞蛋白质变性而杀菌

(1) 3%碘酊　取碘3g、碘化钾1.5g，溶于100mL 95%乙醇中。有很强的杀菌和消肿作用。

(2) 10%漂白粉溶液　称取漂白粉10g溶于100mL水中，其消毒原理是由于生成不解离的次氯酸，能氧化原浆蛋白的活性基因而杀菌。

4. 通过影响细菌的正常代谢而产生抑菌作用

(1) 甲紫（龙胆紫、紫药水）　一种含氯有机物，1%～2%的水溶液或酒精溶液，可用于皮肤、黏膜创伤、感染及溃疡，杀菌力强且无刺激性。

(2) 利凡诺（雷佛奴尔）　有机物，黄色。其0.1%～0.2%水溶液外用做杀菌、防腐剂，适用于外科创伤黏膜消毒。

(3) 乙酸　具有杀菌防腐作用。5%的乙酸溶液置于炉上隔火加热蒸发，用于室内空气消毒。

5. 通过改变细菌胞浆膜的通透性，使胞内物质外渗而杀菌

(1) 消毒净　对革兰阳性和阴性细菌都有杀灭作用，刺激性小。

(2) 0.25%新洁尔灭　取5%新洁尔灭5mL溶于95mL水中。对革兰阳性和阴性细菌均有杀菌作用。

二、常用的洗涤剂及其配制

实验使用的玻璃仪器必须洁净，故实验前后都应认真清洗玻璃器皿，特别是实验后必须立即清洗，否则今后清洗更加困难。

玻璃器皿洗净的标准是：不挂水珠，湿润均匀，就是说加水于器皿中，倒出水后，器壁上均匀地附着一层水膜，既不聚成水珠，也不成股流下。

清洗的一般步骤是：先用水冲洗，后用水刷洗，再用洗涤剂刷洗或用洗涤液清洗。

常用的洗涤液，除酸碱外，还有铬酸洗液、碱性高锰酸钾洗液、碱性乙醇洗液、硝酸过氧化氢洗液等。化学洗液久置会失效，故一次不能配得太多，避免浪费。

1. 铬酸洗液

将10g的工业级重铬酸钾放入20mL水中加热溶解，冷却后缓缓注入100mL工业级浓硫酸中搅匀，呈红褐色，浓度约5%。用于除油污，用至呈绿色后失效，用硫酸亚铁将六价铬还原成三价的铬后，倒入废液缸。注意不要接触皮肤和衣物，以防腐蚀。

2. 碱性高锰酸钾洗液

将4g工业级高锰酸钾溶于少量水中，加10%的氢氧化钠溶液至100mL即可，用于洗涤油脂及有机物，洗后器皿上残留二氧化锰污迹，可用盐酸洗去。

3. 碱性乙醇洗液

在1L 95%乙醇中加入157mL 50%氢氧化钠溶液，搅匀即可，用于洗涤油渍、焦油、树脂等。易燃，注意防火，久置会失效。

4. 硝酸过氧化氢洗液

将15%～20%硝酸和5%过氧化氢等体积混合而成。用于洗涤特别顽固的污渍。要贮存在棕色瓶中，现用现配。

三、常用试剂及其配制

1. 1.6%（质量分数）**溴甲酚紫**

溴甲酚紫1.6g溶于100mL乙醇中，贮存于棕色瓶中保存备用，用做培养基指示剂时，每1000mL培养基中加入1mL 1.6%（质量分数）溴甲酚紫即可。

2. 0.1mol/L $CaCl_2$溶液

称取$CaCl_2$ 11g溶于900mL蒸馏水中，定容至1000mL，用孔径为0.22μm的滤器过滤除菌或121℃灭菌20min。

3. 0.05mol/L $CaCl_2$溶液

称取$CaCl_2$ 5.5g溶于900mL蒸馏水中，定容至1000mL，用孔径为0.22μm的滤器过滤除菌或121℃灭菌20min。

4. pH值6.0磷酸氢二钠-柠檬酸缓冲液

称取$Na_2HPO_4 \cdot 12H_2O$ 45.23g、柠檬酸（$C_6H_8O_7 \cdot H_2O$）8.07g，加入蒸馏水定容至1000mL。

5. 0.1mol/L磷酸缓冲液（pH值7.0）

（1）A液　称取$Na_2HPO_4 \cdot 12H_2O$ 35.82g，溶于1000mL蒸馏水中。

（2）B液　称取$Na_2HPO_4 \cdot 12H_2O$ 15.605g，溶于1000mL蒸馏水中。

取A液61mL，B液39mL，可得到100mL 0.1mol/L pH值7.0的磷酸缓冲液。

6. 测定乳酸的试剂

(1) pH 值 9.0 的缓冲液　在 300mL 容量瓶中加入甘氨酸 11.4g，24%（质量分数）NaOH 2mL，加入 275mL 蒸馏水。

(2) NAD（烟酰胺腺嘌呤二核苷酸，简称辅酶I）溶液　NAD 600g 溶于 20mL 蒸馏水中。

(3) L-LDH（乳酸脱氢酶）溶液　加 5mg L-LDH 溶于 1mL 蒸馏水中。

(4) D-LDH 溶液　加 2mg D-LDH 溶于 1mL 蒸馏水中。

7. Taq 缓冲液

Tris-HCl（pH 值 8.4）100mmol/L，KCl 500mmol/L，$MgCl_2$ 15mmol/L，BSA（牛血清蛋白）或明胶 1mg/mL。

8. 1%（质量分数）琼脂糖

琼脂糖 1g，TAE100mL 100℃熔化后待晾至 40℃倒胶，胶厚度为 4～6mm。

9. TAE

Tris 碱 4.84mL，冰醋酸 1.14mL，0.5mol/L pH 值 8.0 的 $EDTA\text{-}Na_2 \cdot H_2O$（乙二胺四乙酸二钠盐）2mL。

10. 0.5mol/L EDTA（pH 值 8.0）

在 800mL 蒸馏水中加入 186.11g EDTA，剧烈搅拌，用 NaOH 调 pH 值至 8.0（约 20g 颗粒），定容至 1L，分装后 121℃灭菌备用。

四、常用染色液及其配制

（一）普通染色液

1. 吕氏（Loeffler）碱性美蓝染色液

A 液：美蓝（亚甲基蓝）0.6g；95%乙醇 30mL。

B 液：KOH 0.01g；蒸馏水 100mL。

分别配制 A 液和 B 液，配好后混合即成，用于细菌单染色，可长期保存。根据需要可配制成稀释美蓝液，按 1：10 或 1：100 稀释均可。

2. 齐氏石炭酸品红染色液

A 液：碱性品红 0.3g；95%乙醇 10mL。

B 液：石炭酸（苯酚）5g；蒸馏水 95mL。

将碱性品红在研钵中研磨后，逐渐加入 95%（体积分数）乙醇，继续研磨使之溶解，配成 A 液。将石炭酸溶解于蒸馏水中配成 B 液。

将 A 液和 B 液混合后即成石炭酸品红染色液，使用时可以适当稀释 5～10 倍。稀释液易变质失效，最好现用现配。

（二）革兰染色液

1. 草酸铵结晶紫染色液

A 液：结晶紫 2g；95%乙醇 25mL。

B 液：草酸铵 1g；蒸馏水 100mL。

将两液混匀置 48h 后过滤即成。此液不易保存，如有沉淀出现，需重新配制。

2. 卢戈碘液

碘 1g；KI 2g；蒸馏水 300mL。

先将 KI 溶于少量蒸馏水中，然后加入碘使之完全溶解，再加蒸馏水至 300mL，即成。配成后贮于棕色瓶内备用。

3. 95%乙醇

用于脱色，脱色后可选用以下4或5的其中一项复染即可。

4. 齐氏石炭酸复红溶液

A液：碱性复红（basic fuchsin）0.3g；95%酒精10.0mL。

B液：石炭酸（苯酚）5.0g；蒸馏水95mL。

将碱性复红溶于95%酒精中，配成A液。将石炭酸溶于蒸馏水中，配成B液。将两者混合即成。

5. 番红溶液

番红（沙黄）2.5g；95%乙醇100mL。

溶解后贮存于密闭的棕色瓶中，用时取10mL与80mL蒸馏水混匀即可。

以上染色液配合使用，可区分出革兰染色阳性（G^+）或阴性（G^-）细菌，前者蓝紫色，后者淡红色。

（三）芽孢染色液

1. 番红水溶液

番红0.5g；蒸馏水100mL。

2. 孔雀绿染色液

孔雀绿5.0g；蒸馏水100mL。

先将孔雀绿研细，加少许95%酒精溶解，再加蒸馏水。

（四）荚膜染色液

1. 石炭酸品红

同（一）2。

2. 黑色素水溶液

黑色素（nigrosin）10g；蒸馏水100mL；福尔马林（40%甲醛）0.5mL。

将黑色素在蒸馏水中煮沸5min，加入福尔马林作为防腐剂，用玻璃棉过滤。

（五）鞭毛染色液

1. 银染色法

A液：单宁酸5g；$FeCl_3$ 1.5g；蒸馏水100mL。

待A液$FeCl_3$溶解后，加入1%的氢氧化钠溶液1mL和15%的甲醛溶液2mL配好后，当日使用，次日效果差，第3天不宜使用。

B液：硝酸银（$AgNO_3$）2g；蒸馏水100mL。

待B液硝酸银溶解后，取出10mL备用，向其余的90mL硝酸银中滴加浓氢氧化铵，使之成为很浓厚的悬浮液，再继续滴加氢氧化铵，直到新形成的沉淀又重新刚刚溶解为止。再将备用的10mL硝酸银慢慢滴入，则出现薄雾，但轻轻摇动后，薄雾状沉淀又消失，再滴入硝酸银，直到摇动后仍呈现轻微而稳定的薄雾状沉淀为止。如果薄雾不重，此染色液可使用一个星期，如果薄雾重，则有银盐沉淀，不宜使用。

2. Leifson染色法

A液：碱性复红1.2g；95%乙醇100mL。

B液：单宁酸3g；蒸馏水100mL。

C液：氯化钠1.5g；蒸馏水100mL。

染色液贮于磨口瓶中，室温下较稳定，使用前将上述溶液等体积混合。

（六）稀释结晶紫染液（放线菌染色用）

结晶紫染色液［见（二）1］5mL；蒸馏水 95mL。

（七）碘液（酵母染色用）

碘 2g；KI 4g；蒸馏水 100mL。

先将 KI 溶于少量蒸馏水中，然后加入碘使之完全溶解，再加蒸馏水至 100mL，即成。配成后贮于棕色瓶内备用。

（八）乳酸石炭酸棉蓝染色液（真菌制片，短期保存）

石炭酸（苯酚）10g；甘油 20mL；乳酸（相对密度 1.21）10mL；棉蓝 0.02g；蒸馏水 10mL。

将石炭酸加在蒸馏水中加热溶解，加入乳酸和甘油，最后加入棉蓝，溶解即成。

（九）伴胞晶体染色液

1. 汞溴酚蓝染色液（M.B.B 液）

升汞（$HgCl_2$）10g；溴酚蓝 100mL；95%酒精 100mL。

将升汞溶于酒精，充分溶解后加入溴酚蓝，溶解后即成。

2. 番红（沙黄）染色液

番红 2g；蒸馏水 100mL。

（十）聚伊羟基丁酸染色液

1. 苏丹黑

苏丹黑 B 0.3g；70%乙醇 100mL。

将两者混合后用力振荡，放置过夜备用，使用前过滤。

2. 褪色剂

二甲苯。

3. 复染液

50g/L 番红水溶液。

五、常用培养基及其配制

1. 牛肉膏蛋白胨培养基（用于细菌培养）

牛肉膏	3g	水	1000mL
蛋白胨	5g	pH 值	7.0～7.2
氯化钠	10g	121℃灭菌	20min
琼脂	15～20g		

2. 高氏（Gause）Ⅰ号培养基（用于放线菌培养）

可溶性淀粉	20g	硫酸亚铁	0.01g
硝酸钾	1g	琼脂	20g
氯化钠	0.5g	水	1000mL
磷酸氢二钾	0.5g	pH 值	7.2～7.4
硫酸镁	0.5g		

配制时，先用少量冷水将可溶性淀粉调成糊状，倒入煮沸的水中，在火上加热，边搅拌边加入其他成分，溶解后，补足水分至 1000mL。121℃灭菌 20min。

3. 察氏（Czapek）培养基（用于霉菌培养）

硝酸钠	2g	蔗糖	30g
磷酸氢二钾	1g	琼脂	15～20g
氯化钾	0.5g	水	1000mL
硫酸镁	0.5g	pH值	自然
硫酸亚铁	0.01g	121℃灭菌	20min

4. 马丁（Martin）琼脂培养基（用于土壤中真菌的分离）

葡萄糖	10g	琼脂	15～20g
蛋白胨	5g	pH值	自然
磷酸二氢钾	1g	蒸馏水	800mL
七水合硫酸镁	0.5g	112℃灭菌	30min
1/3000孟加拉红	100mL		

临用前加入0.03%链霉素稀释液100mL，使每毫升培养基中含链霉素30μg。

5. 马铃薯培养基（简称PDA）（用于真菌培养）

马铃薯	200g	琼脂	15～20g
蔗糖（或葡萄糖）	20g	pH值	自然

马铃薯去皮，切成块煮沸30min，然后用纱布过滤，再加糖及琼脂，熔化后补足水至1000mL。121℃灭菌30min。

6. 麦芽汁琼脂培养基（用于酵母菌的培养）

(1) 取大麦或小麦若干，用水洗净，浸水6～12h，置15℃暗处发芽，上面盖纱布一块，每日早、中、晚淋水一次，麦根伸长至麦粒的两倍时，即停止发芽，摊开晒干或烘干，贮存备用。

(2) 将干麦芽磨碎，1份麦芽加4份水，在65℃水浴中糖化3～4h，糖化程度可用碘滴定之。加水约20mL，调匀至生泡沫时为止，然后倒在糖化液中搅拌煮沸后再过滤。

(3) 将糖化液用4～6层纱布过滤，滤液如混浊不清，可用鸡蛋白澄清。方法是将一个鸡蛋白加水约20mL，调匀至生泡沫时为止，然后倒在糖化液中搅拌煮沸后再过滤。

(4) 将滤液稀释到5～6°Be，pH值约6.4，加入2%琼脂即成。121℃灭菌20min。

7. 无氮培养基（用于自生固氮菌、钾细菌的培养）

甘露醇（或葡萄糖）	10g	碳酸钙	5g
磷酸二氢钾	0.2g	蒸馏水	1000mL
七水合硫酸镁	0.2g	pH值	7.0～7.2
氯化钠	0.2g	113℃灭菌	30min
二水合硫酸钙	0.2g		

8. 半固体肉膏蛋白胨培养基（用于穿刺接种）

肉膏蛋白胨液体培养基	100mL	pH值	7.6
琼脂	0.35～0.4g	121℃灭菌	20min

9. 合成培养基（用于生长谱法测定微生物对营养的要求）

偏磷酸铵	1g	琼脂	20g
氯化钾	0.2g	蒸馏水	1000mL
七水合硫酸镁	0.2g	pH值	7.0
豆芽汁	10mL		

加12mL 0.04%的溴钾酚紫（pH值5.2～6.8，颜色由黄变紫，做指示剂）。121℃灭菌20min。

10. 硝酸盐培养基

肉汤蛋白胨培养基	1000mL	pH 值	7～7.6
硝酸钾	1g		

将上述成分加热溶解，调 pH 值至 7.6，过滤，分装试管，121℃灭菌 20min。

11. 油脂培养基

蛋白胨	10g	琼脂	15～20g
牛肉膏	5g	蒸馏水	1000mL
氯化钠	5g	pH 值	7.2
香油或花生油	10g	121℃灭菌	20min
1.6%中性红水溶液	1mL		

注意：① 不能使用变质油；

② 油和琼脂及水先加热；

③ 调好 pH 值后，再加入中性红。

④ 分装时，需不断搅拌，使油均匀分布于培养基中。

12. 淀粉培养基（用于淀粉水解实验）

蛋白胨	10g	可溶性淀粉	2g
牛肉膏	5g	蒸馏水	1000mL
氯化钠	5g	琼脂	15～20g

配制时，先将可溶性淀粉加入少量蒸馏水调成糊状，再加入到融化好的培养基中调匀即可。121℃灭菌 20min。

13. 明胶培养基（用于明胶水解实验）

牛肉膏蛋白胨液	100mL	pH 值	7.6
明胶	12～18g		

在水浴锅中将上述成分熔化，不断搅拌。熔化后调 pH 值至 7.2～7.4。121℃灭菌 30min。

14. 蛋白胨水培养基（用于吲哚实验）

蛋白胨	10g	pH 值	7.2～7.4
氯化钠	5g	121℃灭菌	20min
蒸馏水	1000mL		

15. 糖发酵培养基（用于细菌糖发酵实验）

蛋白胨水培养基	1000mL	另配制 20%糖溶液（葡萄糖、乳糖、蔗糖等）	各 10mL
1.6%溴钾酚紫乙醇溶液	1～2mL		
pH 值	7.6		

培养基的配制方法如下。

(1) 将上述含指示剂的蛋白胨水培养基（pH 值 7.6）分装于试管中，在每管内放一倒置的小玻璃管（Durham tube），使之充满培养液。

(2) 将已分装好的蛋白胨水和 20%的各种糖溶液分别灭菌：蛋白胨水 121℃灭菌 20min；糖溶液 112℃灭菌 30min。

(3) 灭菌后，每管以无菌操作分别加入 20%无菌糖溶液 0.5mL（按每 10mL 培养基中加入 20%的糖液 0.5mL，则配成浓度 1%）。配制用的试管必须洗干净，避免结果混乱。

16. 葡萄糖蛋白胨水培养基（用于 V.P. 反应和甲基红实验）

蛋白胨	5g	磷酸氢二钾	2g
葡萄糖	5g	蒸馏水	1000mL

将上述各成分溶于 1000mL 水中，调 pH 值至 7.0～7.2，过滤。分装试管，每管 10mL，112℃灭菌 30min。

17. 麦氏（Meclary）琼脂（乙酸钠培养基）

葡萄糖	1g	琼脂	15～20g
氯化钾	1.8g	蒸馏水	1000mL
酵母浸膏	2.5g	113℃灭菌	20min
乙酸钠	8.2g		

18. 柠檬酸盐培养基

磷酸二氢铵	1g	柠檬酸钠	2g
磷酸氢二钾	1g	琼脂	15～20g
氯化钠	5g	蒸馏水	1000mL
硫酸镁	0.2g	1%溴麝香草酚蓝乙醇液	10mL

将上述各成分加热溶解后，调 pH 值至 6.8，然后加入指示剂，摇匀，用脱脂棉过滤。制成后为黄绿色，分装试管，121℃灭菌 20min 后制成斜面，注意配制时控制好 pH 值，不要过碱，以黄绿色为准。

19. 乙酸铅培养基

pH 值 7.4 的牛肉膏蛋白胨琼脂	100mL	10%乙酸铅水溶液	1mL
硫代硫酸钠	0.25g		

将牛肉膏蛋白胨琼脂 100mL 加热溶解，待冷却至 60℃时加入硫代硫酸钠 0.25g，调节 pH 值至 7.2，分装于锥形瓶中，115℃灭菌 15min。取出后待冷却至 55～60℃，加入 10%乙酸铅水溶液（无菌的）1mL，混匀后倒入灭菌试管或平板中。

20. H_2S 实验用培养基

蛋白胨	20g	琼脂	15～20g
氯化钠	5g	蒸馏水	1000mL
柠檬酸铁铵	0.5g	pH 值	7.2
硫代硫酸钠	0.5g		

先将琼脂、蛋白胨加热融化，冷至 60℃加入其他成分，分装试管，113℃灭菌 15min。

21. 复红亚硫酸钠培养基（远藤培养基，用于水体中大肠菌群的测定）

蛋白胨	10g	磷酸氢二钾	0.5g
牛肉浸膏	5g	琼脂	20～30g
酵母浸膏	5g	蒸馏水	1000mL
无水亚硫酸钠	5g	5%碱性复红乙醇溶液	20mL
乳糖	10g		

先将蛋白胨、牛肉浸膏、酵母浸膏和琼脂加入 900mL 蒸馏水中，加热溶解，再加入磷酸氢二钾，溶解后，补足蒸馏水至 1000mL，调 pH 值至 7.2～7.4。加入乳糖，混匀溶解后，115℃灭菌 20min。称取亚硫酸钠置一无菌空试管中，加入无菌水少许使溶解，再在水浴中煮沸 10min 后。立刻滴加于 20mL 5%碱性复红乙醇溶液中，直至深红色褪成淡粉红色为止。

将此亚硫酸钠与碱性复红的混合液全部加至上述已灭菌并仍保持熔化状态的培养基中，充分混匀，倒平板，放冰箱中备用，贮存时间不宜超过 2 周。若颜色由淡红色变为深红色，则不能使用。

22. 伊红美蓝培养基（EMB 培养基，用于水体中大肠菌群的测定和细菌的转导）

蛋白胨	10g	0.5%美蓝水溶液	13mL
乳糖	10g	琼脂	25g
磷酸氢二钾	2g	pH 值	7.4
2%伊红水溶液	20mL		

将蛋白胨、乳糖、磷酸氢二钾和琼脂混匀，加热溶解后，调 pH 值为 7.4，115℃灭菌 20min，然后分别加入已灭菌的伊红水溶液及美蓝水溶液，充分摇匀，防止产生气泡，待培养基冷却至 50℃左右倒平板，乳糖在高温灭菌易被破坏，必须严格控制灭菌温度。在细菌转导实验中，用半乳糖代替乳糖，其余成分不变。

23. 乳糖蛋白胨培养液（用于“水的细菌学检查”）

蛋白胨	10g	氯化钠	5g
牛肉膏	3g	1.6%溴甲酚紫乙醇溶液	1mL
乳糖	5g	蒸馏水	1000mL

将蛋白胨、牛肉膏、乳糖及氯化钠加热溶解于 1000mL 蒸馏水中，调 pH 值至 7.2～7.4。加入 1.6%溴甲酚紫乙醇溶液 1mL，充分混匀，分装于有小倒管的试管中。115℃灭菌 20min。

24. 豆芽汁培养基

黄豆芽 500g，加水 1000mL，煮沸 1h，过滤后补足水分，121℃灭菌 15min，即为 50%（质量分数）豆芽汁。

（1）用于细菌培养

50%的豆芽汁	200mL	蒸馏水	800mL
葡萄糖（或蔗糖）	50g	pH 值	7.2～7.4

（2）用于霉菌或酵母菌培养

50%的豆芽汁	200mL	蒸馏水	800mL
糖	50g	pH 值	自然

培养霉菌用蔗糖，培养酵母菌用葡萄糖。

25. LB（Luria-Bertani）**培养基**（用于细菌培养）

蛋白胨	10g	蒸馏水	1000mL
酵母膏	5g	pH 值	7.0
氯化钠	10g	121℃灭菌	20min

26. 基本培养基（用于营养缺陷型筛选）

磷酸氢二钾	10.5g	二水合柠檬酸钠	0.5g
磷酸二氢钾	4.5g	蒸馏水	1000mL
硫酸铵	1g	121℃ 灭菌	20min

需要时灭菌后加入：

糖（20%）	10mL	链霉素（50mg/mL）4mL，终浓度 200μg/mL	
维生素 B_1（硫胺素）（1%）	0.5mL	氨基酸（10mg/mL）4mL，终浓度 40μg/mL	
七水合硫酸镁（20%）	1mL	pH 值	自然

27. 酪素培养基（用于蛋白酶菌株的筛选）

A 液：称取磷酸氢二钠 1.07g、干酪素 4g，加入适量水溶解。

B 液：称取磷酸二氢钾 0.36g，加水溶解。

酪素水解液：1g 酪蛋白溶于碱性缓冲溶液中，加入 1%（质量分数）枯草芽孢杆菌蛋白酶 25mL，加水至 100mL，30℃水解 1h。

A、B 液体混合后，加入酪素水解液 0.3mL，加琼脂 20g，最后用蒸馏水定容至 1000mL。

28. 乳糖牛肉膏蛋白胨培养基（乳酸菌培养基，用于乳酸发酵）

乳糖	5g	酵母膏	5g
牛肉膏	5g	蛋白胨	10g

葡萄糖	10g	pH 值	6.8
氯化钠	5g	水	1000mL
琼脂粉	15g		

29. 尿素琼脂培养基

尿素	20g	蛋白胨	1g
琼脂	15g	酚红	0.012g
氯化钠	5g	蒸馏水	1000mL
磷酸二氢钾	2g	pH 值	6.8±0.2

在蒸馏水或去离子水 100mL 中，加入上述所有成分（除琼脂外）。混合均匀，过滤灭菌。将琼脂加入 900mL 蒸馏水或去离子水中，加热煮沸。121℃灭菌 15min。冷却至 50℃，加入灭菌好的基本培养基，混匀后，分装于灭菌的试管中，放在倾斜位置上使其凝固。

30. 酒精发酵培养基（用于酒精发酵）

蔗糖	10g	20%豆芽汁	2mL
硫酸镁	0.5g	水	100mL
硝酸铵	0.5g	pH 值	自然
硫酸二氢钾	0.5g		

六、常用仪器设备

（一）光学显微镜

1. 显微镜的构造

显微镜是一种精密的光学仪器，已有 300 多年的发展史。自从有了显微镜，人们看到了过去看不到的许多微小生物和构成生物的基本单元——细胞。目前，不仅有能放大千余倍的光学显微镜，而且有了能放大几十万倍的电子显微镜，使我们对生物体的生命活动规律有了更进一步的认识。

光学显微镜的组成结构包括光学系统和机械系统两部分（图 9-1）。

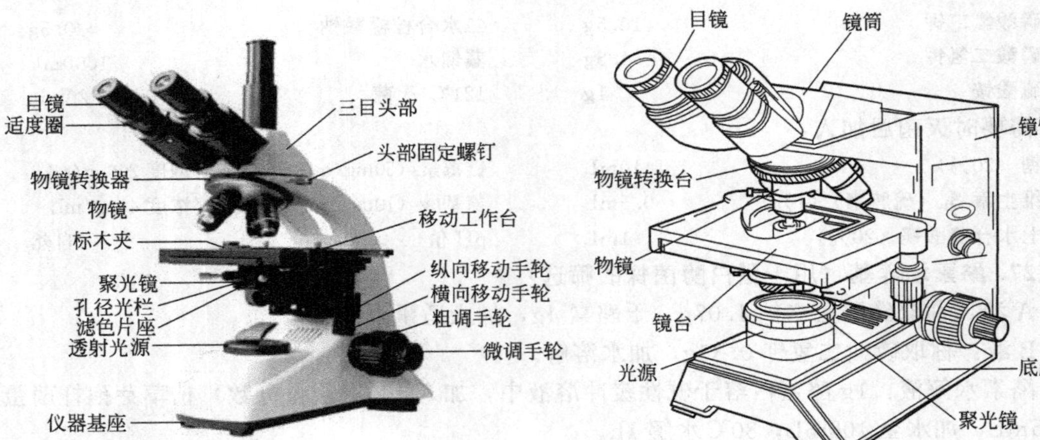

图 9-1　显微镜的结构

（1）光学系统的组成

① 物镜　物镜是决定显微镜性能的最重要部件，安装在物镜转换器上，接近被观察物

体，故叫做物镜或接物镜。物镜根据使用条件的不同可分为干燥物镜和浸液物镜；其中浸液物镜又可分为水浸物镜和油浸物镜（常用放大倍数为 90～100 倍）。根据放大倍数的不同可分为低倍物镜（10 倍以下）、中倍物镜（20 倍左右）和高倍物镜（40～65 倍）。根据像差矫正情况，分为消色差物镜（常用，能矫正光谱中两种色光的色差的物镜）和复色差物镜（能矫正光谱中三种色光的色差的物镜，价格贵，使用少）。

② 目镜　因为它靠近观察者的眼睛，因此也叫接目镜。安装在镜筒的上端。

通常目镜由上下两组透镜组成，上面的透镜叫做接目透镜，下面的透镜叫做会聚透镜或场镜。上下透镜之间或场镜下面装有一个光阑（它的大小决定了视场的大小），因为标本正好在光阑面上成像，可在这个光阑上粘一小段毛发作为指针，用来指示某个特点的目标。也可在其上面放置目镜测微尺，用来测量所观察标本的大小。

目镜的长度越短，放大倍数越大（因目镜的放大倍数与目镜的焦距成反比）。

目镜的作用是将已被物镜放大的、分辨清晰的实像进一步放大，达到人眼能容易分辨清楚的程度。常用目镜的放大倍数为 5～16 倍。

物镜已经分辨清楚的细微结构，假如没有经过目镜的再放大，达不到人眼所能分辨的大小，那就看不清楚；但物镜所不能分辨的细微结构，虽然经过高倍目镜的再放大，也还是看不清楚，所以目镜只能起放大作用，不会提高显微镜的分辨率。有时虽然物镜能分辨开两个靠得很近的物点，但由于这两个物点的像的距离小于眼睛的分辨距离，还是无法看清。所以，目镜和物镜既相互联系，又彼此制约。

③ 聚光器　聚光器也叫集光器。位于标本下方的聚光器支架上。它主要由聚光镜和可变光栅组成。其中，聚光镜可分为明视场聚光镜（普通显微镜配置）和暗视场聚光镜。

聚光器的作用相当于凸透镜，起汇聚光线的作用，以增强标本的照明。一般把聚光镜的聚光焦点设计在它上端透镜平面上方约 1.25mm 处（聚光焦点正在所要观察的标本上，载玻片的厚度为 1.1mm 左右）。

④ 反光镜　反光镜通常一面是平面镜，另一面是凹面镜，装在聚光器下面，可以在水平与垂直两个方向上任意旋转。直径为 50mm。其作用是将从任何方向射来的光线经通光孔反射上来。平面镜反射光线的能力较弱，在光线较强时使用；凹面镜反射光线的能力较强，在光线较弱时使用。

反光镜的作用是使由光源发出的光线或天然光射向聚光器。当用聚光器时一般用平面镜，不用时用凹面镜。观察完毕后，应将反光镜垂直放置。

（2）显微镜的机械系统　显微镜的机械装置是显微镜的重要组成部分。其作用是固定与调节光学镜头、固定与移动标本等。主要由镜座、镜臂、载物台、镜筒、物镜转换器、调焦装置组成。

① 镜座　作用是支撑整个显微镜，装有反光镜，有的还装有照明光源。

② 镜臂　作用是支撑镜筒和载物台，分固定、可倾斜两种。

③ 载物台（又称工作台、镜台）　载物台的作用是安放载玻片，形状有圆形和方形两种，其中方形的面积为 120mm×110mm。中心有一个通光孔，通光孔后方左右两侧各有一个安装压片夹用的小孔。分为固定式与移动式两种。有的载物台的纵横坐标上都装有游标尺，一般读数为 0.1mm，游标尺可用来测定标本的大小，也可用来对被检部分做标记。

④ 镜筒　镜筒上端放置目镜，下端连接物镜转换器。分为固定式和可调节式两种。从目镜管上缘到物镜转换器螺旋口下端的距离称为镜筒长度或机械筒长。机械筒长不能变更的叫做固定式镜筒，能变更的叫做调节式镜筒，新式显微镜大多采用固定式镜筒。国产显微镜大多采用固定式镜筒，国产显微镜的机械筒长通常是 160mm。

安装目镜的镜筒，有单筒和双筒两种。单筒又可分为直立式和倾斜式两种，双筒则都是倾斜式的。其中双筒显微镜，两眼可同时观察，以减轻眼睛的疲劳。双筒之间的距离可以调节，而且其中有一个目镜有屈光度调节（即视力调节）装置，便于两眼视力不同的观察者使用。

⑤ 物镜转换器　物镜转换器固定在镜筒下端，有3～4个物镜螺旋口，物镜应按放大倍数高低顺序排列。旋转物镜转换器时，应用手指捏住旋转碟旋转，不要用手指推动物镜，因时间长容易使光轴歪斜，使成像质量变坏。

⑥ 调焦装置　显微镜上装有粗准焦螺旋和细准焦螺旋。有的显微镜粗准焦螺旋与细准焦螺旋装在同一轴上，大螺旋为粗准焦螺旋，小螺旋为细准焦螺旋。有的则分开安置，位于镜臂的上端较大的一对螺旋为粗准焦螺旋，其转动一周，镜筒上升或下降10mm；位于粗准焦螺旋下方较小的一对螺旋为细准焦螺旋，其转动一周，镜筒升降值为0.1mm。细准焦螺旋调焦范围不小于1.8mm。

2. 显微镜的使用方法

(1) 显微镜的取送

① 右手握镜臂。

② 左手托镜座。

③ 置于胸前。

(2) 显微镜的旋转

① 镜筒朝前，镜臂朝后。

② 置于观察者座位前的桌子上，偏向身体左侧，便于左眼向目镜内观察。

③ 置于桌子内侧，距桌沿5cm左右。

(3) 对光

① 转动粗准焦螺旋，使镜筒徐徐上升，然后转动转换器，使低倍物镜对准通光孔。

② 用手指转动遮光器（或片状光圈），使最大光圈对准通光孔，左眼向目镜内注视，同时转动反光镜，使其朝向光源，使视野内亮度均匀合适。

(4) 低倍物镜的使用

① 用手转动粗准焦螺旋，使镜筒徐徐下降，同时两眼从侧面注视物镜镜头，当物镜镜头与载物台的玻片相距2～3mm时停止。

② 用左眼向目镜内注视（注意右眼应该同时睁着），并转动粗准焦螺旋，使镜筒徐徐上升，直到看清物像为止。如果不清楚，可调节细准焦螺旋，至清楚为止。

(5) 高倍物镜的使用　使用高倍物镜之前，必须先用低倍物镜找到要观察的物像，并调到视野的正中央，然后转动转换器再换高倍镜。换用高倍镜后，视野内亮度变暗，因此一般选用较大的光圈并使用反光镜的凹面，然后调节细准焦螺旋。观察的物体数目变少，但是体积变大。

(6) 反光镜的使用　反光镜通常与遮光器（或光圈）配合使用，以调节视野内的亮度。反光镜有平面和凹面。对光时，如果视野光线太强，则使用反光镜的平面，如果光线仍旧太强，则同时使用较小的光圈；反之，如果视野内光线较弱，则使用较大的光圈或使用反光镜的凹面。

3. 显微镜使用注意事项

(1) 取显微镜时必须用右手握住镜臂，左手托住镜座，使镜身保持直立，并紧靠身体。切忌单手拎提。

(2) 所有镜面切忌用手指、纱布、手帕或其他粗糙东西擦拭，以免磨损镜面，需要时只能用擦镜纸擦拭。

① 用专门的擦镜纸。

② 擦镜头时，先将擦镜纸折叠几次，然后朝一个方向擦，不可来回擦或转动擦。

③ 如果镜头被油污污染，则可在擦镜纸上滴几滴二甲苯，然后按上述方法擦拭。

④ 用二甲苯擦镜头时用量要少，不宜久擦，以免溶解胶合透镜的树脂，使透镜脱落。切勿用乙醇擦镜头和支架。

(3) 显微镜的目镜、物镜和反光镜等光学部件必须保持清洁，防止长霉。镜检时通过转动目镜、物镜及调整焦距等措施判断灰尘或脏污所在的部位，如附有灰尘，则先用洗耳球吹去灰尘，或用擦镜纸轻轻擦去。若有脏污，用擦镜纸或脱脂棉球蘸无水乙醚 7 份和无水乙醇 3 份的混合液轻轻擦拭，然后用擦镜纸擦干。显微镜的金属油漆部件和塑料部件，可用软布蘸中性洗涤剂进行擦拭，不要使用有机溶剂。

(4) 粗、细调节器调焦时，切忌采用对着目镜边观察边下降镜筒的错误操作，应从侧面注视，以免压坏标本和损失镜头，尤其油镜的工作距离甚短，故操作时要特别谨慎。

(5) 使用时严格按照操作步骤，熟悉显微镜各部件性能，禁止随意拧开或调换各部件，如某些机械系统不灵活时，可在滑动部位添加少许润滑油。

(6) 凡有腐蚀性和挥发性的化学试剂和药品，如碘、乙醇溶液、酸类、碱类等不可与显微镜接触，如不慎污染时，应立即擦拭干净。

(7) 显微镜应放置在通风、干燥、灰尘少、不受阳光直接暴晒的地方。不使用时，用有机玻璃或塑料布防尘罩罩起来。也可套上布罩后放入显微镜箱内或显微镜柜内，并在箱内或柜内放置干燥剂。

(8) 显微镜的放大对象：物体的长和宽，不是面积，更不是体积。

(9) 显微镜的焦距问题：物镜离装片的远近，准焦螺旋的使用。

(10) 显微镜使用时物像移动方向：相反。例如，在使用显微镜时，如果在视野中看到物像在前方，只有向前方（视野的相同方向）移动装片才能使视野中的物像向后移动。

(11) 显微镜使用时异物的判断：通过移动玻片判断异物是否在玻片上，通过转动转换器判断异物是否在物镜上，如果两者都不是，则异物存在于目镜上。

（二）超净工作台

超净工作台（图 9-2）是为实验室工作提供无菌操作环境的设施，以保护实验免受外部环境的影响，同时为外部环境提供某些程度的保护，以防污染，并保护操作者。与简陋的无菌罩相比，超净工作台具有允许操作者自由活动，容易达到操作区的任何地方，并具有安全性较高等优点。其工作原理为：通过风机将空气吸入，经由静压箱通过高效过滤器过滤，将过滤后的洁净空气以垂直或水平气流的状态送出，使操作区域持续在洁净空气的控制下达到百级洁净度，保证生产对环境洁净度的要求。

图 9-2 超净工作台

超净工作台根据气流的方向分为两种类型。

1. 外流式超净工作台（vertical flow clean bench）

净化空气朝着操作者方向流动，能保证外界空气不能混入，保持工作面无菌，但对操作者没有保护作用，特别是进行有害物质试验时，这种超净工作台很少使用。

2. 测流式超净工作台（horizontal flow clean bench）

净化后气流从上向下流向工作台面，或气流从左至右通过工作台面流向对侧，形成气流屏障，将操作者与台面完全隔开，既可保持台面无菌，又可保证操作者免受病菌或毒物的侵害，室内空气经净化台前下部网格被抽入，与从净化台内抽入的空气完全混合，再从净化台后部循环至上部。在这里，30%的空气通过一层 HEPA 滤层返回室内，另外 70%的气体经另一层 HEPA 滤层过滤后垂直向下进入净化台的操作室内，以 0.4m/s 的速度形成气流屏障，有效地将操作者与操作面隔开。

不论何种类型的净化台，都要经常检查 HEPA 滤膜层是否发生堵塞。一旦感到气流变弱，如台面上的酒精灯火焰不动，说明滤层已发生阻塞，应请维修人员进行检修，及时更新滤层。

3. 超净工作台的使用及管理

(1) 每次使用超净工作台时，实验人员应先开启超净工作台上的紫外灯，照射 20min 后使用。

(2) 开启超净工作台工作电源，关闭紫外灯，并用 75%酒精或 0.5%过氧乙酸喷洒、擦拭消毒工作台面。

(3) 整个实验过程中，实验人员应按照无菌操作规程操作。

(4) 实验结束后，用消毒液擦拭工作台面，关闭工作电源，重新开启紫外灯照射 15min。

(5) 如遇机组发生故障，应立即由专业人员检修合格后继续使用。

(6) 实验人员应注意保持室内整洁。

(7) 超净工作台的滤材每 2 年更换一次，并做好更换记录。

（三）高压灭菌器

高压蒸汽灭菌器为最常用的灭菌方法，一般以 101.33 kPa 处理 15～20min，可达到对物品进行灭菌的目的。凡耐高温和潮湿的物品，如常用培养基、生理盐水、衣服、纱布、玻璃器材等都可用本法灭菌。高压灭菌器又名蒸汽灭菌锅。

1. 灭菌器的使用方法

(1) 在外层锅内加适量的水，将需要灭菌的物品放入内层锅，盖好锅盖并对称地扭紧螺旋。

(2) 加热使锅内产生蒸汽，当压力表指针达到 33.78kPa 时，打开排气阀，将冷空气排出，此时压力表指针下降，当指针下降至零时，即将排气阀关好。

(3) 继续加热，锅内蒸汽增加，压力表指针又上升，当锅内压力增加到所需压力时，将火力减小，按所灭菌物品的特点，使蒸汽压力维持所需压力一定时间，然后将灭菌器断电或断火，让其自然冷后再慢慢打开排气阀以排除余气，然后才能开盖取物。

2. 使用注意事项

(1) 待灭菌的物品放置不宜过紧。

(2) 必须将冷空气充分排除，否则锅内温度达不到规定温度，影响灭菌效果。

(3) 灭菌完毕后，不可放气减压，否则瓶内液体会剧烈沸腾，冲掉瓶塞而外溢，甚至导致容器爆裂。须待灭菌器内压力降至与大气压相等后才可开盖。

(4) 装培养基的试管或瓶子的棉塞上应包油纸或牛皮纸，以防冷凝水入内。

(5) 为了确保灭菌效果，应定期检查。常用的方法是将硫黄粉末（熔点为 115℃）或安息香酸（熔点为 120℃）置于试管内，然后进行灭菌试验。如上述物质熔化，则说明高压蒸汽灭菌器内的温度已达要求，灭菌的效果是可靠的。也可将检测灭菌器效果的胶纸（其上有温度敏感指示剂）贴于待灭菌的物品外包装上，如胶纸上指示剂变色，亦说明灭菌效果是可靠的。

(6) 现在已有微电脑自动控制的高压蒸汽灭菌器，只需放去冷气后，仪器即可自动恒压定时，时间一到则自动切断电源并鸣笛，使用起来很方便。

（四）电热干燥箱

干燥箱在实验室可供各种试品烘焙、干燥、热处理及加热（但不能将挥发性的物品置入干燥箱，以免引起爆炸）。

电热干燥箱箱体外壳由薄钢板制成，箱体内有供放置试品的工作室，工作室内有试品搁板，试品可置于其上进行干燥。如遇试品较大，可抽去搁板。工作室与箱体外壳间有相当厚度的保温层，以硅棉或珍珠岩做保温材料，箱门中间有玻璃观察窗，以供观察工作室内情况。干燥箱内室材料分不锈钢和碳钢两种，干燥箱电热器装于箱体内工作室下部，共分两组，即“高温和低温”，并有指示灯指示。绿灯亮表示电热器在工作，箱体在加热；红灯亮表示加热停止。

接上电源后，即可开启“加热开关”，干燥箱将温度设定拨盘拨至所需的工作温度值。将温度“设定—测量”开关置于“设定”，调节温度设定旋钮至所需工作温度后，将“设定—测量”开关置于“测量”，此时箱内开始升温。根据需要选择干燥时间，干燥结束后，把电源开关拨“0”，如不马上取出物品，不要打开箱门。

（五）冰箱

普通电冰箱是实验室最常用的仪器之一，在微生物实验室中，电冰箱是用来保存培养基、菌种以及检验样品等的一种贮藏设备。冰箱应经常保持清洁，禁止存放易燃和有毒药品。经常检查冰箱的温度，以保证贮藏质量。用冰箱时应注意以下几点。

(1) 冰箱应放在通风处，不受热光照射，远离热源（电炉、暖气等），以免影响散热；冰箱背面远离墙体 10cm 以上，使空气畅通利于散热。

(2) 应尽量减少开门次数，箱内物品应留有空间。

(3) 热物品应冷至室温后方可放入箱内。

(4) 蒸发器上结霜不宜过厚，冰霜过厚应及时化霜，以免影响传热。

(5) 应保持冰箱内外整洁。

（六）恒温水浴锅

恒温水浴锅是由金属制成的长方形箱，箱内盛水，箱底装有电热丝，由自动调节温度装置控制，一般控温范围为 10～100℃。恒温水浴锅通过电炉丝加温，由自动恒温器自动控制，使水浴恒定在试验所需的温度上。

（七）恒温培养箱

恒温培养箱是实验室做细菌培养、育种、发酵等实验用的仪器。电热恒温培养箱具有控温迅速、精度高的特点。设定温度与实际温度均有数字显示，操作方便，并具有温度上限跟踪报警功能。培养箱内装有微型风扇，可以保证培养箱内温度的均匀性。

1. 使用方法

(1) 把电源开关拨至“1”处，此时电源指示灯亮，控温仪上有数字显示。

(2) 温度设定

① 当所需加热温度与设定温度相同时不需设定，反之则需重新设定。先按控温仪的功

能键“SET”进入温度设定状态，SV设定显示一闪一闪，再按移位键“◢”配合加键“△”或减键“▽”设定，结束需按功能键“SET”确认。

② 如需设定37℃，原设定26.5℃，先按功能键“SET”，再按移位键“◢”，将光标移至显示器十位数字上，然后按加键“△”，使十位数字从“2”升至“3”，十位数设定后，移动光标依次设定个位和分位数字，使设定温度显示为37℃，按功能键“SET”确认，温度设定结束。

(3) 上限跟踪报警设定　产品出厂前已设定1℃，一般不要进行设定。如需重新设定按功能键“SET”5s，仪表进入上限跟踪报警设定状态“AL1”，再按移位键“→”配合加键“△”或减键“▽”操作，最后按功能键“SET”确认。跟踪报警设定结束。

(4) 温度显示修正值　由于产品出厂前都经过严格的测试，一般不要进行修正。如产品使用时的环境不佳，外界温度过低或过高，会引起温度显示值与箱内实际温度误差，超出技术指标范围的，可以修正。具体步骤：按功能键“SET”5s，仪表进入参数设定循环状态“AL1”，继续按动功能键“SET”，使显示“SC”修正，然后按动移位键“◢”配合加键“△”或减键“▽”操作，就可以进行温度修正。最后按功能键“SET”确认，温度显示值修正结束。

(5) 设定结束后，各项数据长期保存。此时培养箱进入升温状态，加热指示灯亮。当箱内温度接近设定温度时，加热指示灯忽亮忽熄；反复多次，控制进入恒温状态。

(6) 打开内外门，把所需培养的物品放入培养箱，关好内外门，如内外门开门时间过长，箱内温度有些波动，这是正常现象。

(7) 根据需要选择培养时间，培养结束后，把电源开关拨“0”，如不马上取出物品，请不要打开箱门。

2. 使用注意事项

(1) 试验物放置在箱内不宜过挤，使空气流动畅通，保持箱内受热均匀，内室底板靠近电热器，故不宜放置试验物。在实验室，应将风顶活门适当旋开，以利调节箱内温度。

(2) 当培养箱放入贵重菌种和培养物时，应勤观察，发生异常情况，立即切断电源，避免意外或不必要的损失。

(3) 每次使用完毕后，须将电源切断。经常保持箱内外清洁和水箱内水的清洁。

(4) 当使用温度较高时，应注意小心烫伤。

(八) 超声波清洗器

超声波清洗器对深孔、盲孔、凹凸面的污垢清洗而言是目前最理想的高效率、高进度的清洗设备。超声波清洗器的超声波发生器产生的超音频电信号，通过换能器的压电逆变效应转换成同频率的机械振动，并以超音频纵波的形式在清洗溶液中密集向前辐射（超音频纵波在负压区和正压区中交替传播），产生数以万计的小气泡循环“爆破”，正是这些气泡在负压区形成并成长，在正压区迅速闭合即瞬间爆破，对被清洗物件表面、缝隙、空间的细微局部形成高压轰击，达到清洗效果，致使污垢迅速剥离（这就是超声波清洗器特有的“空化”效应），使清洗表面达到清洗净化的效果。

超声波清洗器的使用方法。

(1) 检查超声波清洗器接地线和电源线是否漏电。

(2) 清洗槽加入清洗液。清洗时，液面高度不得低于清洗槽的1/3，不得超过清洗槽的2/3。清洗时，请根据不同的清洗要求，添加洗涤剂，加强清洗效率，所有洗涤剂必须不腐蚀清洗机内槽、机体。

(3) 将超声波清洗器的电源插入 220V 的三芯电源插座，打开电源开关，指示灯亮，设置定时清洗时间，视液面呈现蛛网状波动，且伴有振响，表示清洗器已经进入工作状态。

(4) 根据清洗需要设定好清洗温度（带有温控的机器）。

(5) 将清洗物放入金属框内，根据清洗物的积垢程度设定清洗时间，一般 3～30min，特别难清洗的物质，可适当延长清洗时间。

(6) 较重的物件，通过挂具悬挂在清洗液中，加强清洗效果，提高清洗质量（直接放入将影响清洗效果）。较小的物件，可以放在装有清洗液的玻璃杯中清洗。一般不影响清洗效果。

(7) 取出清洗物，更换清洗液，再次超声清洗，或直接用水冲洗干净。

(8) 较长时间不使用时，应将槽内清洗液放净，并将机体擦洗干净。

七、玻璃管、棒的小加工

1. 玻璃管、棒的截断与熔光

管壁较厚的，一般先用钢锉在要截断的地方垂直沿一个方向锉一凹痕，越深越好，长度约为周长的 1/4，用水湿润锉痕后，用两手拇指抵住锉痕背面，越近越好，用七分力抵、三分力掰，将玻璃管掰断（图 9-3）。需截取小段时，用布包着掰。若玻璃管直径较大，锉痕要延长半周至一周。直径越大锉痕越深。管壁太薄，不易折断。截断玻璃管的工具有：三角钢锉、方扁钢锉、玻璃刀、砂轮片，方扁锉优于三角锉。扁锉用钝后可用砂轮打平后再用，三角锉无此优点。

玻璃管的截断面很锋利，必须烧圆熔光后方能使用。先在管口蘸一些水或煤油（可避免玻璃破裂），然后用钢锉或砂轮片轻轻把锋刃磨圆锉平。整平后还要熔光，把管口放在酒精喷灯（或酒精灯）的外焰中不断旋转加热，使断面红热熔圆，然后把管子放在石棉网或支架上慢慢冷却。

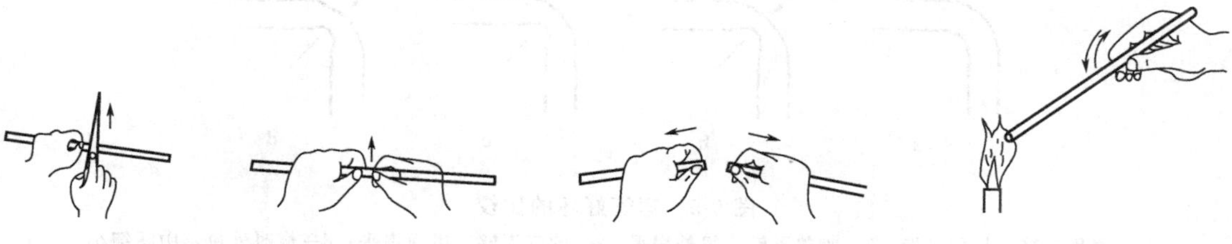

(a) 锉痕　(b) 持管　(c) 截断　(d) 熔光

图 9-3　玻璃管（棒）的截断与熔光

2. 玻璃管的弯曲

弯出的管子要求内侧不瘪，两侧不鼓，角度正确，不偏不歪，而且弯曲后的整个玻璃管要在同一平面上。

弯曲玻璃管时要求灯的火焰宽大扁平，可以在酒精喷灯灯管上加一个金属片制的鱼尾罩加以扩焰，或搁置耐火砖把火焰夹扁些。玻璃管的加热部位一般以 5～6cm 为宜。两手平拿玻璃管轻轻转动，均匀地在喷灯火焰上加热。待玻璃管烧到红软但还没有自动变形以前，移离火焰，两手平握玻璃管两端，手心向上轻轻地向中心施力，弯成所需要角度，如果要弯较小的角度，可分几次在已弯曲部分的偏左偏右处加热，逐渐弯曲。刚弯好的玻璃管放在石棉网上，待其自然冷却。

弯曲粗玻璃管时，管子一端最好先用塞子封住，然后加热。

弯曲玻璃管的关键：一是加热的火候；二是操作的手法。受热部位要有适当的宽度，要不停旋转使受热均匀，加热到适当温度。旋转玻璃管时，左手手心向上，握住玻璃管，拇指做向上、食指做向下推动，小指根部压住玻璃管；右手手心向上，拇指做向上、食指做向下推动，中指与无名指两指尖撑住玻璃管，使之均匀旋转（图 9-4 和图 9-5）。弯曲时用力不要过猛过快。如缺少经验，可采用填沙法进行弯曲，方法如下：①向玻璃管中塞入一小团玻璃纤维，加入细沙或炒干、研细的食盐；②将玻璃管竖立，轻敲玻璃管，使沙填实；③将玻璃管进行加热和弯曲。在煤气灯或喷灯火焰中弯曲玻璃管时，也可采用填沙法。但弯曲时应离开火焰，一次即将玻璃管弯好。

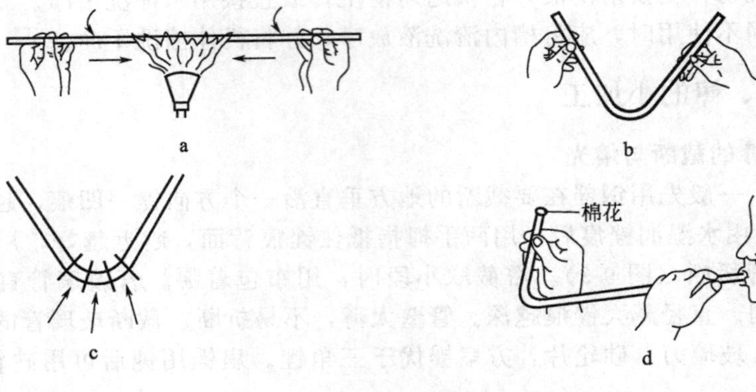

图 9-4　玻璃管的弯曲

a—用力匀称，均匀转动，稍向中间推；b—移离火焰，稍停再弯，变硬之后才能松手；c—小角度管，要多次弯成；d—吹气弯管，动作要快

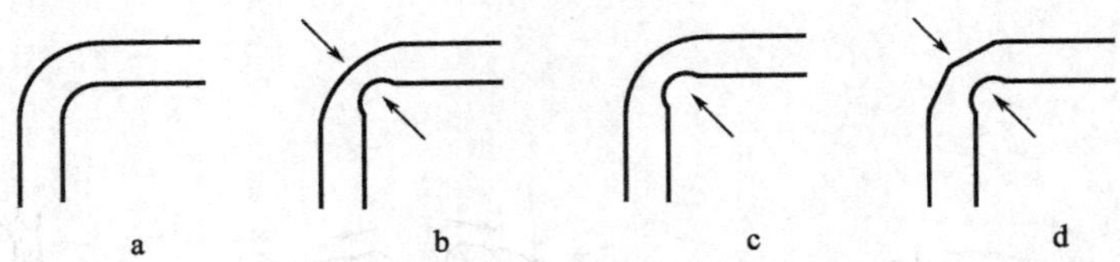

图 9-5　弯管好坏的比较

a—操作正确，均匀平滑；b—加热不够，里外扁平；c—吹气不够，里面扁平；d—烧时外拉，中间细小

参 考 文 献

[1] 孙祎敏主编．工业微生物及育种技术．北京：化学工业出版社，2011.
[2] 周德庆著．微生物学教程．第2版．北京：高等教育出版社，2002.
[3] 张文治著．微生物学．北京：高等教育出版社，2006.
[4] 杨汝德著．现代工业微生物学教程．北京：高等教育出版社，2006.
[5] 周俊初著．微生物学．北京：科学出版社，2004.
[6] 黄秀梨主编．微生物学．北京：高等教育出版社，2003.
[7] 张蓓编著．代谢工程．天津：天津大学出版社，2003.
[8] 蔡信之著．微生物学．第2版．北京：高等教育出版社，2006.
[9] 岑沛霖，蔡谨主编．工业微生物学．北京：化学工业出版社，2000.
[10] 李宗义主编．工业微生物学．北京：中国科学技术出版社，2000.
[11] 何国庆主编．食品发酵与酿造工艺学．北京：中国轻工业出版社，2003.
[12] 周风霞，高兴盛主编．工业微生物．北京：化学工业出版社，2006.
[13] 周奇迹主编．农业微生物．北京：中国农业出版社，2003.
[14] 苏锡南主编．环境微生物学．北京：中国环境科学出版社，2006.
[15] 杨黎青主编．免疫学基础与病原生物学．北京：中国中医药出版社，2003.
[16] 唐突主编．食品卫生检查技术．北京：化学工业出版社，2006.
[17] 宋思杨，楼士林主编．生物技术概论．第2版．北京：科学出版社，2005.
[18] 张卓然主编．医学微生物学和免疫学．北京：人民卫生出版社，2000.
[19] 沈萍主编．微生物遗传学．武汉：武汉大学出版社，1995.
[20] 盛祖嘉主编．微生物遗传学．第3版．北京：科学出版社，2007.
[21] 陈三凤，刘德虎编著．现代微生物遗传学．北京：化学工业出版社，2003.
[22] 诸葛健主编．微生物遗传育种学．北京：化学工业出版社，2009.
[23] 廖宇静主编．微生物遗传育种学．北京：气象出版社，2010.
[24] 陈金春，陈国强主编．微生物学实验指导．北京：清华大学出版社，2005.
[25] 杜连祥，路福平主编．微生物学实验技术．北京：中国轻工业出版社，2006.
[26] 杨文博主编．微生物学实验．北京：化学工业出版社，2006.
[27] 沈萍，范秀容主编．微生物学实验．第3版．北京：高等教育出版社，2006.
[28] 黄秀梨主编．微生物学实验指导．北京：高等教育出版社，2006.
[29] 赵斌，何绍红主编．微生物学实验．北京：科学出版社，2005.
[30] 苑玉玲主编．环境工程微生物学实验．北京：化学工业出版社，2004.
[31] 杨革主编．微生物学实验教程．北京：科学出版社，2005.
[32] 杨汝德主编．现代工业微生物育种学实验．北京：科学出版社，2009.
[33] 诸葛健，王正祥编著．工业微生物实验技术手册．北京：中国轻工业出版社，1994.
[34] 杜连祥编著．工业微生物学实验技术．天津：天津科学技术出版社，1992.
[35] 裘维蕃，余永年主编．菌物学大全．北京：科学出版社，1998.
[36] 李季伦等编著．微生物生理学．北京：农业大学出版社，1993.
[37] 张树政，王修垣主编．工业微生物学成就．北京：科学出版社，1988.
[38] 徐丽华主编．微生物资源学．第2版．北京：科学出版社，2010.
[39] 东秀珠，蔡妙英主编．常见细菌系统鉴定手册．北京：科学出版社，2001.